我的机器人创客教育系列

# 仿人机器人的设计与制作

罗庆生　罗　霄　蒋建锋◉编著

北京理工大学出版社
BEIJING INSTITUTE OF TECHNOLOGY PRESS

**图书在版编目（CIP）数据**

仿人机器人的设计与制作/罗庆生，罗霄，蒋建锋编著．—北京：北京理工大学出版社，2019.7

（我的机器人创客教育系列）

ISBN 978 -7 -5682 -7266 -7

Ⅰ.①仿… Ⅱ.①罗… ②罗… ③蒋… Ⅲ.①仿人智能控制 - 智能机器人 - 设计 - 青少年读物②仿人智能控制 - 智能机器人 - 制作 - 青少年读物 Ⅳ.①TP242.6 -49

中国版本图书馆 CIP 数据核字（2019）第 142823 号

出版发行／北京理工大学出版社有限责任公司
社　　址／北京市海淀区中关村南大街 5 号
邮　　编／100081
电　　话／（010）68914775（总编室）
（010）82562903（教材售后服务热线）
（010）68948351（其他图书服务热线）
网　　址／http：//www. bitpress. com. cn
经　　销／全国各地新华书店
印　　刷／保定市中画美凯印刷有限公司
开　　本／710 毫米 ×1000 毫米 1/16
印　　张／14.5
字　　数／275 千字
版　　次／2019 年 7 月第 1 版 2019 年 7 月第 1 次印刷
定　　价／58.00 元

责任编辑／张慧峰
文案编辑／张慧峰
责任校对／周瑞红
责任印制／李志强

# 序　言

青少年是祖国的未来，科学的希望。以我国广大青少年为对象，开展规范性、系统性、引领性、全局性的科技创新教育与实践活动，让广大青少年通过这些活动，将理论研究与实际应用结合，将动脑探索与动手实践结合，将课堂教学与社会体验结合，将知识传承与科技创新结合，使广大青少年能有效提升创新兴趣，熟悉创新方法，掌握创新技能，增长创新能力，成为我国新时代的科技创新后备人才，意义重大，影响深远。

在形形色色的青少年科技创新教育与实践活动中，机器人科普教育、科研探索、科技竞赛别具特色，作用显著。这是因为机器人是多学科、多专业、多技术的综合产物，融合了当今世界多种先进理念与高新技术。通过机器人科普教育、科研探索、科技竞赛，可以使广大青少年在机械技术、电子技术、计算机技术、传感器技术、智能决策技术、伺服控制技术等方面得到宝贵的学习与锻炼机会，能够有效加深青少年对科技创新的理解能力，并提高其实践水平，让他们尽早爱科学、爱创新。

了解机器人的基本概念，学习机器人的基本知识，掌握机器人的设计技术与制作技巧，提升机器人的展演水平与竞技能力，将使广大青少年走近我国科技创新的最前沿，激发青少年对于科技创新尤其是机器人创新的兴趣与爱好，挖掘青少年开展科技创新的潜力，夯实青少年成为创新型、复合型人才的理论与技术基础。

“我的机器人创客教育系列”丛书重点讲述了仿人、仿蛇、仿狗、仿鱼、仿蛛、仿龟等六种机器人的设计与制作，之所以选择了这六种仿生机器人作为本套丛书的主题，是出于以下考虑：在仿生学一词频繁在科研领域亮相时，仿生机器人也逐步进入了人们的视野。由于当代机器人的应用领域已经从结构化环境下的定点作业，朝着航空航天、军事侦察、资源勘探、管线检测、防灾救险、疾病治疗等非结构化环境下的自主作业方向发展，原有的传统型机器人已不再能够满足人们在自身无法企及或难以掌控的未知环境中自主作业的要求，更加人性化和智能化的、具有一定自主能力、能够在非结构化的未知环境中作业的新型机器人已经被提上开发日程。为了使这一研制过程更为迅速、更为高效，人们将目光转向自然界的各种生物身上，力图通过有目的的学习和优化，将自然界生物特有的运动机理和行为方式，运用到新型仿生机器人的研发工作中去。

仿生机器人是一个庞大的机器人族群，从在空中自由飞翔的“蜂鸟机器人”和“蜻蜓机器人”，到在陆地恣意奔跑的“大狗机器人”和“猎豹机器人”，再到在水下尽情嬉戏的“企鹅机器人”和“金枪鱼机器人”；从肉眼几乎无法看清的“昆虫机器人”到可载人行走的“螳螂机器人”，现实世界中处处都可看见仿生机器人的身影，以往只有在科幻小说中出现的场景正在逐步与现实世界交汇。

仿生机器人的家族成员们拥有五花八门的外观形貌和千奇百怪的身体结构，它们通过不同的机械结构、步态规划、行动特点、反馈系统、控制方式和通信手段模拟着自然界中各种卓越的生物个体，同时又通过人类制造的计算机、传感器、控制器以及其他外部构件，诠释着自己来自实验室的特殊身份。如今，这支源于自然世界和科学世界混合编组的突击部队正信心满满，准备在人类生活中大显身手。

时至今日，仿生机器人已经成为家喻户晓的“大明星”，每一款造型新颖、构思巧妙、功能独特、性能卓异的仿生机器人自问世之时起都伴随着全世界的惊叹和掌声，仿生机器人技术的迅速发展对全球范围内的工业生产、太空探索、海洋研究，以及人类生活的方方面面产生越来越大的影响。在减轻人类劳动强度，提高工作效率，改变生产模式，把人从危险、恶劣、繁重、复杂的工作环境和作业任务中解放出来等方面，它们显示出极大的优越性。人们不再满足于在展示厅和实验室中看到机器人慢悠悠地来回走动，而是希望这些超能健儿们能够在更加复杂的环境中探索与工作。

北京理工大学特种机器人技术创新团队成立于 2005 年，是在罗庆生教授和韩宝玲教授带领下，长期不懈地走在特种机器人科技创新探索、科研任务攻关道路上，充满创新能量、奋斗不息的一支标兵团队。该创新团队的主要研究领域为光机电一体化特种机器人、工业机器人技术、机电伺服控制技术、机电装置测试技术、传感探测技术和机电产品创新设计等。目前已研制出仿生六足爬行机器人、新型特种搜救机器人、多用途反恐防暴机器人、新型工业码垛机器人、新型轮腿式机器人、新型节肢机器人、新型工业焊接机械臂、陆空两栖作战任务组、外骨骼智能健身与康复机、“神行太保”多用途机器人、履带式壁面清洁机器人、小型仿人机器人、“仿豹”跑跳机器人、先进综合验证车、仿生乌贼飞行机器人、履带式变结构机器人、制导反狙击机器人、新型球笼飞行机器人等多种特种机器人。该团队在承研某部“十二五”重点项目——新型仿生液压四足机器人过程中，系统、全面、详尽、科学地开展了四足机器人结构设计技术研究、四足机器人动力驱动技术研究、四足机器人液压控制技术研究、四足机器人仿生步态技术研究、四足机器人传感探测技术研究、四足机器人系统控制技术研究、四足机器人器件集成技术研究、四足机器人操控装备技术研究，在有关液压四足机器人的仿生研究、机构设计、结构优化、机械加工、驱动传感、液压伺服、系统控制、人工智能、决策规划和模式识别等高精尖技术方面取得一系列创新与突破，从而为本套丛书的撰写提供了丰富的资料和坚实的基础。

本套丛书的主创人员在开发高性能、多用途仿生机器人方面具有丰富的研制经验和深厚的技术积累，由罗庆生、韩宝玲、罗霄撰写的专著《智能作战机器人》曾获“第五届中华优秀出版物奖图书奖”称号，这是我国出版物领域中的三大奖项之一，表明其在科技领域，尤其是在机器人领域中的实力与地位。

本丛书由罗庆生、罗霄担任主撰；蒋建锋、乔立军、王新达、陈禹含、郑凯林、李铭浩等人参与了本套丛书的研究与撰写工作，并担任各分册的主创人员。

在本套丛书的研究与写作过程中，得到了北京市教委、北京市科委等部门相关领导的极大关怀，得到了北京理工大学出版社的热情帮助，还得到了许多同仁的无私支持。值本书即将付印出版之际，谨向所有关心、帮助、支持过我们的领导、专家、同事、朋友表示衷心的感谢！

少年强则中国强，创新多则人才多。让机器人技术助圆我国广大青少年的“中国梦”！

**作　者**

**2019 年 7 月于北京**

# 目　录
# CONTENTS


第 1 章　我能像人一样跳舞 …… 1

1.1　给你讲讲我的历史 …… 1

1.1.1　仿生学和仿生机器人 …… 1

1.1.2　仿人机器人 …… 4

1.2　你对人类的行走真的了解吗 …… 9

1.2.1　人的运动规律 …… 9

1.2.2　影响人动作的器官 …… 11

1.2.3　人体重心 …… 16

1.3　我的名字叫小黑侠 …… 17

第 2 章　我有强壮的肌肉 …… 19

2.1　机器人常用驱动器件 …… 19

2.1.1　直流无刷电机 …… 20

2.1.2　步进电机 …… 27

2.1.3　伺服电机 …… 32

2.1.4　舵机 …… 38

2.2　为我选择合适的舵机 …… 41

2.2.1　舵机的性能参数 …… 41

2.2.2　舵机故障的判断准则 …… 43

2.3 提高篇：舵机的驱动与控制 …… 45

第 3 章 我有棒棒的身体 …… 48

3.1 棒棒身躯的基石——设计工具 …… 48
3.1.1 三维实体造型的基本内容 …… 48
3.1.2 三维实体造型的基本软件 …… 49
3.1.3 三维实体造型的基本步骤 …… 52
3.2 我的细胞——制作材料 …… 64
3.2.1 塑料类材料 …… 64
3.2.2 木材类材料 …… 67
3.3 我的维护医生——制作工具 …… 69
3.3.1 五金工具 …… 70
3.3.2 切割设备 …… 71
3.3.3 3D 打印机 …… 75
3.3.4 测量工具 …… 81
3.4 提高篇：3D 打印机的使用 …… 89

第 4 章 我有充沛的能量 …… 93

4.1 机器人电源系统简述 …… 93
4.1.1 电源系统的基本组成 …… 93
4.1.2 电源系统的工作机理 …… 94
4.1.3 电源系统的主要作用 …… 94
4.2 锂离子电池 …… 95
4.2.1 锂离子电池简介 …… 95
4.2.2 锂离子电池的工作原理 …… 99
4.2.3 锂离子电池的使用特点 …… 100
4.2.4 锂离子电池的充放电特性 …… 101
4.3 锂聚合物电池 …… 103
4.3.1 锂聚合物电池简介 …… 103
4.3.2 锂聚合物电池的工作原理 …… 104
4.3.3 锂聚合物电池的使用特点 …… 105
4.3.4 锂聚合物电池的充放电特性 …… 106
4.4 提高篇：镍氢电池 …… 106
4.4.1 镍氢电池的工作原理 …… 108
4.4.2 镍氢电池的使用特点 …… 108

4.4.3 镍氢电池的充放电特性…… 109

第5章 我有灵敏的感官 …… 111

5.1 我的感觉系统简述 …… 112
5.1.1 传感器的定义和分类…… 112
5.1.2 传感器的基本组成…… 114
5.1.3 传感器的主要作用…… 114
5.1.4 传感器的发展特点…… 115
5.1.5 传感器的主要特性…… 115
5.1.6 传感器的选型原则…… 116
5.1.7 环境对传感器的影响…… 118
5.2 我的视觉系统概述 …… 118
5.2.1 机器视觉系统的基本组成…… 118
5.2.2 机器视觉系统的主要作用与工作机理 …… 122
5.3 我的眼球——视觉传感器 …… 124
5.3.1 CCD 与 CMOS 的工作原理 …… 124
5.3.2 CCD 与 CMOS 的比较 …… 126
5.4 我可以知远近——测距传感器…… 127
5.4.1 测距传感器的分类…… 127
5.4.2 测距传感器的工作原理…… 128
5.5 我的皮肤——触觉传感器 …… 132
5.5.1 触觉传感器的分类…… 132
5.5.2 触觉传感器的工作原理…… 132
5.6 我的运动平衡——姿态传感器…… 136
5.6.1 姿态传感器的分类…… 136
5.6.2 姿态传感器的工作原理…… 137
5.7 我的嘴巴和耳朵 …… 138
5.7.1 我的嘴巴——语音芯片 …… 138
5.7.2 我的耳朵——语音识别…… 143
5.8 提高篇：语音识别技术的应用…… 145
5.8.1 采用 DSP 实现语音识别 …… 145
5.8.2 语音控制机器人…… 146

第6章 快把我制作出来吧 …… 149

6.1 如何把我制作出来 …… 149

6.2　组装我的躯干 …… 152
6.3　组装我的上肢 …… 160
6.4　组装我的腿部 …… 166
6.5　拼到一起看一看 …… 174
6.6　提高篇：机器人软件编程 …… 178
6.6.1　机器人软件编译环境 …… 178
6.6.2　C 语言 …… 183

第 7 章　请你教我思考 …… 187

7.1　我的大脑运行原理 …… 188
7.1.1　机器人控制系统的基本组成 …… 188
7.1.2　机器人控制系统的工作机理 …… 189
7.1.3　机器人控制系统的主要作用 …… 189
7.2　大脑的神经元——单片机 …… 190
7.2.1　单片机的工作原理 …… 190
7.2.2　单片机系统与计算机的区别 …… 191
7.2.3　单片机的驱动外设 …… 192
7.2.4　单片机的编程语言 …… 192
7.3　大脑的左半球——DSP 控制技术 …… 194
7.3.1　DSP 简介 …… 194
7.3.2　DSP 的特点 …… 194
7.3.3　DSP 的驱动外设 …… 195
7.3.4　DSP 的编程语言 …… 195
7.4　大脑的右半球——ARM 控制技术 …… 196
7.4.1　ARM 简介 …… 196
7.4.2　ARM 的特点 …… 197
7.4.3　ARM 的驱动外设 …… 197
7.4.4　ARM 的编程语言 …… 198
7.5　提高篇：设计我的舞蹈动作 …… 198
7.5.1　小型仿人机器人的运动原理 …… 198
7.5.2　小型仿人机器人动作程序的编写 …… 200
7.5.3　调整姿态，让我动起来 …… 202

参考文献 …… 205

# 第1章 我能像人一样跳舞

## 1.1 给你讲讲我的历史

### 1.1.1 仿生学和仿生机器人

当今世界上存在的千千万万种生物都是经过亿万年的适应、进化、发展而来的，这使得生物体的某些构造巧夺天工，某些特性趋于完美，某些本领令人赞叹，许多生物具有了最合理、最优化的结构形式、运动特点，以及出类拔萃的适应性和生存力[1]。自古以来，丰富多彩的自然界不断激发人类的探索欲望，一直是人类产生各种技术思想和发明创造灵感不可替代、取之不竭的知识宝库和学习源泉。道法自然，向自然界学习，采用仿生学原理，设计、研制新型的机器、设备、材料和完整的仿生系统，是近年来快速发展的研究领域之一。

仿生学作为一门独立学科于1960年9月正式诞生，1963年我国将“Bionics”译为“仿生学”，它是指模仿生物建造技术装置的科学，主要研究生物体结构、功能和工作原理，并将这些原理移植于工程技术之中，用来发明性能优越的仪器、装置，创造新技术[2]。仿生学的问世开辟了独特的科学技术发展道路，即向生物界索取工程技术解决方案蓝图的道路，它大大开阔了人们的眼界，显示了极强的生命力。

1960年，在美国第一届仿生学会议上，“仿生学”一词被提出，从此仿生学在机械方面的应用就再未停止过，并融合发展成为仿生机械学[3]。由于能设计出在结构、功能、材料等各方面更加合理的机械系统，仿生机械学越来越受到人们的重视。

仿生学研究的内容包罗万象，主要包括力学仿生、分子仿生、信息与控制仿生、能量仿生等。其中，力学仿生主要研究生物的宏观结构性能，包括生物的静力学特性和动力学特性；分子仿生主要研究生物的微观特性，包括生物体内酶的催化作用、生物膜的选择性等；信息与控制仿生主要研究生物对信息的处理过程，包括生物的感觉器官、神经元与神经网络等；能量仿生主要是对生物体内能量转换过程和新陈代谢进行研究，包括生物肌肉的能量转换、生物器官的发光等。仿生学的研究一般可以分为三步：对生物原型和生物机理进行研究；将生物模型用数学的方法进行表示；根据数学模型制造出可在工程技术上进行试验的实物模型[4]。

仿生机器人是仿生学与机器人技术结合的产物。从机器人的角度来看，仿生机器人是机器人技术发展的高级阶段。生物特性为机器人的设计提供了许多有益的参考，使得机器人可以从生物体上学习诸多的东西，例如自适应性、鲁棒性、运动多样性和灵活性等一系列良好的性能。仿生机器人按照其工作环境可分为陆面仿生机器人、空中仿生机器人和水下仿生机器人三种。此外，还有一些研究机构研究出水陆两栖机器人、水空两栖机器人等具有综合用途的仿生机器人。仿生机器人同时具有生物和机器人的特点，已经逐渐在反恐防爆、探索太空、抢险救灾等不适合由人来承担任务的环境中凸显出良好的应用前景。

仿生机器人的出现很好地体现了仿生应用的理念。实际上，人类很早就进行了陆面仿生机器人的探索，如三国时期的木牛流马以及1893年由Rygg设计的机械马（参看图1－1）；后来，人类又进行了空中仿生机器人的探索，模仿鸟类的飞行进行扑翼飞行器的设计，例如1485年达·芬奇设计的扑翼飞机图纸就是世界上第一个按照技术规程进行的飞行器设计案例；再后来，人类开始了水下仿生机器人的探索。纵观仿生机器人发展的历程，到现在为止经历了三个阶段。第一阶段是原始探索时期，该阶段主要是生物原型的原始模仿，如原始的飞行器，模拟鸟类的翅膀扑动，该阶段主要靠人力驱动。到了20世纪中后期，由于计算机技术的出现以及驱动装置的革新，仿生机器人进入到第二个阶段——宏观仿形与运动仿生阶段。该阶段主要是利用机电系统实现诸如行走、跳跃、飞行等生物功能，并实现了一定程度上的人为控制。进入21世纪，随着人类对生物系统功能特征、形成机理认识的不断深化以及计算机技术的长足发展，仿生机器人进入了第三个阶段，机电系统开始与生物性能进行部分融合，如传统结构与仿生材料的融合以及仿生驱动的运用。当前，随着生物机理认识的深入、智能控制技术的发展，仿生机器人正向第四个阶段发展，即向着结构与生物特性一体化的类生命系统迈进，强调仿生机器人不仅具有生物的形态特征和运动方式，同时具备生物的自我感知、自我控制等性能特性，更接近生物原型。如随着人类对人脑以及神经系统研究的深入，仿生脑和神经系统控制成为该领域科学家关注的前沿方向。

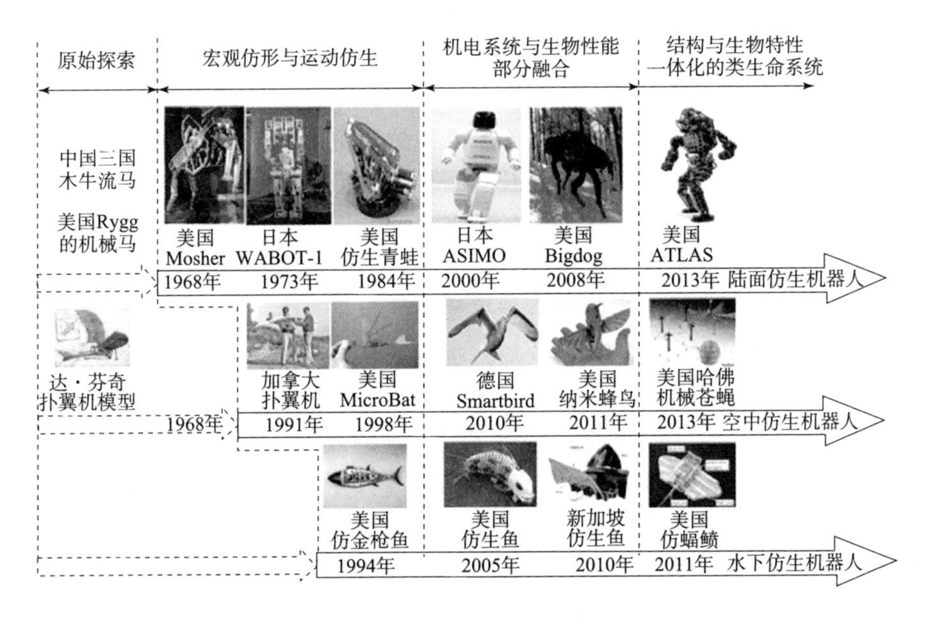


图1-1 仿生机器人发展历程

和一些先进国家相比，我国的仿生学研究起步较晚，但发展步伐较快。尤其是近30年来，在国家自然科学基金委员会（简称NSFC）的大力资助下，我国经历了跟踪国外研究、模仿国外成果到局部领域齐头并进三个阶段[5]。如北京航空航天大学孙茂教授利用Navier－Stokes方程数值解和涡动力学理论研究了模仿昆虫翼作非定常运动时的气动力特性，解释了昆虫能够产生高升力的机理，为微型仿生扑翼飞行器的设计提供了理论指导，在国际仿昆虫扑翼飞行机理研究方面占有一席之地[6]。哈尔滨工业大学刘宏教授研制的类人五指灵巧手，能灵活运动并可靠抓取物品，技术指标与国外同类产品相当。

### 1.1.2 仿人机器人

仿人机器人是指具有一定程度人的特征，并具有一定程度的移动、感知、操作、学习、联想记忆、情感交流等功能的智能机器人，它可以适应人类的生活和工作环境。它的研究是一个融合机械工程、电子工程、计算机科学、人工智能、传感及驱动技术等多门学科知识与技术的高难度方向，可为人们提供各类新型控制理论和工程技术的研究平台，是目前仿生机器人技术研究中具有挑战性的难题之一。仿人机器人的研究可以推动仿生学、人工智能学、计算机科学、材料科学等相关学科的发展，具有重要的研究意义和应用价值。

模仿人的形态和行为而设计制造的机器人就是仿人机器人，一般分别或同时具有仿人的四肢和头部[7]。中国科技大学陈小平教授介绍，机器人一般根据不同应用需求被设计成不同形状，如运用于工业领域的机械臂，运用于医疗康复领域的轮椅机器人、辅助步行机器人等[8]。而仿人机器人研究集机械、电子、计算机、材料、传感器、控制技术等多门科学于一体，代表着一个国家的高科技发展水平。从机器人技术和人工智能的研究现状来看，要完全实现高智能、高灵活性的仿人机器人还有很长的路要走，而且，人类对自身也没有彻底的了解，这些都限制了仿人机器人的发展。

仿人和高仿真是机器人发展的主要方向[9]。从技术发展来看，人是世界上最高级的动物，以人为背景的研究就是最高的目标，并且能够带动相关学科的发展；而从感情层面来说，人喜欢与人相近的东西。所以当前各国科学家都在积极进行仿人机器人的研发。

如图 1－2 所示，仿人机器人经过了几十年的发展，从最初仅仅模仿人进行简单行走，发展到能初步感知外界环境的低智能化，再到现在集成视觉、触觉等多项技术并能根据外界环境变化作出自身调整，完成多项复杂任务的拟人化、高智能化系统。

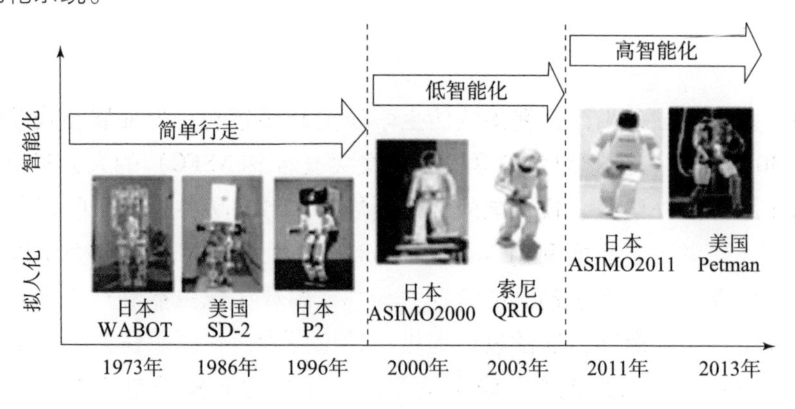


图 1－2　仿人机器人的发展历程

研制与人类外观特征类似，具有人类智能，灵活性好，机动性强，并能够与人进行交流，且不断适应环境的仿人机器人一直是人类的梦想之一。该领域的系统研制工作始于20世纪60年代末的双足步行机器人。日本早稻田大学首先展开了该方面的研究工作，其研制的WAP、WL和WABOT系列机器人均能实现基本的行走功能。在此期间，日本、美国、欧盟、韩国等国家（地区）的多家机构都进行了仿人机器人的研究探索，并取得了许多突破性的成果，如美籍华人郑元芳博士在1986年研制出了美国第一台双足步行机器人SD-1以及其改进版SD-2。该阶段主要还是侧重实现机器人的行走功能，并能实现一定程度的控制。进入21世纪，随着传感探测技术以及智能控制技术的发展，仿人机器人具有一定的感知功能，能获取外界环境的简单信息，可做出简单的判断并主动调整自己的相应动作，使得运动更加连续流畅。如本田公司于2000年研发的仿人机器人"ASIMO2000"不仅具有人的外观，还可以事先预测下一个动作并提前改变重心，因此转弯时的步行动作连续流畅，真正做到行走自如，是第一个具有世界影响力的仿人机器人。索尼公司在2003年推出的"QRIO"机器人，首次实现了仿人机器人的跑动。其后，法国的"BIP2000"机器人、索尼公司的"SDR"系列机器人、日本JVC公司研制的"J4"机器人、韩国的"HUBO"机器人，实现了诸如站立、上下楼梯、跑步、做操等多种复杂动作。

在2005年举行的爱知世博会上，大阪大学展出了一台名叫ReplieeQ1expo的女性机器人（如图1-3所示）。该机器人的外形复制自日本新闻女主播藤井雅子，动作细节与人极为相似[10]。她有着丰润的嘴唇，光彩亮泽的头发，眼波流转，顾盼生辉。参观者很难在较短时间内发现她其实是一个机器人。

图1-3 藤井雅子和她的拟人机器人复制品合影

随着控制理论和技术的发展与进步，仿人机器人的智能性得到加强，能实现更复杂的动作，运行也更为稳定，且能根据环境的改变和自身的判断结果自动确定与之相适应的动作。如2011年发布的由日本本田公司研制的仿人机器人ASIMO，是目前世界上最先进的仿人行走机器人。ASIMO身高1.3 m，体重48 kg，行走速度0~9 km/h，它综合了视觉和触觉的物体识别技术，可进行细致作业，如拿起瓶子拧开瓶盖，将瓶中液体注入柔软的纸杯等，还能依据人类的声音、手势等指令，从事相应动作。早期的机器人如果直线行走时突然转向，必须先停下来，显得比较笨拙[11]。而 ASIMO 就灵活得多，它可以实时预测下一个动作并提前改变重心，因此可以行走自如，诸如“8”字形行走、下台阶、弯腰等各项“复杂”动作[12]。此外，ASIMO 还可以握手、挥手，甚至可以随着音乐翩翩起舞（见图 1 -4）。

在仿人机器人领域，日本和美国的研究最为深入，成果也最为丰富。日本方面侧重于外形仿真，美国则侧重用计算机模拟人脑的功能。

2013 年美国波士顿动力公司研制的“ATLAS”机器人（见图 1 -5）是当前仿人机器人的杰出代表，除了具有人形外观，它还具备了人类简单的识别、判断和决策功能，是一款具有较高智能水平的类人机器人。该机器人能在传送带上大步前进，躲开传送带上突然出现的木板；能从高处跳下稳稳落地；能两腿分开从陷阱两边走过；还能取金鸡独立之势被侧面疾速而来的球重撞而不倒。

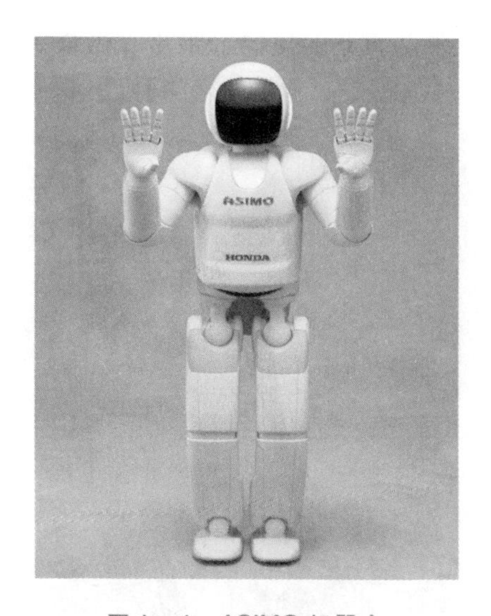


图 1 -4　ASIMO 机器人

图 1 -5　“ATLAS”机器人

2016 年 3 月，由美国机器人专家大卫·汉森（David Hanson）发明的仿人机器人“索菲亚”（见图 1 -6）惊艳亮相。她继承了奥黛丽·赫本和大卫妻子的古典美，肌理细腻、皮肤光滑、鼻子细长、颧骨微凸、双眼深邃、微笑迷人。她的皮肤由一种叫 Frubber 的仿生皮肤材料制成，几乎可以假乱真[13]。通过在银屏上的精彩表现，这位栩栩如生的机器人赢得了包括主持人在内的众多粉丝。在测试中，与人类极为相似的索菲亚自曝愿望，称想去上学，成立家庭。索菲亚看起来就像一位真正的人类女性，储存在她“大脑”中的计算机算法能够识别人脸，能够让索菲亚使用多种面部表情与人交流。索菲亚还是人类历史上首个获得公民身份的仿人机器人。

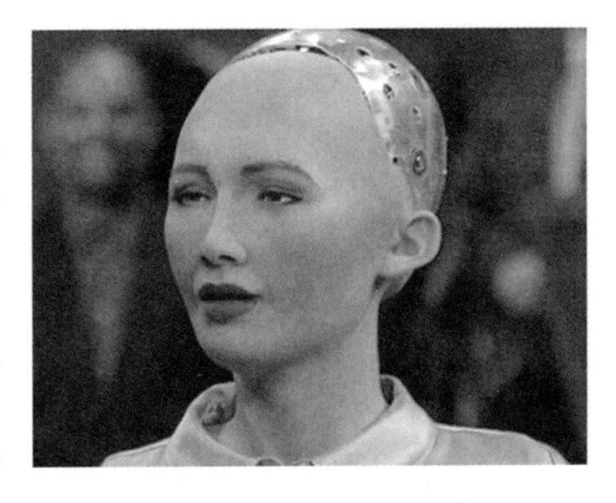

图1-6 索菲亚演讲的画面

仿人机器人另一个研究方向就是仿人手臂和灵巧手指的研究。从最初的外观仿形并实现简单运动阶段发展到现在集运动和感知于一体，并能实现类似人手抓取功能等细微操作的机电系统，仿人手臂和灵巧手指技术获得了极大的进展。美国加利福尼亚大学 Tomovic 等人于 1962 年针对伤寒病患者设计的“Belgrade”被认为是世界上问世最早的灵巧手，但它只能实现一些简单动作。Salisbury 等人于 1982 年研制的“Stanford/JPL”仿人手首次完整地引入了位置、触觉、力等传感功能，开创了多指手实际抓取操作的先河，是当时乃至现在都颇具代表性的灵巧手。此后，灵巧手朝着更加灵活、更加智能的方向发展[14]。2010 年德国宇航中心 DLR 研制的手－臂联合系统“Hasy”（见图 1－7），总共具有 21 个自由度，是世界上第一个采用仿生学关节进行手指设计的多指灵巧手，手指关节的运动模仿人手进行面接触滑动而不是单纯的转动，使其运动特性与人类手指更加接近。

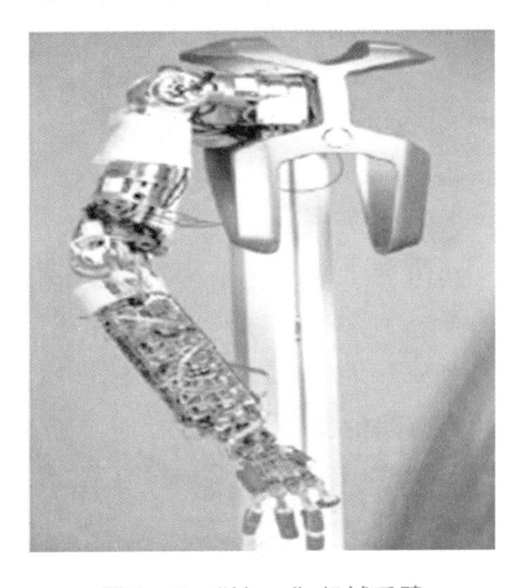

图1－7 “Hasy”机械手臂

进入 21 世纪以后，我国也逐渐开始关注仿人机器人领域。2000 年国防科学技术大学研制的“先行者”是我国第一台仿人机器人。其后，北京理工大学于 2002 年研制的仿人机器人“BHR”，突破了系统集成技术，实现了无拖缆行走，可在未知地面上稳定行进且能表演太极拳等复杂动作。哈尔滨工业大学研制开发的“HIT”系列双足步行机器人实现了静步态和动步态步行，能够完成前/后行、侧行、转弯、上下台阶及上斜坡等动作。清华大学研制开发的仿人机器人“THBIP”（见图 1－8）采用了独特的传动结构，成功实现无拖缆连续稳定地平地行走、连续上下台阶，以及端水、打太极拳和点头等动作。

由北京理工大学牵头、多个单位参与，历经三年攻关而打造的仿人机器人“汇童”（见图1-9）在我国的仿人机器人中占有重要地位，通过几年技术攻关，这款机器人已具有视觉、语音对话、力觉和平衡觉等功能；而且“汇童”还能模仿人类打太极拳、表演刀术等复杂动作，在仿人机器人复杂动作的设计与控制方面取得了突破[15]。此外，浙江大学也进行了仿人机器人的系统研制，通过轨迹预判，提高了机器人对复杂情况的处理能力，可以让机器人打乒乓球。

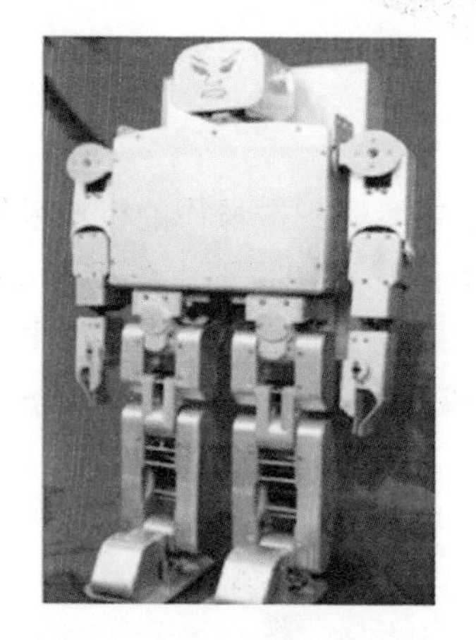

图1-8 “THBIP”机器人

图1-9 “汇童5”机器人

2019年，不少在电视前观看我国两会直播的观众们发现，两会的主播（见图1-10）与往年相比有点不太一样。利落的短发，素净的面庞，珍珠耳环，玫粉色外套……从外表上看，这是一位干练优雅的主播，俨然是新闻主播界冉冉升起的新星。这位名叫“新小萌”的主播新人，其实并不是真正的“人”，她是一名AI主播——换言之，她是人工智能技术创造的虚拟主播[16]。

图1-10 AI主播新小萌

仿人机器人不仅是一个国家高新科技综合水平的重要标志，它在人类的生产、生活中也有着广泛的用途[17]。由于仿人机器人具有人类的外观特征，因而可以适应人类的生活和工作环境，代替人类去完成各种复杂、艰苦的任务。它不仅可在存有辐射、粉尘、毒害、污染、危险的环境中代替人们作业，而且可以在康复医学上形成动力型假肢，协助瘫痪病人实现行走的梦想。将来仿人机器人可以在医疗、生物技术、教育、救灾、海洋开发、机器维修、交通运输、农林水产等多个领域找到用武之地，让人们享受其带来的种种便利[18]。

## 1.2 你对人类的行走真的了解吗

人的动作是复杂的，但并不是不可琢磨。由于人的活动受到人体骨骼、肌肉、关节的限制，日常生活中的一些动作，虽然存在年龄、性别、形体等方面的差异，但基本规律是相似的[19]。例如：人的走路、奔跑、跳跃等都动作有着自己的运动规律，只要懂得了这些基本规律，按照设计需要就可以设计和制作合理的仿人机器人。

### 1.2.1 人的运动规律

#### 1. 走路

人走路时，左右两脚交替向前，双臂同时前后摆动，带动躯干朝前运动，如图 1－11 所示[20]。为了保持身体平衡，配合两条腿的屈伸、跨步，上肢的双臂就需要前后摆动。人在走路时为了保持重心稳定，双臂的方向与脚正好相反。脚迈出时，身体的高度就会降低，当一只脚着地而另一只脚向前移至两腿

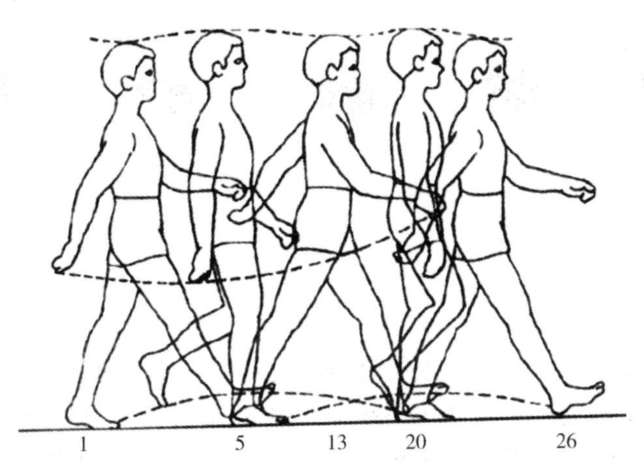


图 1－11 人在中速走路时的姿态

相交时，身体的高度就会升高，于是人的整个身体呈波浪形运动[21]。

人脚的局部变化在走路过程中非常重要，处理好脚跟、脚掌、脚趾及脚踝的关系会使人的走路变得更加生动。除了正常的走姿，不同年龄、不同场合、不同情节，人会有不同的走路姿态。常见的有昂首阔步的走、四平八稳的走、蹑手蹑脚的走、垂头丧气的走、踮着脚走、迈步跃越等。

走路是人们生活中最常见的动作之一。走路时手脚的配合规律实际上是从四肢动物对角线步法发展出来的。人的上肢已经永远离地，从奔走的功能改变为劳动的功能。但原来兽类时期四肢运动时相互配合的方式，仍旧还起作用，只不过改变一个姿态方式罢了。这个方式，就是人类直立走路的方式。

人脚走路时按如下规律运动：脚跟先着地，脚掌踏平，脚跟先抬起，脚尖后离地悬空运动，然后又脚跟着地[22]。手掌指头放松，前后摆动，手运动到前方时腕部提高，稍向内弯[23]。

一般情况下，人走得越慢，步子就越小，脚离地悬空程度不高，手前后摆动幅度也不大；反之，走快时手脚的运动幅度加大，脚也抬得高些。

**2. 奔跑**

人奔跑动作的基本规律是：身体重心前倾，两手自然握拳，手臂略成弯曲状，奔跑时两臂配合双脚的跨步前后摆动，如图 1－12 所示[24]。与走路相比，奔跑时双臂和跨步的幅度较大，关节屈曲的角度也大于走路时的动作，脚抬得较高，跨步时，头顶高低呈波形运动线，相应地也比走路动作明显。奔跑与走路最大的区别在于双脚离地的过程。如果没有双脚离地的过程，人就永远是疾走。

图 1－12　人的跑步动作

**3. 跳跃**

人的跳跃动作往往是指人在行进中跳过障碍、越过沟壑，或在兴高采烈时欢呼雀跃等所产生的运动。人的跳跃动作由身体屈缩、蹬腿、腾空、着地和还原等几个动作姿态所组成，其分解过程如图 1－13 所示：①身体屈缩，做好跳跃准备和力量积蓄；②凭借爆发力使双腿蹬起，整个身体腾空向前；③越过障碍之后，双腿前伸同时着地，身体屈缩产生缓冲，随即恢复原状。

图 1－13 人跳跃动作分解

## 1.2.2 影响人动作的器官

人的动作会受人体中四种生理器官的支配：

**1. 骨骼——人体运动的构架，构成人体各种动态的基础。**

骨骼是人体的基本构架，也是人体健康的重要基石。骨骼的更新过程伴随着人的一生，与人的生命活动和身体健康息息相关。发育正常的成年人全身共有 206 块骨头，其大小不等，形态各异。206 块骨头依其不同的功能，按一定方式和力学结构，借助多种形式的骨连接，构成完整的骨骼系统，如图 1－14 所示。

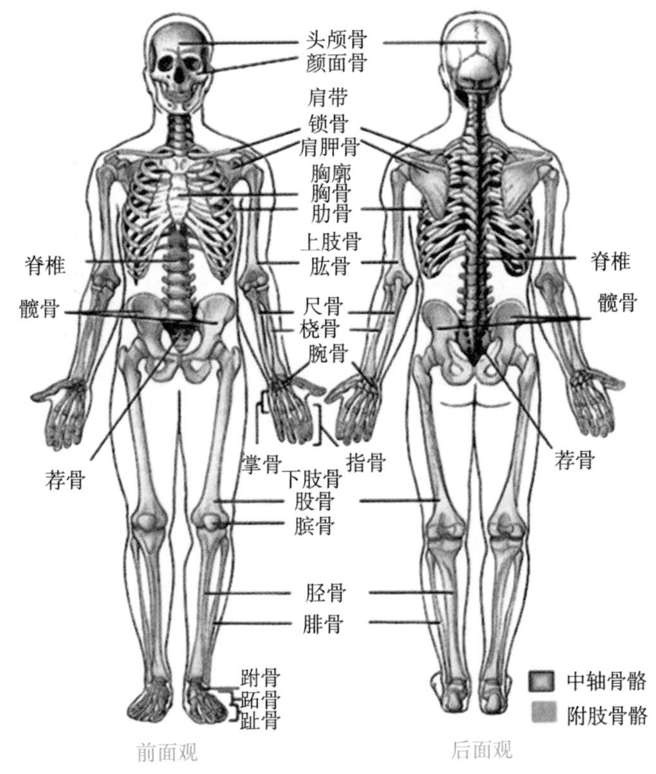


图 1－14 人体骨骼系统

骨骼是人体运动的轴柱和人体的坚强支柱。在人的日常生活、劳动和运动中，要求骨有足够的承载能力。对骨承载能力的衡量主要有骨的强度、骨的刚度及骨的稳定性三方面[25]。

在人的日常生活、劳动和运动中，要想保证骨的正常功能，就要求其具有足够的强度，能在载荷下不发生破坏。所以骨的强度是指骨在承载负荷时抵抗破坏的能力。如四肢骨在剧烈运动和大强度劳动时不应该发生骨折[26]。

骨的刚度是指骨在外力作用下抵抗变形的能力。人在生活、劳动和运动中，骨的形状和尺寸会因承载负荷而变形，但变形不应超过正常生活所允许的限度，如脊柱在弯曲时不应该发生损伤或侧凸。

骨的稳定性是指骨保持原有平衡形态的能力。例如长骨在压力作用下有被压弯的可能性。为了保证人的正常生活和运动，要求它始终保持原有的直线平衡形态不变[27]。

人的骨骼系统在结构和平衡上是非常复杂和巧妙的，所以人体能够做出各种各样的动作。人的骨骼除能维系肌肉外，还可起到保护内脏的作用。骨骼形状也多种多样，有长有短，有圆有扁，有粗有细，有刚有柔，因此能适应许多特殊动作的需要。一双不大的脚，却能支撑又重又大的人体。虽然人的骨头有时会因遭受意外而折断，但它通常还是很坚固的，像有防震装置般，能经受外力冲击和振动而不会轻易骨折。

根据骨的形态，一般将其分为长骨、短骨、扁骨和不规则骨四种。

(1) 长骨一般呈长管状，分布于四肢。长骨中部较细，为骨干，呈中空性。长骨的中空性管状结构符合其生理需要，可作为骨骼的贮存库为长骨供血，如图 1-15 所示。从力学角度分析，长骨的中空性管状结构体现出了机体的最佳工程设计，可使长骨在矢状面和额状面上能有效抵抗弯曲及在骨的长轴上有效抵抗扭曲。

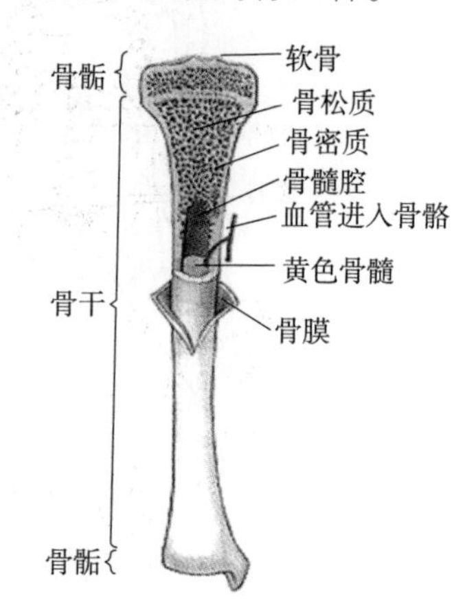

图 1-15　长骨

(2) 短骨呈立方形，表面为骨密质，内部则为骨松质。有多个关节面，可与相邻的数块骨构成多个关节[28]，如图 1-16 所示。常以多个短骨集群存在，当承受压力时，各骨紧密聚集，形成拱桥结构。因此，多分布于承受压力较大、运动形式较复杂而运动又较灵活的部位，如踝部和腕部。

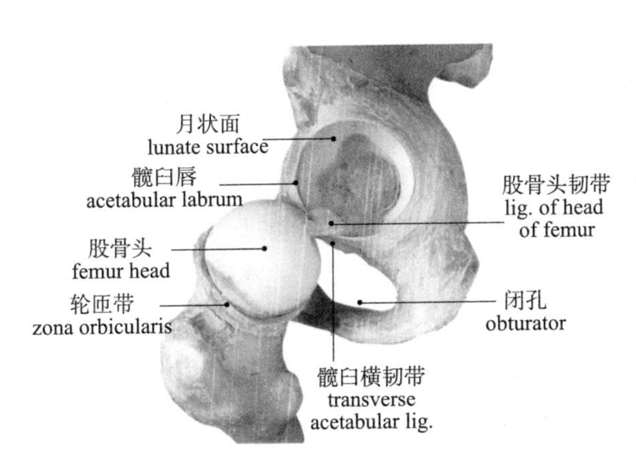


图1－16 人体关节

(3) 扁骨形状宽扁，呈板状，多分布于头部、胸部及四肢带部[29]。常围成体腔保护内部器官，如头颅骨围成颅腔，胸骨和肋骨围成胸廓，盆带骨围成盆腔等[30]。

(4) 不规则骨的外形极不规则，典型者如椎骨。

除上述四种类型的骨外，人体还有“含气骨”和“籽骨”。含气骨位于头颅，共有4块，分别是上颌骨、额骨、蝶骨和筛骨。含气骨中间的空腔有利于减轻头颅的重量，又可形成与鼻腔相通的骨性气窦。

骨的力学功能包括支撑功能、杠杆功能和保护功能。

骨是人体全身最坚硬的组织，通过骨连接构成一个有机的整体，使人体保持一定的形状和姿势，对人体起着支撑作用，并负荷人体自身的重量及附加的重量，如骨柱、四肢[31]。

人体运动系统的各种机械运动均是在神经系统的支配下，通过骨骼肌的收缩、牵拉骨围绕关节转动而产生的。骨在人体的各种运动中发挥着杠杆功能和承重作用[32]。

人体的某些骨按一定的方式互相连接围成体腔或腔隙，如头颅骨借缝隙及软骨连接方式围成颅腔，以保护脑；众多的椎骨彼此连接构成椎管，可以容纳脊髓并起到保护作用：胸骨、胸椎和肋骨借关节、软骨围成胸廓，以保护心脏、肺、大血管等。

此外，骨骼形成的某些结构能维持血管的正常形态和避免神经受压，如足部骨形成的足弓拱形结构能使足底的血管和神经免于受压[33]。

总之，骨的优良材料力学性质既保证了骨的强度和刚度，使其很好地完成其支持和保护功能，又使其具有一定的弹性和韧性，因而能很好地实现运动中的杠杆功能。

**2. 人的骨骼关节——人体动作的限制器**

人和其他动物一样，动作幅度会受到骨骼关节的制约（如图 1－16 所示）。人的骨骼有许多可活动的关节，通过附在骨骼上的肌肉收缩牵动关节活动，从而产生人体的各种动作。各个关节的活动范围受关节结构和附在骨骼上的肌肉收缩所制约，有的关节活动幅度大，有的活动幅度小。每个关节的活动均以关节接触点构成一个轴心向外旋转，呈弧线规律运动。

人体有如下几个主要关节：

（1）颈关节——构成头部的俯、仰、旋转等动作。

（2）腰关节——构成躯干的前屈、后屈、左右屈及横向旋等动作。

（3）上肢关节（包括肩、肘、腕、指）——构成上肢各部位的伸屈和旋转、弯曲等动作。

（4）下肢关节（包括股、膝、踝、趾）——构成下肢各部位的伸屈和旋转、扭曲等动作。

以上四个主要的关节部位是构成人体动作的有机组成部分，也是表现人体动态的基础。不管人体表现什么样的动态，都要根据各部分骨骼可能的幅度去刻画。如果违反了它的生理规律，表现出来的姿势不但不美，相反其动作也可能无法继续下去了。

人体在运动中需要克服大的阻力或需要快的速度时，虽然运动链中各个关节同时用力，但总是大关节最先产生运动，然后依据关节的大小按一定的先后顺序逐个完成[34]。小关节是人体动作的支撑点，对动作完成后人体的平衡具有重要作用，还可影响动作完成的时间。在不需要克服大的阻力或不需要快的速度时，可以不采用以上所述的顺序。

此外，关于人体运动还有鞭打动作原理、缓冲和蹬伸动作原理、摆动动作原理、躯干扭转原理，它们主要用于研究如何提高人们的体育运动水平，这里不再赘述。

**3. 人的肌肉——人体动作的动力源**

肌肉约占人体体重的 60%，可分为三类：骨骼肌、心肌和平滑肌。兴奋性、收缩性、伸展性和弹性是它们的共同特性[35]。组成运动系统的肌肉是骨骼肌，因此骨骼肌可简称为肌，而心肌和平滑肌则以全称表达，如图 1－17 所示[36]。

人的肌肉组织是牵拉骨骼完成动作的重要器官[37]。人的力量是靠肌肉运动提供的。肌肉的唯一功能就是收缩，它对骨骼牵动作用最显著的是手和腿的伸屈。附在骨头上的肌肉的收缩力量使骨头活动，进而使手脚能做出幅度很大的动作，如奔跑、搏斗、跳跃等。

活动不明显、不频繁的骨头也受肌肉的拉扯，如肌肉拉动筋骨就能帮助人们进行呼吸。

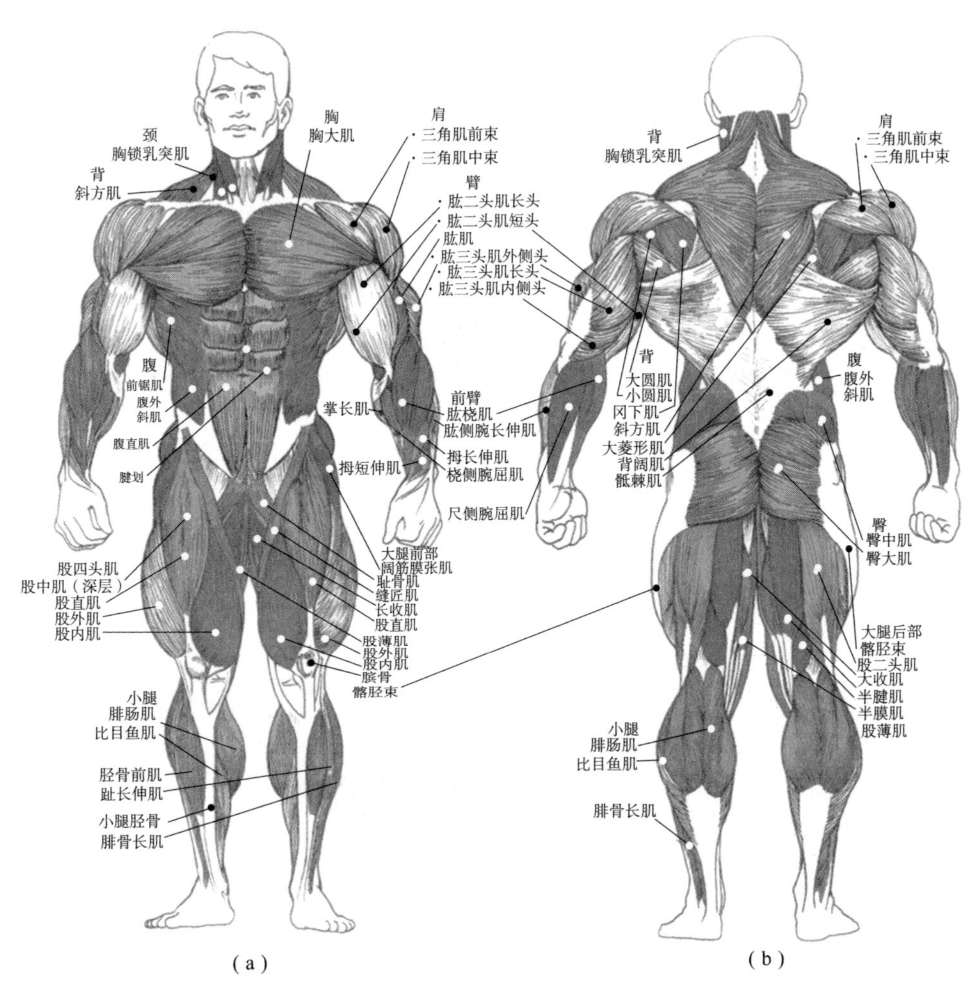


图 1－17 人体肌肉

(a) 前视图；(b) 后视图

肌肉是由许多肌纤维组成的，肌纤维的数目不增加，而只增大变粗。每个肌纤维含有许多肌原纤维，肌原纤维是由肌节连接而成且具有收缩性的结构单位。肌原纤维又是由许多肌丝组成的[38]。

肌肉通常成对地工作，一块肌肉收缩起拉骨头向前的作用，另一块相应肌肉的收缩就起拉骨头向后的作用。肌肉之间的联系十分密切，一条肌肉的收缩往往会牵连到许多肌肉跟着活动。没有肌肉的收缩，骨骼就无法活动，因而也就不能产生人体的动作。

**4. 人的神经——人体动作的指挥部**

人体有一个组织严密且结构复杂的神经系统，这个系统由大脑、脊椎和复杂的神经网组成，起着对人体活动的协调作用。

人体有两种神经组织，一种是感觉神经，这种神经能把各种感觉迅速传给脊椎和大脑。另一种是运动神经，大脑通过运动神经发布命令，使肌肉收缩，牵动骨骼做出各种动作。没有神经系统的有序指挥，人体就不能有条不紊地进行各种活动。人体神经的基本形态如图 1－18 所示[39]。

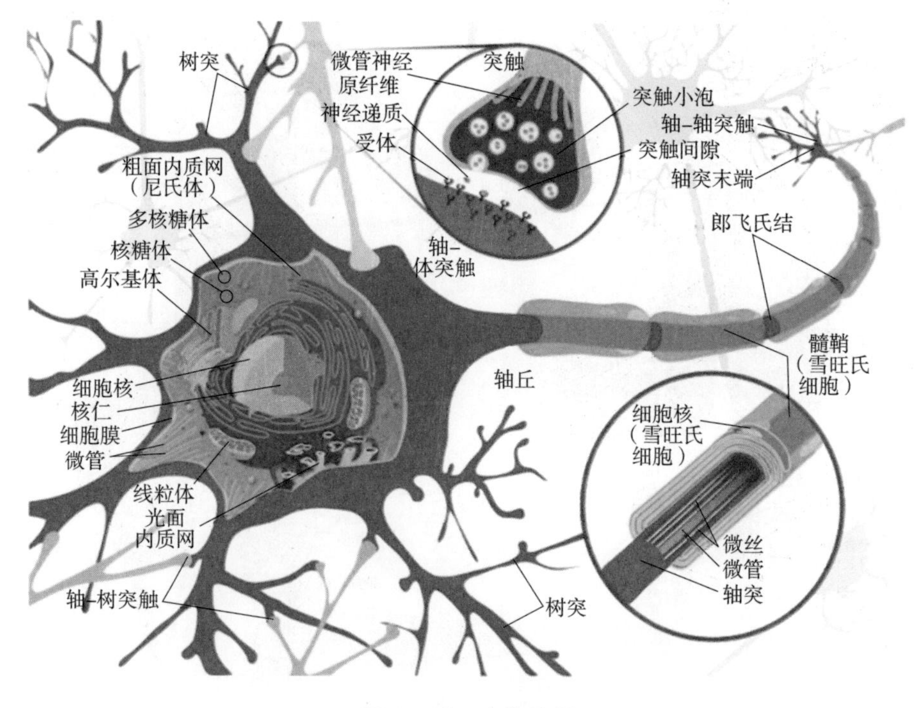


图 1－18　人体神经

以上四种因素密切联系，成为人体活动不可或缺的要素。

### 1.2.3　人体重心

整个人体所受重力合力的作用点称为人体重心（见图 1－19），它位于身体正中面上第三骶椎上缘数厘米处，在身高的 55%～56% 处[40]。

重心移动的幅度取决于人体移动的幅度和移动部分的质量。例如，人体上肢举伸时重心上移；人体下蹲时重心下移；大幅度身体前屈或做“桥式动作”可以引起重心移出体外[41]。

由于人体的呼吸和循环的存在，肌张力也不恒定，重心在一定范围内波动，因此人体平衡是相对的静态平衡[42]。

当人体重心偏移时，人体能借助补偿动作来抵消和中和重心的不适宜移动，如果不足以维持平衡，则可借助恢复动作或改变支撑面来获得新的平衡。

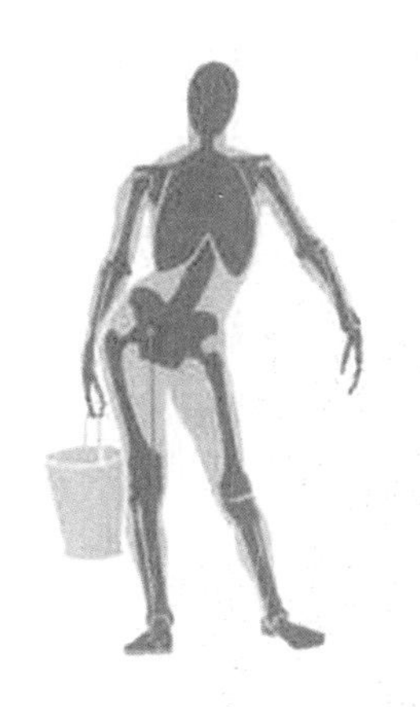
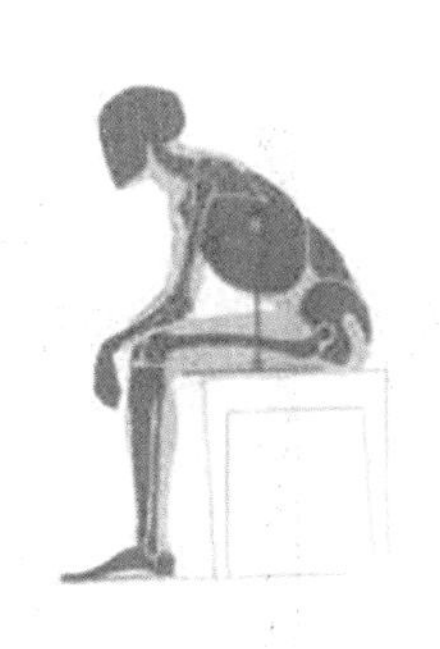
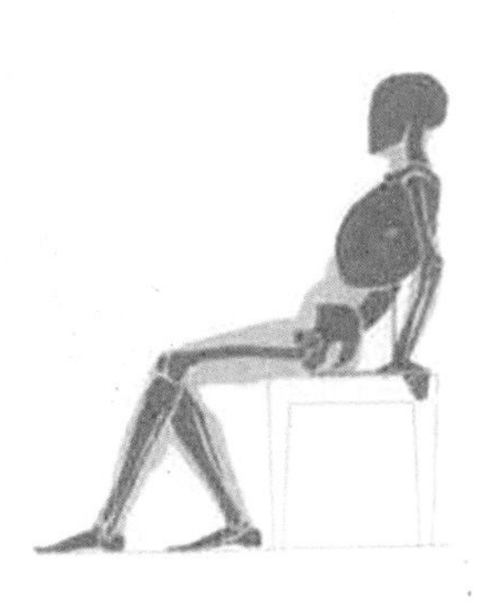

图1－19 人体重心

换言之，人体可以通过视觉和本体感觉，在大脑皮质的控制下，通过肌肉收缩形成平衡的力学条件，恢复和维持平衡。因此，人的平衡离不开肌的收缩，肌力主要起固定关节、调节控制人体平衡的作用，其活动需消耗生理能量。如果保持人体平衡的时间太长，能量消耗增多，肌肉疲劳，就会使人体控制平衡的能力降低。紧张、疲劳、注意力不集中以及突然的声、光刺激都会影响人体平衡的稳定性。

## 1.3 我的名字叫小黑侠

小黑侠是北京理工大学特种机器人技术创新中心根据人的身体结构特别为我国广大青少年开展机器人教育活动设计的仿人机器人，它有10个自由度，由10个舵机驱动相应关节运动，能够模仿人的多种动作，而且还能跳舞，眼睛处装有两个LED灯，可以根据音乐而闪亮。

小黑侠首先是通过SolidWorks进行三维实体建模，设计出合理的身体构件，然后再进行虚拟样机的整机装配和运动仿真，查看其是否能合理组装并可靠运行。

北京理工大学特种机器人技术创新中心还特别为小黑侠设计了以STM32芯片为核心的控制系统，来对小黑侠进行动作控制。这个控制系统相当于小黑侠的大脑，可以通过多种方式来规划小黑侠的动作，提升了小黑侠运动的灵活性和动作的多样性。

小黑侠使用3.7 V、800 mAh的锂电池供电，该电池为小黑侠提供了强劲的动力。

小黑侠身体的各个结构件材料为亚克力板，因而它质量轻盈而外观漂亮。颇具几分浪漫色彩的小黑侠如图 1－20 所示。

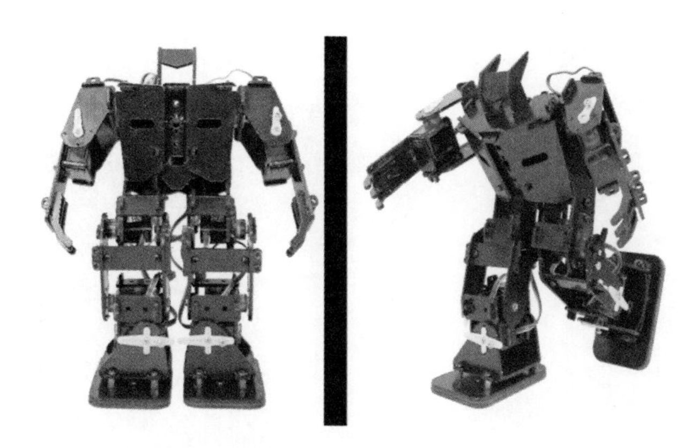

图 1－20　小黑侠

# 第 2 章 我有强壮的肌肉

要想让人体运动起来，人体的肌肉、肌腱、韧带就必须为人体提供驱动力；要想让机器人运动起来，也必须向机器人的关节、运动部位提供驱动力或驱动力矩。能够提供机器人所需驱动力或驱动力矩的器件或方式多种多样，有液压驱动、气压驱动、电机驱动，以及其他驱动形式。在电机驱动形式中，又有交流电机驱动、直流电机驱动、步进电机驱动、直线电机驱动等。电机驱动因具有运动精度高、驱动效率高、操作简单、易于控制，加上成本低、无污染等优势，在机器人领域中得到了广泛应用。人们可以利用各种电机产生的驱动力或驱动力矩，直接或经过减速机构去驱动机器人的各个关节，以获得所要求的位置、速度或加速度。因此，为机器人系统配置合理、可靠、高效的驱动系统是保障机器人具有良好运动性能的重要条件。

## 2.1 机器人常用驱动器件

对于机器人来说，尤其是对于本章将重点介绍的小型仿人机器人来说，其常用的电气驱动器件为直流电机、步进电机、伺服电机和舵机，因此本章将着重对这些器件及其使用方法进行阐述和分析。另外，电机包括电动机和发电机，本书出现“电机”一词，一般指电动机。

## 2.1.1 直流无刷电机

根据是否配置有常用的电刷——换向器，可以将直流电机分为直流有刷电机和直流无刷电机。人们通常说的是直流电机，指的是直流有刷电机。

### 2.1.1.1 直流电机

直流电机（direct current machine，见图2－1）是指能将直流电能转换成机械能（直流电动机）或将机械能转换成直流电能（直流发电机）的旋转电机[43]。它能实现直流电能和机械能互相转换。当它作电动机运行时是直流电动机，将电能转换为机械能；作发电机运行时是直流发电机，将机械能转换为电能。

图2－1 直流电机

**1. 结构组成**

直流电机的结构由定子和转子两大部分组成。直流电机运行时静止不动的部分称为定子，定子的主要作用是产生磁场，由机座、主磁极、换向极、端盖、轴承和电刷装置等组成。运行时转动的部分称为转子，主要作用是产生电磁转矩和感应电动势，是直流电机进行能量转换的枢纽，所以通常又称为电枢，由转轴、电枢铁芯、电枢绕组、换向器和风扇等组成[44]。

（1）定子。

①主磁极。主磁极的作用是产生气隙磁场。主磁极由主磁极铁芯和励磁绕组两部分组成[45]。铁芯一般用0.5～1.5 mm厚的硅钢板冲片叠压铆紧而成，分为极身和极靴两部分，上面套励磁绕组的部分称为极身，下面扩宽的部分称为极靴，极靴宽于极身，既可以调整气隙中磁场的分布，又便于固定励磁绕组。励磁绕组用绝缘铜线绕制而成，套在主磁极铁芯上。整个主磁极用螺钉固

定在机座上。

②换向极。换向极的作用是改善换向，减小电机运行时电刷与换向器之间可能产生的换向火花，一般装在两个相邻主磁极之间，由换向极铁芯和换向极绕组组成[46]。换向极绕组用绝缘导线绕制而成，套在换向极铁芯上，换向极的数目与主磁极相等。

③机座。电机定子的外壳称为机座。机座的作用有两个，一是用来固定主磁极、换向极和端盖，并起整个电机的支撑和固定作用；二是机座本身也是磁路的一部分，借以构成磁极之间磁的通路，磁通通过的部分称为磁轭。为保证机座具有足够的机械强度和良好的导磁性能，一般为铸钢件或由钢板焊接而成。

④电刷装置。电刷装置是用来引入或引出直流电压和直流电流的。电刷装置由电刷、刷握、刷杆和刷杆座等组成[47]。电刷放在刷握内，用弹簧压紧，使电刷与换向器之间有良好的滑动接触；刷握固定在刷杆上，刷杆装在圆环形的刷杆座上，相互之间必须绝缘。刷杆座装在端盖或轴承内盖上，圆周位置可以调整，调好以后加以固定。

（2）转子。

①电枢铁芯。电枢铁芯是主磁路的主要部分，同时用以嵌放电枢绕组。一般电枢铁芯采用由 0.5 mm 厚的硅钢片冲片叠压而成，以降低电机运行时电枢铁芯中产生的涡流损耗和磁滞损耗。叠成的铁芯固定在转轴或转子支架上。铁芯的外圆开有电枢槽，槽内嵌放电枢绕组。

②电枢绕组。电枢绕组的作用是产生电磁转矩和感应电动势，是直流电机进行能量变换的关键部件，所以叫电枢。它是由许多线圈（以下称元件）按一定规律连接而成，线圈采用高强度漆包线或玻璃丝包扁铜线绕成，不同线圈的线圈边分上下两层嵌放在电枢槽中，线圈与铁芯之间以及上、下两层线圈边之间都必须妥善绝缘。为防止离心力将线圈边甩出槽外，槽口用槽楔固定。线圈伸出槽外的端接部分用热固性无纬玻璃带进行绑扎。

③换向器。在直流电动机中，换向器配以电刷，能将外加直流电源转换为电枢线圈中的交变电流，使电磁转矩的方向恒定不变；在直流发电机中，换向器配以电刷，能将电枢线圈中感应产生的交变电动势转换为正、负电刷上引出的直流电动势。换向器是由许多换向片组成的圆柱体，换向片之间用云母片绝缘。

④转轴。转轴起转子旋转的支撑作用，需有一定的机械强度和刚度，一般用圆钢加工而成[48]。

**2. 工作原理**

直流电机里边固定有环状永磁体，电流通过转子上的线圈产生安培力，当转子上的线圈与磁场平行时，再继续转动受到的磁场方向将会改变，因为此时转子末端的电刷跟转换片交替接触，从而线圈上的电流方向也会改变，但产生的洛伦兹力方向不变，所以电机能保持一个方向转动[49]。

直流发电机的工作原理就是把电枢线圈中感应的交变电动势依靠换向器配合电刷的换向作用，使之从电刷端引出时变为直流电动势。

感应电动势的方向可按右手定则确定（磁感线指向手心，大拇指指向导体运动方向，其他四指的指向就是导体中感应电动势的方向）。

导体受力的方向用左手定则确定。这一对电磁力形成了作用于电枢的一个力矩，这个力矩在旋转电机里称为电磁转矩，转矩的方向沿逆时针方向，企图使电枢逆时针方向转动。如果此电磁转矩能够克服电枢上的阻转矩（例如由摩擦引起的阻转矩以及其他负载转矩），电枢就能按逆时针方向旋转起来。

**3. 控制原理**

要让电机转动起来，首先控制部就必须根据霍尔传感器（hall - sensor）感应到的电机转子所在位置，然后依照定子绕线决定开启（或关闭）换流器（inverter）中功率晶体管的顺序，inverter 中的 AH、BH、CH（这些称为上臂功率晶体管）及 AL、BL、CL（这些称为下臂功率晶体管），使电流依序流经电机线圈产生顺向（或逆向）旋转磁场，并与转子的磁铁相互作用，如此就能使电机顺时针或逆时针转动[50]。当电机转子转动到 hall - sensor 感应出另一组信号的位置时，控制部又再开启下一组功率晶体管，如此循环电机就可以依同一方向继续转动，直到控制部决定要电机转子停止，则关闭功率晶体管（或只开下臂功率晶体管）[51]；要电机转子反向则功率晶体管开启的顺序与上述相反。

上臂功率晶体管的开法如下：AH、BL 一组→AH、CL 一组→BH、CL 一组→BH、AL 一组→CH、AL 一组→CH、BL 一组，绝不能开成 AH、AL 或 BH、BL 或 CH、CL。此外因为电子零件总有开关的响应时间，所以功率晶体管在关与开的交错时间要将零件的响应时间考虑进去，否则当上臂（或下臂）尚未完全关闭，下臂（或上臂）就已开启，结果就造成上、下臂短路而使功率晶体管烧毁。

当电机转动起来，控制部会再根据驱动器设定的速度及加/减速率所组成的命令（Command）与 hall - sensor 信号变化的速度加以比对（或由软件运算），再来决定由下一组（AH、BL 或 AH、CL 或 BH、CL 或……）开关导通，以及导通时间长短[52]。速度不够则加长，速度过头则减短，此部分工作就由 PWM 来完成。PWM 是决定电机转速快或慢的方式，如何产生这样的 PWM 才是实现精准速度控制的核心。

### 2.1.1.2 直流无刷电机

直流无刷电机由电动机主体和驱动器组成，是一种典型的机电一体化产品[53]。无刷电机是指无电刷和换向器（或集电环）的电机，又称无换向器电机[54]。早在 19 世纪电机诞生的时候，产生的实用性电机就是无刷形式，即交流鼠笼式异步电动机，这种电动机得到了广泛的应用[55]。但是，异步电动机有许多无法克服的缺陷，以致电机技术发展缓慢。20 世纪中叶晶体管诞生了，采用晶体管换向电路代替电刷与换向器的直流无刷电机应运而生。这种新型无刷电机称为电子换向式直流电机，它克服了第一代无刷电机的缺陷。

直流有刷电机（见图 2－2）是典型的同步电机，由于电刷的换向使得由永久磁钢产生的磁场与电枢绕组通电后产生的磁场在电机运行过程中始终保持垂直，从而产生最大转矩使电机运转起来[56]。但由于采用电刷以机械方法进行换向，因而存在机械摩擦，由此带来了噪声、火花、电磁干扰以及寿命减短等缺点，再加上制造成本较高以及维修困难等不足，从而大大限制了直流有刷电机的应用范围[57]。随着高性能半导体功率器件的发展和高性能永磁材料的问世，直流无刷电机（其结构如图 2－3 所示）技术与产品得到了快速发展。由于直流无刷电机既具有交流电机的结构简单、运行可靠、维护方便等一系列优点，又具备直流电机的运行效率高、无励磁损耗以及调速性能好等诸多长处，因而得到了广泛的应用[58]。

图 2－2　直流有刷电机

图 2－3　直流无刷电机

**1. 直流无刷电机的结构**

从结构上分析，直流无刷电机与直流有刷电机相似，两者都有转子和定子。只不过两者在结构上相反，有刷电机的转子是线圈绕组，和动力输出轴相连，定子是永磁磁钢；无刷电机的转子是永磁磁钢，连同外壳一起和输出轴相连，定子是绕组线圈，去掉了有刷电机用来交替变换电磁场的换向电刷，故称之为无刷电机[59]。直流无刷电机是同步电机的一种，也就是说电机转子的转速受电机定子旋转磁场的速度以及转子极数的影响：在转子极数固定的情况下，改变定子旋转磁场的频率就可以改变转子的转速[60]。直流无刷电机即是将同步电机加上电子式控制（驱动器），控制定子旋转磁场的频率并将电机转子的转速回传至控制中心反复校正，以期达到接近直流电机的特性[61]。也就是说直流无刷电机在额定负载范围内当负载变化时仍可以控制电机转子维持一定的转速。

**2. 直流无刷电机的工作原理**

直流无刷电机的运行原理为：依靠改变输入到无刷电机定子线圈上的电流波交变频率和波形，在绕组线圈周围形成一个绕电机几何轴心旋转的磁场，这个磁场驱动转子上的永磁磁钢转动，实现电机输出轴转动[62]。电机的性能不仅和磁钢数量、磁钢磁通强度、电机输入电压大小等因素有关，更与无刷电机的控制性能有关，因为输入的是直流电，电流需要通过电子调速器将其变成3相的交流电。

直流无刷电机按照是否使用传感器分为有感的和无感的[63]。有感的直流无刷电机必须使用转子位置传感器来监测其转子的位置。直流无刷电机的输出信号经过逻辑变换后去控制开关管的通断，使电机定子各相绕组按顺序导通，保证电机连续工作[64]。转子位置传感器也由定子、转子部分组成，转子位置传感器的转子部分与电机本体同轴，可跟踪电机本体转子的位置；转子位置传感器的定子部分则固定在电机本体的定子或端盖上，以感受和输出电机转子的位置信号[65]。转子位置传感器的主要技术指标为：输出信号的幅值、精度、响应速度、工作温度、抗干扰能力、损耗、体积、重量、安装方便性以及可靠性等[66]。其种类包括磁敏式、电磁式、光电式、接近开关式、正余弦旋转变压器式以及编码器等，其中最常用的是霍尔磁敏传感器。

直流电机具有响应快、起动转矩大，且具备从零转速至额定转速期间可提供额定转矩的性能，但直流电机的优点也正是它的缺点，因为直流电机要实现额定负载下恒定转矩的性能，则电枢磁场与转子磁场须恒维持90°，这就要借助碳刷及整流子[67]。碳刷及整流子在电机转动时会产生火花，除了会造成组件损坏之外，其使用场合也受到限制。交流电机没有碳刷及整流子，不需维护、坚固耐用、应用广泛，但特性上若要达到相当于直流电机的性能则须采用复杂的控制技术才能达到。现今半导体技术发展迅速，功率组件切换频率加快了许多，能够大幅提升驱动电机的性能。微处理机速度亦越来越快，可实现将交流电机控制置于一旋转的两轴直角坐标系统中，适当控制交流电机在两轴的电流分量，达到类似直流电机控制并有与直流电机相当的性能[68]。

**3. 直流无刷电机的应用范围**

直流无刷电机的应用十分广泛，汽车、电动工具、工业控制、自动化设备以及航空航天系统等等都能看到其身影。总的来说，直流无刷电机主要有以下三种用途：

①持续负载应用：主要是需要一定转速但是对转速精度要求不高的领域，比如风扇、抽水机、吹风机等一类的应用，这类应用成本较低且多为开环控制[69]。

②可变负载应用：主要是转速需要在某个范围内变化的应用，对电机转速特性和动态响应时间特性有更高的需求。如家用甩干机和压缩机就是很好的例子，汽车工业领域中的油泵控制、电控制器、发动机控制等，这类应用的系统成本相对更高些。

③定位应用：大多数工业控制和自动控制方面的应用都属于这个类别。这类应用中往往会完成能量的输送，所以对转速的动态响应和转矩有特别的要求，对控制器的要求也较高。测速时可能会用上光电编码器和一些同步设备。过程控制、机械控制和运输控制等很多也属于这类应用。

**4. 直流无刷电机的控制策略**

一般的自同步直流无刷电动机逆变器和驱动的结构图如图 2－4 所示：

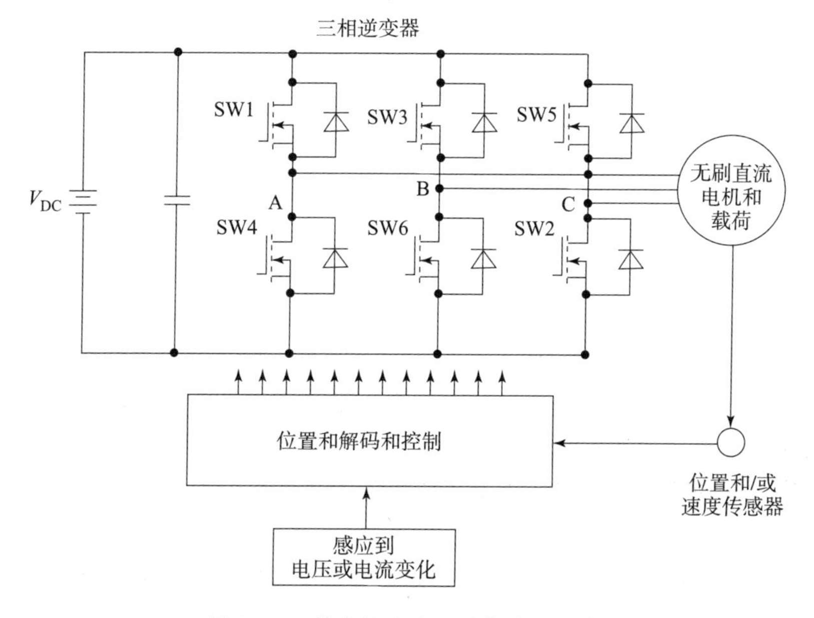


图 2－4　基本的直流无刷电动机驱动

该驱动系统通常用于电压源逆变器（VSI）。电压源逆变器对应的是电流源逆变器（CSI）[70]。VSI 之所以运用较为广泛，是因为其成本、重量、动态性能和控制精度均优于 CSI。两种逆变器在重量和成本方面的差异是由于 VSI 采用电容器进行直流耦合，而 CSI 需要在整流器和逆变器之间接有笨重的电抗器。VSI 在动态响应能力上也与 CSI 有所不同。加接电抗器是为了满足 CSI 作为恒流源需要较大的换向重叠角，以防止电机绕组中电流过快变化，进而抑制电机的高速伺服运行。但这样就会加大驱动系统中阻尼器的尺寸。对于 CSI 所期望得到的恒流控制和恒转矩控制性能，在 VSI 中，也可通过其内部的电流控制环中滞后型电流控制而近似得到。

图2－5是直流无刷电动机经典的转速和位置控制方案方框图。如果仅仅期望转速控制，可以将位置控制器和位置反馈电路去掉。通常在高性能的位置控制器中位置和转速传感器都是需要的。如果仅有位置传感器而没有转速传感器，那就要求检测位置信号的差异，在模拟系统中就要导致噪声的放大；而在数字系统中这不是问题。对于位置和转速控制的直流无刷电机，位置传感器或其他获取转子位置信息的元件是必须配置的。

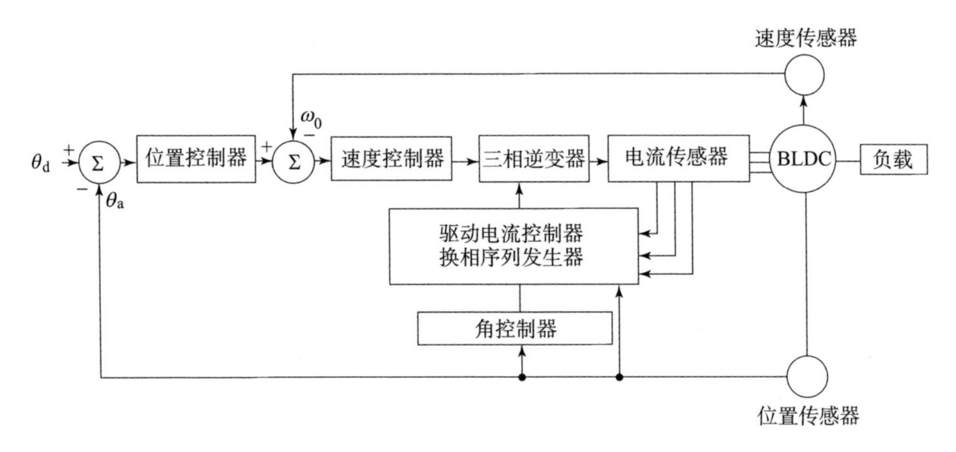


图2－5　经典转速和位置控制直流无刷电动机系统方框图

许多高性能的应用场合为了实现转矩控制还需要进行电流反馈，至少需要汇线电流反馈来防止电机和驱动系统过流。这时，适当添加一内电流闭环控制就能快速实现电流源逆变器那样的性能，而不需要添加直流耦合电抗器，驱动中的直流电压调节也可由作用类似直流电源的可控整流器来实现。

**5. 直流无刷电机的特点**

①可替代传统直流电机调速、变频器＋变频电机调速、异步电机＋减速机调速[71]；

②具有传统直流电机的优点，同时又取消了碳刷和滑环结构；

③可以低速大功率运行，可以省去减速机直接驱动大的负载；

④体积小、重量轻、出力大；

⑤转矩特性优异，中、低速转矩性能好，启动转矩大，启动电流小；

⑥可以无级调速，调速范围广，过载能力强；

⑦软启软停、制动特性好，可省去原有的机械制动或电磁制动装置[72]；

⑧效率高，电机本身没有励磁损耗和碳刷损耗，消除了多级减速损耗，综合节电率可达20%～60%。

⑨可靠性高，稳定性好，适应性强，维修与保养简单；

⑩耐颠簸和震动，噪声低，震动小，运转平滑，寿命长；

⑪不产生火花，特别适合爆炸性场所；

⑫根据需要可选梯形波磁场电机和正弦波磁场电机。

### 2.1.2 步进电机

步进电机（见图2-6）是一种将电脉冲信号转变为角位移或线位移的开环控制驱动器件，是现代数字程序控制系统中的主要执行元件，应用极为广泛。在非超载的情况下，步进电机的转速、停止位置只取决于脉冲信号的频率和数量，不受负载变化的影响。当步进驱动器接收到一个脉冲信号后，它就驱动步进电机按设定的方向转动一个固定的角度（称为“步距角”）[73]。步进电机的旋转是以固定的角度一步一步运行的[74]。人们可以通过控制脉冲个数来控制步进电机的角位移量，从而达到准确定位的目的；同时还可以通过控制脉冲频率来控制步进电机转动的速度和加速度，从而达到调速的目的。通过改变绕组通电的顺序，步进电机就会反转[75]。所以可用控制脉冲数量、频率及电动机各相绕组的通电顺序来控制步进电机的转动。

图2-6 步进电机与驱动器

步进电机是一种感应电机，结构如图2-7所示。步进电机的工作原理是利用电子电路将直流电变成分时供电的多相时序控制电流，再用这种电流为自己供电，这样步进电机才能正常工作，驱动器就是为步进电机分时供电的多相时序控制器[76]。

图2-7 步进电机结构图

**1. 步进电机的主要分类**

步进电机在构造上有三种主要类型，分别为：反应式（Variable Reluctance，VR）、永磁式（Permanent Magnet，PM）

和混合式（Hybrid Stepping，HS）[77]。

（1）反应式步进电机。该类型步进电机定子上有绕组，转子由软磁材料组成。这种电机结构简单、成本低廉、步距角小，可达1.2°，但其动态性能较差、效率低、发热大、可靠性难以保证。

（2）永磁式步进电机。该类型步进电机的转子用永磁材料制成，转子的极数与定子的极数相同。这种电机动态性能好、输出力矩大，但精度差、步距角大（一般为7.5°或15°）。

（3）混合式步进电机。该类型步进电机综合了反应式和永磁式步进电机的优点，定子上有多相绕组，转子采用永磁材料制成，转子和定子上均设有多个小齿以提高步距精度。这种电机输出力矩大、动态性能好、步距角小，但结构比较复杂，生产成本也相对较高。

虽然步进电机已被广泛应用，但它并不能像普通的直流电机、交流电机那样可在常规下使用，它必须在由双环形脉冲信号、功率驱动电路等组成的控制系统控制下方可使用。因此用好步进电机进行加工制做也非易事，涉及机械、电机、电子及计算机等许多的专业知识[78]。

步进电机作为执行元件，是机电一体化系统中的关键器件之一，广泛应用在各种自动化控制系统中[79]。随着微电子和计算机技术的发展，步进电机的需求量与日俱增，在国民经济各个领域中都有大量应用。

**2. 步进电机的控制技术**

作为一种控制用的特种电机，步进电机无法直接接到直流或交流电源上工作，必须使用专门的驱动电源和步进电机驱动器[80]。在微电子技术，特别是计算机技术发展以前，控制器脉冲信号发生器完全由硬件实现，控制系统采用单独的元件或者集成电路组成控制回路，不仅调试安装十分复杂，要消耗大量元器件，而且一旦定型之后，要改变控制方案就一定要重新设计电路，针对不同的步进电机开发不同的驱动器，所以开发难度和开发成本都很高，控制难度也较大，这在一定程度上限制了步进电机的推广。

由于步进电机是一个把电脉冲转换成离散的机械运动的装置，具有很好的数据控制特性，因此，计算机成为步进电机的理想驱动源。随着微电子和计算机技术的发展，软硬件结合的步进电机控制方式成了主流，即通过程序产生控制脉冲，驱动硬件电路。单片机通过软件来控制步进电机，更好地挖掘出了步进电机的潜力。因此，用单片机控制步进电机已经成为一种必然趋势。

**3. 步进电机的选择方法**

步进电机的步距角（涉及相数）、静力矩和电流是其三大要素。一旦三大要素确定，步进电机的型号便确定下来了。步进电机和驱动器的选择方法如下。

(1) 步距角的选择。

步进电机的步距角取决于负载精度的要求，将负载的最小分辨率（当量）换算到电机轴上，每个当量电机轴应走多少角度（包括减速）[81]。电机的步距角应等于或小于此角度。市场上步进电机的步距角一般有0.36°/0.72°（五相电机）、0.9°/1.8°（二、四相电机）、1.5°/3°（三相电机）等[82]。

(2) 静力矩的选择。

步进电机的动态力矩很难轻易确定，人们往往先确定其静力矩。静力矩选择的依据是步进电机工作的负载，而负载可分为惯性负载和摩擦负载二种。单一的惯性负载和单一的摩擦负载是不存在的。直接启动时（一般由低速）这二种负载均要考虑，加速启动时主要考虑惯性负载，恒速运行时只要考虑摩擦负载[83]。一般情况下，静力矩应为摩擦负载的2~3倍，静力矩一旦选定，步进电机的机座及长度便能确定下来（几何尺寸）。

静力矩是选择步进电机的主要参数之一。负载大时，需采用大力矩电机。当然，力矩指标大时，电机的外形也大。

(3) 电流的选择。

静力矩一样的电机，由于电流参数不同，其运行特性差别很大，可依据矩频特性曲线图来判断电机的电流。

转速要求高时，应选相电流较大、电感较小的电机，以增加功率输入，且在选择驱动器时采用较高供电电压。

选择电机的安装规格：如57、86、110等，主要与力矩要求有关。

确定定位精度和振动方面的要求情况：判断是否需细分，需多少细分。

根据电机的电流、细分和供电电压选择驱动器。

**4. 步进电机的特点与特性**

(1) 主要特点。

①一般步进电机的精度为步距角的3%~5%，且不累积。

②步进电机温度过高时首先会使电机的磁性材料退磁，从而导致力矩下降乃至于失步，因此电机外表允许的最高温度取决于不同电机磁性材料的退磁点；一般来讲，磁性材料的退磁点都在130℃以上，有的甚至高达200℃以上，所以步进电机外表温度在80~90℃完全正常[84]。

③步进电机的力矩会随转速的升高而下降。当步进电机转动时，电机各相绕组的电感将形成一个反向电动势；频率越高，反向电动势越大[85]。在它的作用下，电机随频率（或速度）的增大而相电流减小，从而导致力矩下降[86]。

④步进电机低速时可以正常运转，但若高于一定速度就无法启动，并伴有啸叫声。

步进电机有一个技术参数：空载启动频率，即步进电机在空载情况下能够正常启动的脉冲频率，如果脉冲频率高于该值，电机就不能正常启动，可能发生失步或堵转[87]。在有负载的情况下，启动频率应更低。如果要使电机达到高速转动，脉冲频率应该有加速过程，即启动频率较低，然后按一定加速度升到所希望的高频（电机转速从低速升到高速）。

步进电机以其显著的特点，在数字化制造时代发挥着重大的作用。伴随着不同的数字化技术的发展和步进电机本身技术的提高，步进电机将会在国民经济建设更多的领域中得到应用[88]。

（2）主要特性。

①步进电机必须加驱动才可以运转，驱动信号必须为脉冲信号[89]。没有脉冲时，步进电机静止，如果加入适当的脉冲信号，就会以一定的角度转动。转动的速度和脉冲的频率成正比。

②常见的步进电机的步距角为 7.5°，一圈 360°，需要 48 个脉冲完成。

③步进电机具有瞬间启动和急速停止的优越特性。

④改变脉冲的顺序，可以十分方便地改变转动的方向。

因此，打印机、绘图仪、机器人等设备都以步进电机为动力核心。

**5. 步进电机的控制策略**

（1）PID 控制。

PID 控制作为一种简单而实用的控制方法在步进电机驱动中获得了广泛的应用。它根据给定值 $r(t)$ 与实际输出值 $c(t)$ 构成控制偏差 $e(t)$，将偏差的比例、积分和微分通过线性组合构成控制量，然后对被控对象进行控制[90]。文献［91］将集成位置传感器用于二相混合式步进电机中，以位置检测器和矢量控制为基础，设计出了一个可自动调节的 PI 速度控制器。此控制器在变工况条件下能提供令人满意的瞬态特性。文献［92］根据步进电机的数学模型，设计了步进电机的 PID 控制系统，采用 PID 控制算法得到控制量，从而控制电机向指定位置运动。最后，通过仿真验证了该控制具有较好的动态响应特性。采用 PID 控制器具有结构简单、鲁棒性强、可靠性高等优点，但是它无法有效应对系统中的不确定信息。

目前，PID 控制多与其他控制策略结合，形成带有智能的新型复合控制。这种智能复合控制具有自学习、自适应、自组织的能力，能够自动辨识被控过程参数，自动整定控制参数，适应被控过程参数的变化，同时又具有常规 PID 控制器的特点。

（2）自适应控制。

自适应控制是 20 世纪 50 年代发展起来的一种自动控制技术。随着控制对象的复杂化，控制对象可能会出现动态特性不可知或发生变化不可预测等情况，为了解决这些问题，需要研究高性能的控制器，自适应控制就应运而生了。其主要优点是容易实现和自适应速度快，能有效克服电机模型参数缓慢变化所引起的影响。文献［93］根据步进电机的线性或近似线性模型推导出了全局稳定的自适应控制算法，但这些控制算法都严重依赖于电机模型参数。文献［94］将闭环反馈控制与自适应控制结合起来检测转子的位置和速度，通过反馈和自适应处理，按照优化的升降运行曲线，自动地发出驱动脉冲串，提高了电机的拖动力矩特性，同时使电机获得更精确的位置控制和较高和较平稳的转速。

目前，很多学者将自适应控制与其他控制方法相结合，以解决单纯自适应控制的不足。文献［95］设计的鲁棒自适应低速伺服控制器，确保了转动脉矩的最大化补偿及伺服系统低速高精度的跟踪控制性能。文献［96］研制的自适应模糊 PID 控制器可以根据输入误差和误差变化率的变化，通过模糊推理在线调整 PID 参数，实现对步进电机的自适应控制，从而有效地提高了系统的响应时间、计算精度和抗干扰性。

（3）矢量控制。

矢量控制是现代电机高性能控制的理论基础，可以改善电机的转矩控制性能。它通过磁场定向将定子电流分为励磁分量和转矩分量分别加以控制，从而获得良好的解耦特性。因此，矢量控制既需要控制定子电流的幅值，又需要控制电流的相位。由于步进电机不仅存在主电磁转矩，还有由于双凸结构产生的磁阻转矩，且内部磁场结构复杂，非线性状况较一般电机要严重得多，所以它的矢量控制也较为复杂。文献［97］推导出了二相混合式步进电机 d－q 轴数学模型，以转子永磁磁链为定向坐标系，令直轴电流 $i_d=0$，电动机电磁转矩与 $i_q$ 成正比，用 PC 机实现了矢量控制系统。系统中使用传感器检测电机的绕组电流和转子位置，用 PWM 方式控制电机的绕组电流。文献［98］推导出基于磁网络的二相混合式步进电机模型，给出了其矢量控制位置伺服系统的结构，采用神经网络模型参考自适应控制策略对系统中的不确定因素进行实时补偿，通过最大转矩/电流矢量控制实现了电机的高效控制。

（4）智能控制。

智能控制不依赖或不完全依赖控制对象的数学模型，只按实际效果进行控制，在控制中有能力考虑系统的不确定性和精确性，突破了传统控制必须基于数学模型展开的桎梏。目前，智能控制在步进电机系统中应用较为成熟的是模糊控制和神经网络控制。

①模糊控制。

模糊控制就是在被控制对象的模糊模型基础上，运用模糊控制器近似推理等手段实现系统控制。作为一种直接模拟人类思维结果的控制方式，模糊控制已广泛应用于工业控制领域。与常规控制方式相比，模糊控制无须精确的数学模型，具有较强的鲁棒性和自适应性，因此适用于非线性、时变、时滞系统的控制。文献［99］给出了模糊控制在二相混合式步进电机速度控制中的应用实例。系统为超前角控制，设计时无需数学模型，响应时间短。

②神经网络控制。

神经网络是利用大量的神经元按一定的拓扑结构和学习调整方法进行工作的。它可以充分逼近任意复杂的非线性系统，能够学习和自适应未知或不确定的系统，具有很强的鲁棒性和容错性，因而在步进电机系统中得到了广泛的应用。文献［100］将神经网络用于实现步进电机最佳细分电流，在学习中使用 Bayes 正则化算法，使用权值调整技术避免多层前向神经网络陷入局部极小点，有效解决了等步距角细分的问题。

**6. 步进电机的优缺点**

（1）优点。

①步进电机旋转的角度正比于脉冲数；

②步进电机停转的时候具有最大的转矩（当绕组激磁时）；

③由于每步的精度在 3% ~5%，而且不会将一步的误差累积到下一步，因而具有较好的位置精度和运动的重复性[101]；

④优秀的启停和反转响应；

⑤由于没有电刷，可靠性较高，步进电机的寿命仅仅取决于轴承的寿命；

⑥步进电机的响应仅由数字输入脉冲确定，因而可以采用开环控制，这使得电机的结构比较简单、成本低廉；

⑦仅仅将负载直接连接到步进电机的转轴上也可以实现极低速同步旋转；

⑧由于速度正比于脉冲频率，因而有比较宽的转速范围。

（2）缺陷。

①如果控制不当容易产生共振；

②难以获得较高的转速；

③难以获得较大的转矩；

④在体积和重量方面没有优势，能源利用率低；

⑤超过负载时会破坏同步性，高速工作时会产生振动和噪声。

### 2.1.3 伺服电机

图 2 –8　伺服电机

伺服电机（servo motor）是指在伺服系统中控制机械元件运转的电动机，是一种补助马达的间接变速装置[102]。伺服电机（其外形见图 2 –8，其结构见图 2 –9）是将输入的电压信号（即控制电压）转换为转矩和转速以驱动控制对象。其转子的转速受输入信号的控制，并能快速反应，在自动控制系统中通常用作执行元件，具有机电时间常数小、线性度高等优点[103]。伺服电机能够把所收到的电信号转换成电动机轴上的角位移或角速度输出。伺服电机可分为直流伺服电机和交流伺服电机两大类，其主要特点是，当信号电压为零时无自转现象，转速随着转矩的增加而匀速下降[104]。

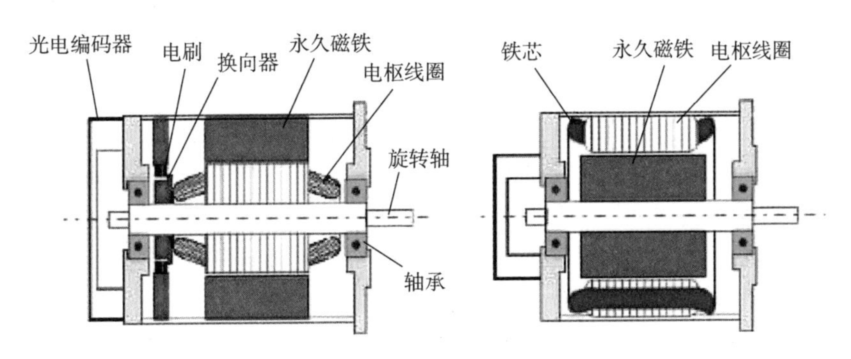


图 2－9　伺服电机结构示意图

**1. 伺服电机的工作原理**

伺服系统是使物体的位置、方位、状态等输出被控量能够跟随输入目标（或给定值）的任意变化的自动控制系统[105]。伺服主要靠脉冲来定位，基本上可以这样理解：伺服电机接收到 1 个脉冲，就会旋转 1 个脉冲对应的角度，从而实现位移。因为，伺服电机本身具备发出脉冲的功能，所以伺服电机每旋转一个角度，都会发出对应数量的脉冲，这样，和伺服电机接受的脉冲形成了呼应，或者叫闭环[106]。如此一来，系统就会知道发了多少脉冲给伺服电机，同时又收了多少脉冲回来，于是能够十分精确地控制电机的转动，从而实现准确的定位，其定位精度可达 0.001 mm。直流伺服电机可分为有刷的和无刷的[107]。有刷电机成本低，结构简单，启动转矩大，调速范围宽，控制容易，需要维护，且维护不方便（换碳刷），容易产生电磁干扰，对环境有要求[108]。因此它可以用于对成本敏感的普通工业和民用场合。无刷电机体积小，重量轻，出力大，响应快，速度高，惯量小，转动平滑，力矩稳定，控制复杂，容易实现智能化，其电子换相方式灵活，可以方波换相或正弦波换相，电机免维护，效率很高，运行温度低，电磁辐射小，工作寿命长，可用于各种环境。

交流伺服电机和直流伺服电机在功能上存在一定区别，交流伺服电机采用正弦波控制，转矩脉动小[109]。直流伺服电机采用梯形波控制，转矩脉动大，但控制比较简单，成本也更低廉[110]。

伺服电机内部的转子采用永磁铁制成，驱动器控制的 U/V/W 三相电形成电磁场，转子在此磁场的作用下转动，同时电机自带的编码器反馈信号给驱动器，驱动器根据反馈值与目标值进行比较，调整转子转动的角度。伺服电机的精度取决于编码器的精度（线数）[111]。

**2. 伺服电机的发展历史**

自从德国力士乐（Rexroth）公司的 Indramat 分部在 1978 年汉诺威国际贸易博览会上正式推出 MAC 永磁交流伺服电动机和驱动系统以后，这种新一代交流伺服技术很快就进入了实用化阶段[112]。到 20 世纪 80 年代中后期，各公司都已有完整的系列产品。整个伺服装置市场都转向了交流系统。早期的模拟系统在诸如零漂、抗干扰、可靠性、精度和柔性等方面存在不足，尚不能完全满足运动控制的要求[113]。近年来，随着微处理器、数字信号处理器（DSP）的应用，出现了数字控制系统，控制功能可完全由软件实现，相应的伺服控制系统分别称为直流伺服系统和三相永磁交流伺服系统[114]。

到目前为止，高性能的电机伺服系统大多采用永磁同步型交流伺服电机，控制驱动器多采用快速、准确定位的全数字位置伺服系统[115]。典型的生产厂家包括德国西门子、美国科尔摩根和日本松下及安川等公司。

日本安川电机制作所推出了一系列的小型交流伺服电机和驱动器，其中 D 系列适用于数控机床（最高转速为 1 000 r/min，力矩为 0.25 ~ 2.8 N · m），R 系列适用于机器人（最高转速为 3 000 r/min，力矩为 0.016 ~ 0.16 N · m）。之后又推出 M、F、S、H、C、G 六个系列。20 世纪 90 年代先后推出了新的 D 系列和 R 系列。由旧系列采用矩形波驱动、8051 单片机控制改为正弦波驱动、80C、154CPU 和门阵列芯片控制，力矩波动由 24% 降低到 7%，并提高了可靠性。这样，只用了几年时间就形成了八个系列（功率范围为 0.05 ~ 6 kW）比较完整的体系，满足了工作机械、搬运机构、焊接机械人、装配机器人、电子部件、加工机械、印刷机、高速卷绕机、绕线机等的不同需要。

以生产机床数控装置而著名的日本发那科（Fanuc）公司，在 20 世纪 80 年代中期也推出了 S 系列（13 个规格）和 L 系列（5 个规格）的永磁交流伺服电动机。L 系列有较小的转动惯量和机械时间常数，适用于响应速度要求特别快的位置伺服系统。

日本其他厂商，例如三菱电动机（HC – KFS、HC – MFS、HC – SFS、HC – RFS 和 HC – UFS 系列）、东芝精机（SM 系列）、大隈铁工所（BL 系列）、三洋电气（BL 系列）、立石电机（S 系列）等众多厂商也进入了永磁交流伺服系统的竞争行列。

德国力士乐公司 Indramat 分部的 MAC 系列交流伺服电动机共有 7 个机座

号92个规格。

德国西门子（Siemens）公司的IFT5系列三相永磁交流伺服电动机分为标准型和短型两大类，共8个机座号98种规格。据称该系列交流伺服电动机与相同输出力矩的直流伺服电动机IHU系列相比，重量只有后者的1/2，配套的晶体管脉宽调制驱动器6SC61系列，最多的可供6个轴的电动机控制。

德国博世（BOSCH）公司生产铁氧体永磁的SD系列（17个规格）和稀土永磁的SE系列（8个规格）交流伺服电动机和Servodyn SM系列的驱动控制器。

美国著名的伺服装置生产公司Gettys曾一度作为Gould电子公司一个分部（Motion Control Division），生产M600系列的交流伺服电动机和A600系列的伺服驱动器。后合并到AEG，恢复了Gettys名称，推出A700全数字化的交流伺服系统。

美国A－B（ALLEN－BRADLEY）公司驱动分部生产1326型铁氧体永磁交流伺服电动机和1391型交流PWM伺服控制器。电动机包括3个机座号共30个规格。

Industrial Drives是美国Kollmorgen公司的工业驱动分部，曾生产BR－210、BR－310和BR－510三个系列共41个规格的无刷伺服电机和BDS3型伺服驱动器。自1989年起推出了全新系列设计的永磁交流伺服电动机，包括B（小惯量）、M（中惯量）和EB（防爆型）三大类，有10、20、40、60、80五种机座号，每大类有42个规格，全部采用钕铁硼永磁材料，力矩范围为0.84～111.2 N·m，功率范围为0.54～15.7kW。配套的驱动器有BDS4（模拟型）、BDS5（数字型、含位置控制）和Smart Drive（数字型）三个系列，最大连续电流55A。Goldline系列代表了当代永磁交流伺服技术最新水平。

法国Alsthom集团在巴黎Parvex工厂生产LC系列（长型）和GC系列（短型）交流伺服电机共14个规格，并生产AXODYN系列驱动器。

近年日本松下公司推出的全数字型MINAS系列交流伺服系统，其中永磁交流伺服电机有MSMA系列小惯量型，功率从0.03～5 kW，共18种规格；中惯量型有MDMA、MGMA、MFMA三个系列，功率从0.75～4.5 kW，共23种规格，MHMA系列大惯量电动机的功率范围从0.5～5 kW，有7种规格。

韩国三星公司近年开发出全数字永磁交流伺服电机及驱动系统，其中FA-GA交流伺服电机系列有CSM、CSMG、CSMZ、CSMD、CSMF、CSMS、CSMH、CSMN、CSMX多种型号，功率从15W～5kW。

现在常采用功率变化率（Power rate）这一综合指标作为伺服电机的品质因数，衡量对比各种交直流伺服电机和步进电机的动态响应性能。功率变化率表示电机连续（额定）力矩和转子转动惯量之比。

**3. 伺服电机的选型分析**

（1）交流伺服电动机。

交流伺服电动机定子的构造基本上与电容分相式单相异步电动机相似，其定子上装有两个位置互差90°的绕组，一个是励磁绕组 $R_f$，它始终接在交流电压 $U_f$ 上；另一个是控制绕组 $L$，连接控制信号电压 $U_c$[116]。

交流伺服电动机的转子通常做成鼠笼式，但为了使电动机具有较宽的调速范围、线性的机械特性、无“自转”现象和快速响应的性能，其自身就应当具有转子电阻大和转动惯量小这两个特点。目前应用较多的转子结构有两种形式：一种是采用高电阻率的导电材料做成的高电阻率导条的鼠笼转子，为了减小转子的转动惯量，专门将转子做得细长；另一种是采用铝合金制成的空心杯形转子，杯壁很薄，仅0.2～0.3 mm，为了减小磁路的磁阻，要在空心杯形转子内部放置固定的内定子。空心杯形转子的转动惯量很小，反应迅速，而且运转平稳，因此被广泛采用。

交流伺服电动机在没有控制电压时，定子内只有励磁绕组产生的脉动磁场，转子静止不动。当有控制电压时，定子内便产生一个旋转磁场，转子沿旋转磁场的方向旋转，在负载恒定的情况下，电动机的转速随控制电压的大小而变化，当控制电压的相位相反时，电动机就将反转。

（2）永磁交流伺服电动机。

20世纪80年代以来，随着集成电路、电力电子技术和交流可变速驱动技术的迅猛发展，永磁交流伺服驱动技术有了突出的进步。各国著名电气厂商相继推出各自的交流伺服电动机和伺服驱动器系列产品，并不断进行完善和更新。交流伺服系统已成为当代高性能伺服系统的主要发展方向，使原来的直流伺服系统面临危机。90年代以后，世界各国已经商品化了的交流伺服系统均是采用全数字控制的正弦波电动机伺服驱动。交流伺服驱动装置在传动领域中呈现出日新月异的发展态势。

永磁交流伺服电动机同直流伺服电动机比较，主要优点如下：

①无电刷和换向器，工作可靠，对维护和保养要求低；

②定子绕组散热比较方便；

③惯量小，易于提高系统响应的快速性；

④适应于高速大力矩工作状态；

⑤同功率下有较小的体积和重量。

交流伺服电动机的工作原理与分相式单相异步电动机虽然相似，但前者的转子电阻比后者大得多。

**4. 伺服电机与步进电机的性能比较**

步进电机作为一种开环控制的系统与现代数字控制技术有着本质的联系。

在目前国内的数字控制系统中，步进电机的应用十分广泛[117]。随着全数字式交流伺服系统的出现，交流伺服电机也越来越多地应用于数字控制系统中。为了适应数字控制的发展趋势，运动控制系统中大多采用步进电机或全数字式交流伺服电机作为执行元件[118]。虽然两者在控制方式上相似（脉冲串和方向信号），但在使用性能和应用场合上还是存在着较大的差异[119]。现就二者的使用性能进行比较。

（1）控制精度不同。

两相混合式步进电机步距角一般为 1.8°和 0.9°，五相混合式步进电机步距角一般为 0.72°和 0.36°，还有一些高性能的步进电机通过细分后步距角更小。如三洋公司（SANYO DENKI）生产的二相混合式步进电机，其步距角可通过拨码开关设置为 1.8°、0.9°、0.72°、0.36°、0.18°、0.09°、0.072°、0.036°，兼容了两相和五相混合式步进电机的步距角。

交流伺服电机的控制精度由电机轴后端的旋转编码器保证。以三洋全数字式交流伺服电机为例，对于带标准 2000 线编码器的电机而言，由于驱动器内部采用了四倍频技术，其脉冲当量为 360°/8 000 = 0.045°。对于带 17 位编码器的电机而言，驱动器每接收 131 072 个脉冲电机轴转一圈，即其脉冲当量为 360°/131 072 = 0.002 746 6°，是步距角为 1.8°的步进电机的脉冲当量的 1/655[120]。

（2）低频特性不同。

步进电机在低速时易出现低频振动现象。振动频率与负载情况和驱动器性能有关，一般认为振动频率为电机空载起跳频率的一半。这种由步进电机的工作原理所决定的低频振动现象对于机器的正常运转非常不利。当步进电机工作在低速时，一般应采用阻尼技术来克服低频振动现象，比如在电机上加阻尼器，或在驱动器上采用细分技术等。

交流伺服电机运转非常平稳，即使在低速时也不会出现振动现象[121]。交流伺服系统具有共振抑制功能，可涵盖机械的刚性不足，并且系统内部具有频率解析机能（FFT），可检测出机械的共振点，便于系统调整。

（3）矩频特性不同。

步进电机的输出力矩随转速升高而下降，且在较高转速时会急剧下降，所以其最高工作转速一般在 300 ~ 600 r/min[122]。交流伺服电机为恒力矩输出，即在其额定转速（一般为 2 000 r/min 或 3 000 r/min）以内，都能输出额定转矩，在额定转速以上为恒功率输出[123]。

（4）过载能力不同。

步进电机一般不具有过载能力，而交流伺服电机具有较强的过载能力。以三洋交流伺服系统为例，它具有速度过载和转矩过载能力。其最大转矩为额定转矩的2~3倍，可用于克服惯性负载在启动瞬间的惯性力矩。步进电机因为没有这种过载能力，在选型时为了克服惯性力矩，往往需要选取较大转矩的电机，而机器在正常工作期间又不需要那么大的转矩，因而出现力矩浪费的现象[124]。

（5）运行性能不同。

步进电机的控制为开环控制，启动频率过高或负载过大时容易出现丢步或堵转的现象，停止时转速过高又容易出现过冲的现象。所以为了保证其控制精度，应处理好升、降速问题。交流伺服驱动系统为闭环控制，驱动器可直接对电机编码器反馈信号进行采样，内部构成位置环和速度环，一般不会出现步进电机的丢步或过冲的现象，控制性能更为可靠[125]。

（6）速度响应性能不同。

步进电机从静止加速到工作转速（一般为每分钟几百转）需要200~400 ms[126]。交流伺服系统的加速性能较好，以三洋400 W交流伺服电机为例，从静止加速到其额定转速3 000 r/min仅需几毫秒，可用于要求快速启停的控制场合。

综上所述，交流伺服系统在许多性能方面都优于步进电机。但在一些要求不高的场合也经常用步进电机来做执行元件。所以，在控制系统的设计过程中要综合考虑控制要求、成本等多方面的因素，选用适当的电机。

### 2.1.4 舵机

舵机是一种位置（角度）伺服的驱动器，适用于那些需要角度不断变化并可以保持的控制系统[127]。目前，在高档遥控玩具，如飞机模型、潜艇模型、遥控机器人中已经得到了普遍应用。舵机（见图2-10）最早用于航模制作。航模飞行姿态的控制就是通过调节发动机和各个控制舵面来实现的。

图2-10 各种舵机

我猜你肯定在机器人和电动玩具中见到过这个小东西，至少也听到过它转起来时那种与众不同的“吱吱吱”叫声[128]。对，它就是遥控舵机，常用在机器人、电影效果制作和木偶控制当中，不过让人大跌眼镜的是，它竟是为控制玩具汽车和模型飞机才设计制作的。

舵机的旋转不像普通电机那样只是呆板、单调地转圈圈，它可以根据你的指令旋转到 0 至 180°之间的任意角度然后精准地停下来。如果你想让某个东西按你的想法随意运动，舵机可是个不错的选择，它控制方便、易于实现，而且种类繁多，总能有一款适合你的具体需求。

典型的舵机是由直流电机、减速齿轮组、传感器和控制电路组成的一套自动控制系统[129]。通过发送信号，指定舵机输出轴的旋转角度来实现舵机的可控转动。一般而言，舵机都有最大的旋转角度（比如 180°）[130]。其与普通直流电机的区别主要在于：直流电机是连续转动，而舵机却只能在一定角度范围内转动，不能连续转动（数字舵机除外，它可以在舵机模式和电机模式中自由切换）；普通直流电机无法反馈转动的角度信息，而舵机却可以。此外，它们的用途也不同，普通直流电机一般是整圈转动，作为动力装置使用；舵机是用来控制某物体转动一定的角度（比如机器人的关节），作为调整控制器件使用。

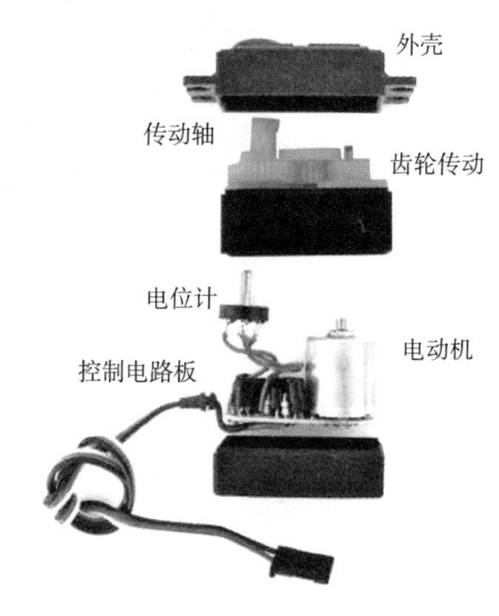

图 2－11　舵机结构分解图

舵机分解图如图 2－11 所示，它主要是由外壳、传动轴、齿轮传动、电动机、电位计、控制电路板元件所构成。其主要工作原理是：由控制电路板发出信号并驱动电动机开始转动，通过齿轮传动装置将动力传输到传动轴，同时由电位计检测送回的信号，判断是否已经到达指定位置[131]。

简言之，舵机工作时，控制电路板接受来自信号线的控制信号，控制舵机转动，舵机带动一系列齿轮组，经减速后传动至输出舵盘[132]。舵机的输出轴和位置反馈电位计是相连的，舵盘转动的同时，带动位置反馈电位计，电位计输出一个电压信号到控制电路板进行反馈，然后控制电路板根据所在位置决定电机的转动方向和速度，实现控制目标后即告停止。

舵机控制板主要是用来驱动舵机和接受电位计反馈回来的信息。电位计的作用主要是通过其旋转后产生的电阻变化，把信号发送回舵机控制板，使其判断输出轴角度是否输出正确[133]。减速齿轮组的主要作用是将力量放大，使小功率电机产生大扭矩。舵机输出转矩经过一级齿轮放大后，再经过二、三、四级齿轮组，最后通过输出轴将经过多级放大的扭矩输出。图 2－12 所示为舵机的 4 级齿轮减速增力机构，就是通过这么一级级地把小的力量放大，使得一个小小的舵机能有 15 kg・cm① 的扭矩。

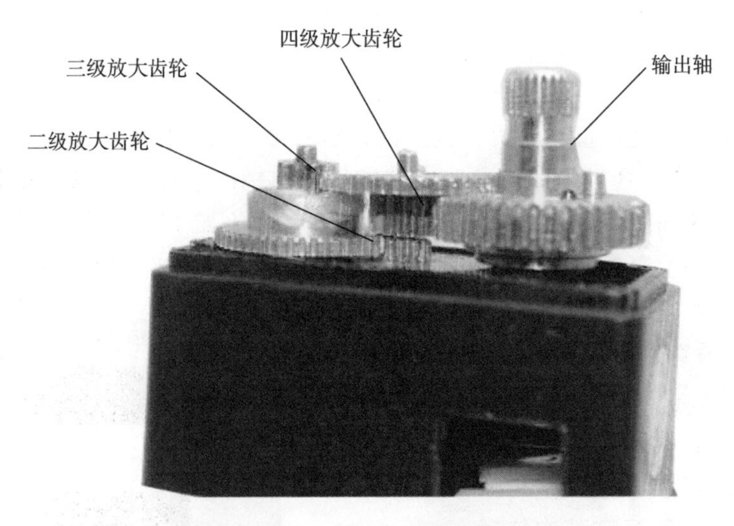


图 2－12　舵机多级齿轮减速机构

为了适合不同的工作环境，舵机还有采用防水及防尘设计的类型，并且因应不同的负载需求，所用的齿轮有塑料齿轮、混合材料齿轮和金属齿轮之分。比较而言，塑料齿轮成本低、传动噪声小，但强度弱、扭矩小、寿命短；金属齿轮强度高、扭矩大、寿命长，但成本高，在装配精度一般时传动中会有较大的噪声。小扭矩舵机、微型舵机、扭矩大但功率密度小的舵机一般都采用塑料齿轮，如 Futaba 3003、辉盛的 9 g 微型舵机均采用塑料齿轮[134]。金属齿轮一般用于功率密度较高的舵机上，比如辉盛的 995 舵机，该舵机在和 Futaba 3003 同样大小体积的情况下却能提供 13 kg・cm 的扭矩。少数舵机，如 Hitec，甚至用钛合金作为齿轮材料，这种像 Futaba 3003 体积大小的舵机能提供 20 kg・cm 多的扭矩，堪称小块头的大力士。使用混合材料齿轮的舵机其性能处于金属齿轮舵机和塑料齿轮舵机之间。

由于舵机采用多级减速齿轮组设计，使得舵机能够输出较大的扭矩。正是由于舵机体积小、输出力矩大、控制精度高的特点满足了小型仿生机器人对于

① 1 kg・cm≈0.098 N・m。

驱动单元的主要需求，所以舵机在本书介绍的小型仿人机器人中得到了采用，拟由它们来为本书介绍的小型仿人机器人提供驱动力或驱动力矩。

## 2.2 为我选择合适的舵机

舵机主要适用于那些需要角度不断变化并可以保持的控制系统，比如仿人机器人的手臂和腿、车模和航模的方向控制[135]。舵机的控制信号实际上是一个脉冲宽度调制信号（PWM 信号），该信号可由 FPGA 器件、模拟电路或单片机产生。

### 2.2.1 舵机的性能参数

舵机的主要性能参数包括转速、转矩、电压、尺寸、重量、材料和安装方式等[136]。人们在进行舵机选型设计时要综合考虑以上参数。

（1）转速：由舵机在无负载情况下转过 60°角所需时间来衡量。舵机常见的速度一般在 0.11 ~0.21 s/60°之间。

（2）转矩：也称扭矩、扭力，单位是 kg · cm，可以理解为在舵盘上距舵机轴中心水平距离 1 cm 处舵机能够带动的物体重量。

（3）电压：舵机的工作电压对其性能影响重大，推荐的舵机电压一般都是 4.8 V 或 6 V，有的舵机可以在 7 V 以上工作，甚至 12 V 的舵机也不少[137]。

较高的电压可以提高舵机的速度和转矩。例如 Futaba S－9001 在 4.8 V 时，其转矩为 3.9 kg · cm、速度为 0.22 s/60°；在 6.0 V 时转矩为 5.2 kg · cm、速度为 0.18 s/60°。若无特别注明，JR 的舵机都是以 4.8 V 为测试电压，而 Futaba 则是以 6.0 V 作为测试电压。但是，速度快、转矩大的舵机，除了价格贵，还会伴随着高耗电的特点。因此使用高级舵机时，务必搭配高品质、高容量的锂电池，这样才能提供稳定且充裕的电流，发挥出高级舵机应有的性能。

（4）尺寸、重量和材质：舵机功率（速度 × 转矩）和舵机尺寸的比值可以理解为该舵机的功率密度。一般而言，同样品牌的舵机，功率密度大的价格高，功率密度小的价格低。究竟是选择塑料齿轮减速机构还是选择金属齿轮减速机构，是要综合考虑使用转矩、转动频率、重量限制等具体条件才能作出的。采用塑料齿轮减速机构的舵机在大负荷使用时容易发生崩齿；采用金属齿轮减速机构的舵机则可能会因电机过热发生损毁或导致外壳变形，因此齿轮减速机构材质的选择应当根据使用情况具体而定，并没有绝对的标准，关键是使舵机的使用情况限制在设计规格之内。表 2－1 ~ 表 2－4 列出了一些常见低成本舵机的主要参数。

表 2－1　辉盛 SG90（见图 2－13）主要参数一览表

| 最大转矩 | 1.6 kg·cm |
| --- | --- |
| 速度 | 0.12 s/60°（4.8 V）；0.10 s/60°（6.0 V） |
| 工作电压 | 3.5～6 V |
| 尺寸 | 23 mm×12.2 mm×29 mm |
| 重量 | 9 g |
| 材料 | 塑料齿 |
| 参考价格 | 10 元 |

表 2－2　辉盛 MG90S（见图 2－14）主要参数一览表

| 最大转矩 | 2.0 kg·cm |
| --- | --- |
| 速度 | 0.11 s/60°（4.8 V）；0.10 s/60°（6.0 V）；0.12 s/60°（4.8 V） |
| 工作电压 | 4.8～7.2 V |
| 尺寸 | 22.8 mm×12.2 mm×28.5 mm |
| 重量 | 14 g |
| 材料 | 金属齿 |
| 参考价格 | 15 元 |

图 2－13　辉盛 SG90 舵机　　　　图 2－14　辉盛 MG90S 舵机

表 2－3 银燕 ES08MA（见图 2－15）主要参数一览表

| 最大转矩 | 1.5/1.8 kg · cm |
| --- | --- |
| 速度 | 0.12 s/60°（4.8 V）；0.10 s/60°（6.0 V） |
| 工作电压 | 4.8～6.0 V |
| 尺寸 | 32 mm × 11.5 mm × 24 mm |
| 重量 | 8.5 g |
| 材料 | 塑料齿 |
| 参考价格 | 13 元 |

表 2－4 银燕 ES08MD（见图 2－16）主要参数一览表

| 最大转矩 | 2.0/2.4 kg · cm |
| --- | --- |
| 速度 | 0.10 s/60°（4.8 V）；0.08 s/60°（6.0 V）；0.12 s/60°（4.8 V）；0.10 s/60°（6.0 V） |
| 工作电压 | 4.8～6.0 V |
| 尺寸 | 32 mm × 11.5 mm × 24 mm |
| 重量 | 12 g |
| 材料 | 金属齿 |
| 参考价格 | 30 元 |

图 2－15 银燕 ES08MA 舵机

图 2－16 银燕 ES08MD 舵机

## 2.2.2 舵机故障的判断准则

舵机故障诊断对于安全、合理使用舵机十分重要。舵机一般故障的判断准则如下：

（1）炸机（术语，意即舵机坏了）后舵机电机狂转、舵盘摇臂不受控制、摇臂打滑，这时可以断定：齿轮扫齿（术语，意即齿轮轮齿坏了）了，需要更换齿轮。

（2）炸机后舵机的一致性锐减，这时舵机反应迟钝，发热严重，但是还可以随着控制指令运行，只是舵量（术语：意即舵盘转动幅度）很小很慢。此时就基本可以断定：舵机电机过流了，拆下电机后发现电机空载电流很大（>150 mA），电机失去完好的性能（完好电机空载电流≤90 mA），需要换舵机电机。

（3）炸机后舵机打舵无任何反应。此时基本可以确定是舵机电子回路断路、接触不良或舵机的电机、电路板的驱动部分烧毁[138]。建议先检查线路，包括插头，看看电机引线和舵机引线是否有断路现象。如果没有的话，就进行逐一排除，先将电机卸下测试空载电流，如果空载电流小于 90 mA，说明电机是好的，那问题绝对是舵机驱动部分烧坏了，9～13 g 微型舵机电路板上面有 2 个或 4 个小贴片三极管，换掉就可以了；有 2 个三极管的可用 Y2 或 IY 直接代换，也就是用 SS8550 代换；有 4 个三极管的 H 桥电路，则直接用 2 个 Y1 和 2 个 Y2 代换；65 mg 的 UYR，可用 Y1 代换；UXR 则可用 Y2 直接代换。

（4）舵机摇臂只能一边转动，另外一边不动。这时可以判定舵机电机是好的，主要检查驱动部分，有可能烧了一边的驱动三极管，按照（3）介绍的维修方式进行维修即可。

（5）维修好舵机后通电，发现舵机向一个方向转动后就卡住不动了，舵机还在吱吱作响。这说明舵机电机的正负极或电位计的端线接错了，此时将电机的两个接线倒个方向就可以了。

（6）崭新的舵机买回来以后，通电时发现舵机狂抖不已，但用一下控制摇臂后，舵机一切正常。这说明舵机在出厂时装配不当或齿轮精度不够，这种故障一般发生在采用金属齿轮减速机构的舵机上面。如果嫌退货或换货麻烦的话，可自己卸下舵机后盖，将舵机电机与舵机减速齿轮分离后，在齿轮之间挤点牙膏，接着上好舵机齿轮顶盖，拧好减速箱螺钉，安上舵机摇臂，用手反复旋转摇臂碾磨舵机的金属齿轮，直至齿轮运转顺滑、待齿轮摩擦噪声减小后，将舵机齿轮卸下用汽油清洗，再往齿轮上注点硅油，然后组装好舵机，即可解决舵机故障。

## 2.3 提高篇：舵机的驱动与控制

舵机的控制信号是一个脉宽调制信号，十分方便和数字系统进行接口。能够产生标准控制信号的数字设备都可以用来控制舵机，比如 PLC、单片机等。

舵机伺服系统由可变宽度的脉冲进行控制，控制线是用来传送脉冲的。脉冲的参数有最小值、最大值和频率。一般而言，舵机的基准信号都是周期为 20 ms、宽度为 1.5 ms。这个基准信号定义的位置为中间位置。舵机有最大转动角度，中间位置的定义就是从这个位置到最大角度与最小角度的转动量完全一样。最重要的一点是，不同舵机的最大转动角度可能不同，但是其中间位置的脉冲宽度是一定的，那就是 1.5 ms。舵机驱动脉冲如图 2－17 所示。

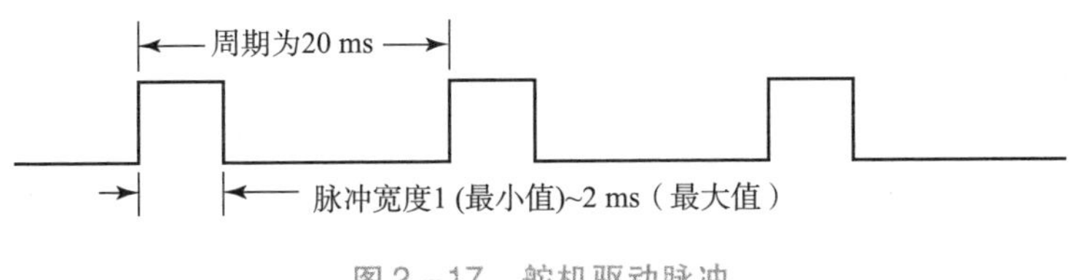


图 2－17　舵机驱动脉冲

舵机转动角度由来自控制线的持续脉冲所产生。这种控制方法叫做脉冲调制。脉冲的长短决定舵机转动多大的角度。例如，1.5 ms 的脉冲会让舵机转动到中间位置（对于转角为 180°的舵机来说，就是 90°的位置）。当控制系统发出指令，让舵机转动到某一位置，并让它保持这个角度，这时外力的影响不会让这个角度产生变化[139]。但是这种情况是有上限的，上限就是舵机的最大转矩。除非控制系统不停地发出脉冲稳定舵机的角度，否则舵机的角度不会一直不变。

当舵机接收到一个小于 1.5 ms 的脉冲，其输出轴会以中间位置为标准，逆时针旋转一定角度。当舵机接收到大于 1.5 ms 的脉冲，情况则相反，其输出轴会以中间位置为标准，顺时针旋转一定角度。不同品牌，甚至同一品牌的不同舵机，都会有不同的最大脉冲值和最小脉冲值。一般而言，最小脉冲为 1 ms，最大脉冲为 2 ms。转角为 180°的舵机其输出转角与输入信号脉冲宽度的关系如图 2－18 所示。

360°舵机也是通过占空比控制，只不过大于 1.5 ms 和小于 1.5 ms 是调节的顺时针旋转还是逆时针旋转，不同的占空比，转速不同。

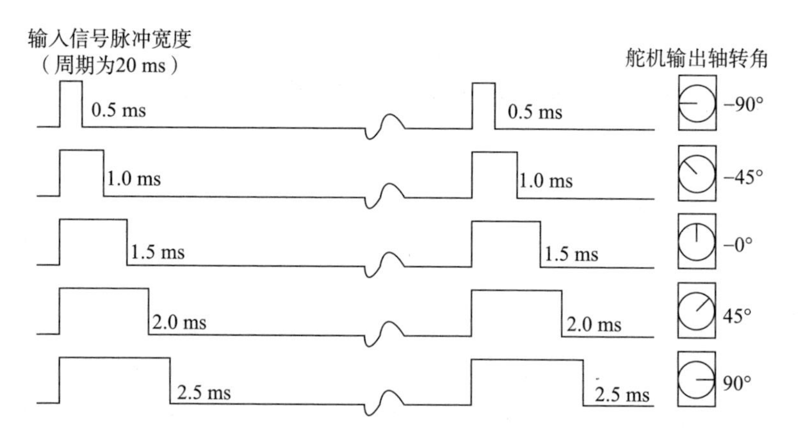


图 2－18　180°舵机输出轴转角与输入信号脉冲宽度的关系示意图

舵机有一个三线的接口。黑线（或棕色线）接地线，红线接 +5 V 电压，黄线（或白色线、橙色线）接控制信号端。可以根据图示颜色连接舵机。与直流电机不同的是，舵机多了一根信号线，给这根线提供 PWM 信号就可以实现对舵机的控制。

控制信号进入舵机信号调制芯片，获得直流偏置电压。它内部有一个基准电路，产生周期为 20 ms，宽度为 1.5 ms 的基准信号，将获得的直流偏置电压与电位计的电压进行比较，获得电压差输出[140,141]。最后，电压差的正负输出到电机驱动芯片就可以决定电机的正反转。当电机转速一定时，通过级联减速齿轮带动电位计旋转，使得电压差为 0 时，电机停止转动[142]。

舵机是以 20 ms 为周期的脉冲波进行控制的[143]。落实到具体，舵机的控制方式就多种多样了。

**情景一：单片机控制**。

单片机的控制也分为两种，像 STM32 和比较高级的 51 单片机等都是自带 PWM 输出的，这时候直接设置寄存器控制即可[144]。但是如果没有这个功能，那怎么办呢？这时候就要用到定时器了，可以用定时器来进行计时，从而产生 PWM 波来对舵机进行控制。

举个例子说明，定义两个变量 $a$ 和 $b$，定时器设置为每 1 ms 中断一次。那么用 $a$ 来计算中断的次数，控制周期为 20 ms，用 $b$ 来控制高的占空比。然后把需要输出 PWM 波的管脚，在高电平的时候拉高，低电平的时候拉低就行了。

用单片机进行控制的好处是编程的自由度很大，可以很容易地对舵机进行控制。

**情景二：舵机控制板控制**。

舵机控制板的控制要简单多了，即便没有硬件编程经验也可以进行控制。

舵机控制板可以同时控制许多舵机，常见的有 16 路和 32 路的。舵机控制板有上位机软件，采用可视化控制不需要编程。可在软件界面里拖拉舵机需要转动的角度，设置转动角度所需要的时间即可。如果有多个舵机需要控制的话，一下子全设置完毕后，保存为一个动作组，然后接着设计下一个动作组。这种控制方式非常适合用来控制多足机器人或舞蹈机器人。比较闹心的地方就是需要安装驱动，安装驱动有时会费力费神。

舵机控制板上还留有和 MCU 通信的接口，可以实时发送命令来控制舵机。

# 第 3 章 我有棒棒的身体

## 3.1 棒棒身躯的基石——设计工具

### 3.1.1 三维实体造型的基本内容

三维实体造型是计算机图形学中的一种非常复杂、非常系统、非常普及、非常实用的技术[145]。目前，三维实体造型与建模的方法共有 5 种，即：线框造型、曲面造型、实体造型、特征造型和分维造型。在实体造型与建模中，人们迫切希望了解和掌握有关实体的更多几何信息，这就使得剖分实体成为一种可贵的功能，人们期望能借此观看和认知实体的内部形状和相关信息。

与线框模型和曲面模型相比，实体模型是最为完善、最为直观的一种几何模型[146]。采用这种模型，人们可以从 CAD 系统中得到工程应用所需要的各种信息，并将其用于数控编程、空气动力学分析、有限元分析等。实体建模的方法包括边框描述、创建实体几何形状、截面扫描、放样和旋转等。

## 3.1.2 三维实体造型的基本软件

**1. 软件简介**

SOLIDWORKS 是美国 SOLIDWORKS 公司开发的一种计算机辅助设计软件（Computer Aided Design，CAD）[147-148]，是实行数字化设计的造型软件（见图 3-1），在国际上有着良好的声誉并得到广泛的应用。SOLIDWORKS 软件是世界上第一个基于 Windows 开发的三维 CAD 系统，由于技术创新符合 CAD 技术的发展潮流，该系统在 1995—1999 年获得全球微机平台 CAD 系统评比第一名。从 1995 年至今，它已经累计获得 17 项国际大奖，其中仅从 1999 年起，美国权威的 CAD 专业杂志 CADENCE 连续 4 年授予 SOLIDWORKS 最佳编辑奖，以表彰 SOLIDWORKS 的创新、活力和简明。至此，SOLIDWORKS 所遵循的易用、稳定和创新三大原则得到了全面的落实和证明。

图 3-1 SOLIDWORKS 界面

由于使用了 Windows OLE 技术、直观式设计技术、先进的 parasolid 内核（由剑桥提供）以及良好的与第三方软件的集成技术，SOLIDWORKS 成为全球装机量最大、最好用的软件。资料显示，目前全球发放的 SOLIDWORKS 软件使用许可约 28 万，涉及航空航天、机车、食品、机械、国防、交通、模具、电子通信、医疗器械、娱乐工业、日用品/消费品、离散制造等分布于全球 100 多个国家的约 3 万 1 千家企业。在教育市场上，每年来自全球 4 300 所教育机构的近 145 000 名学生通过了 SOLIDWORKS 的培训课程。据世界上著名的人才网站检索，与其他 3D-CAD 系统相比，与 SOLIDWORKS 相关的招聘广告比其他软件的总和还要多，这比较客观地说明了为什么越来越多的工程师使用 SOLIDWORKS，越来越多的企业雇佣 SOLIDWORKS 人才。据统计，全世界用户每年使用 SOLIDWORKS 的时间已达 5 500 万小时。

SOLIDWORKS 具有非常开放的系统，添加各种插件后，可实现产品的三维建模、装配校验、运动仿真、有限元分析、加工仿真、数控加工及加工工艺的制定，以保证产品从设计、工程分析、工艺分析、加工模拟、产品制造过程中的数据的一致性，从而真正实现了产品的数字化设计与制造，大幅度提高了产品的设计效率和质量[149]。

SOLIDWORKS 是在 Windows 环境下进行机械设计的软件，它基于特征、参数化进行实体造型，是一个以设计功能为主的 CAD/CAE/CAM 软件，具有人性化的操作界面，具备功能齐全、性能稳定、使用简单、操作方便等特点，同时 SOLIDWORKS 还提供了二次开发的环境和开放的数据结构。

**2. 软件特点**

SOLIDWORKS 软件具有功能强大、易学易用和技术创新三大特点，这使得 SOLIDWORKS 成为领先的、主流的三维 CAD 解决方案。SOLIDWORKS 能够提供不同的设计方案、减少设计过程中的错误以及提高产品质量。它不仅提供了如此强大的功能，而且对每个工程师和设计者来说，它的操作简单方便、易学易用。

对于熟悉微软 Windows 系统的用户来说，基本上可以非常顺利地利用 SOLIDWORKS 来搞设计。SOLIDWORKS 独有的拖拽功能使用户能够在较短的时间内完成大型的装配设计。SOLIDWORKS 资源管理器是同 Windows 资源管理器一样的 CAD 文件管理器，用它可以十分方便地管理 CAD 文件[150]。使用 SOLIDWORKS，用户能在较短的时间内完成更多的工作，能够更快地将高质量的产品投放市场。

在目前市场上所见到的三维 CAD 解决方案中，SOLIDWORKS 是设计过程简单而方便的软件之一[151]。美国著名咨询公司 Daratech 评论说：“在基于 Windows 平台的三维 CAD 软件中，SOLIDWORKS 是最著名的品牌，是市场快速增长的领导者。”

在强大的设计功能和易学易用的操作（包括 Windows 风格的拖/放、点/击、剪切/粘贴）协同下，使用 SOLIDWORKS，整个产品设计是可百分之百可编辑的，零件设计、装配设计和工程图之间是全相关的，这就给使用者带来了极大的便利。

**3. 主要模块**

（1）零件建模。

①SOLIDWORKS 提供了无与伦比的、基于特征的实体建模功能。通过拉伸、旋转、薄壁特征、高级抽壳、特征阵列以及打孔等操作来实现产品的设计。

②通过对特征和草图的动态修改，用拖拽的方式实现实时的设计修改。

③三维草图功能为扫描、放样生成三维草图路径，或为管道、电缆、线和

管线生成路径。

（2）曲面建模。

通过带控制线的扫描、放样、填充以及拖动可控制的相切操作产生复杂的曲面，可以非常直观地对曲面进行修剪、延伸、倒角和缝合等曲面操作。

（3）钣金设计。

SOLIDWORKS 提供了顶尖的、全相关的钣金设计能力，可以让客户直接使用各种类型的法兰、薄片等特征，使正交切除、角处理以及边线切口等钣金操作变得非常容易。尤其是 SOLIDWORKS 的 API 可为用户提供自由的、开放的、功能完整的开发工具。

开发工具包括 Microsoft Visual Basic for Applications（VBA）、Visual C++，以及其他支持 OLE 的开发程序。

（4）帮助文件。

SOLIDWORKS 配有一套强大的、基于 HTML 的全中文帮助文件系统。其中包括超级文本链接、动画示教、在线教程，以及设计向导和术语。

（5）高级渲染。

与 SOLIDWORKS 完全集成的高级渲染软件 PhotoWorks 能够有效地展示概念设计，减少样机的制作费用，快速地将产品投放入市场。PhotoWorks 可为用户提供方便易用的、优良品质的渲染功能。图 3-2 所示案例展现了 PhotoWorks 的高级渲染效果。

图 3-2 渲染效果图

任何熟悉微软 Windows 的人都能用 PhotoWorks 非常快速地将 SOLIDWORKS 的零件和装配体渲染成漂亮的图片[152]。在高级渲染领域中，PhotoWorks 无疑是最优秀的。

用 PhotoWorks 的菜单和工具栏中的命令，可以十分容易地产生高品质的三维模型图片。PhotoWorks 软件中包括一个巨大的材质库和纹理库，用户可以自定义灯光、阴影、背景、景观等选项，为 SOLIDWORKS 零件和装配体选择好合适的材料属性，而且在渲染之前可以预览，设定好灯光和背景选项，随后就可以生成一系列用于日后交流的品质图片文件。

（6）特征识别。

与 SOLIDWORKS 完全集成的特征识别软件 FeatureWorks 是第一个为 CAD 用户设计的特征识别软件，它可与其他 CAD 系统共享三维模型，充分利用原有的设计数据，更快地将向 SOLIDWORKS 系统过渡。

FeatureWorks 同 SOLIDWORKS 可以完全集成。当引入其他 CAD 软件设计的三维模型时，FeatureWorks 能够重新生成新的模型，引进新的设计思路。FeatureWorks 还可对静态的转换文件进行智能化处理，获取有用的信息，减少了重建模型时间。

FeatureWorks 最适合识别带有长方形、圆锥形、圆柱形的零件和钣金零件，还提供了崭新的灵活功能，包括在任何时间按任意顺序交互式操作以及自动进行特征识别。此外，FeatureWorks 也提供了在新的特征树内进行再识别和组合多个特征的能力，新增功能还包含识别拔模特征和筋特征的能力[153]。

## 3.1.3 三维实体造型的基本步骤

由于 SOLIDWORKS 优点突出、使用方便，本节将以其为应用工具，进行文中所述小型仿人机器人的三维实体造型设计。

### 3.1.3.1 使用教程

#### 1. 启动 SOLIDWORKS 和界面简介

成功安装 SOLIDWORKS 以后，在 Windows 操作环境下，选择【开始】→【程序】→【SOLIDWORKS 2016】→【SOLIDWORKS 2016】命令，或者在桌面双击 SOLIDWORKS 2016 的快捷方式图标，就可以启动 SOLIDWORKS 2016（见图 3－3），也可以直接双击打开已经做好的 SOLIDWORKS 文件，启动 SOLIDWORKS 2016[154]。

图 3－3　SOLIDWORKS 启动界面

图 3－3 所示界面只显示了几个下拉菜单和标准工具栏，选择下拉菜单【文件】→【新建】命令，或单击标准工具栏中按钮，出现“新建 SOLIDWORKS

文件”对话框，这里提供了类文件模板，每类模板有零件、装配体和工程图三种文件类型，用户可以根据自己的需要选择一种类型进行操作。这里先选择零件，单击【确定】按钮，则出现图 3－4 所示的新建 SOLIDWORKS 零件界面。

图 3－4 零件界面

图 3－4 里有下拉菜单和工具栏，整个界面分成两个区域，一个是控制区，另一个是图形区。在控制区有三个管理器，分别是特征设计树、属性管理器和组态管理器，可以进行编辑。在图形区显示造型，进行选择对象和绘制图形。特别是下拉菜单几乎包括了 SOLIDWORKS 2016 所有的命令，在常用工具栏中没有显示的那些不常用的命令，可以在菜单里找到；常用工具栏的命令按钮可以由用户自己根据实际使用情况确定。图形区的视图选择按钮是 SOLIDWORKS 2016 新增功能，单击倒三角按钮，可以选择不同的视图显示方式。

用户单击【文件】→【保存】命令，或单击标准工具栏中按钮，则会出现“另存为”对话框，如图 3－5 所示。这时，用户就可以自己选择保存文件的类型进行保存。如果想把文件换成其他类型，只需单击【文件】→【另存为】命令，随后在出现的“另存为”对话框中选择新的文件类型进行保存。

**2. 快捷键和快捷菜单**

使用快捷键、快捷菜单及鼠标按键功能是提高作图速度和准确性的重要方式，在 Windows 操作里面有很多时候都会使用它们，这里主要介绍 SOLIDWORKS 快捷命令的使用和鼠标的特殊用法。

（1）快捷键。

SOLIDWORKS 里面快捷键的使用和 Windows 里面快捷键的使用基本上一

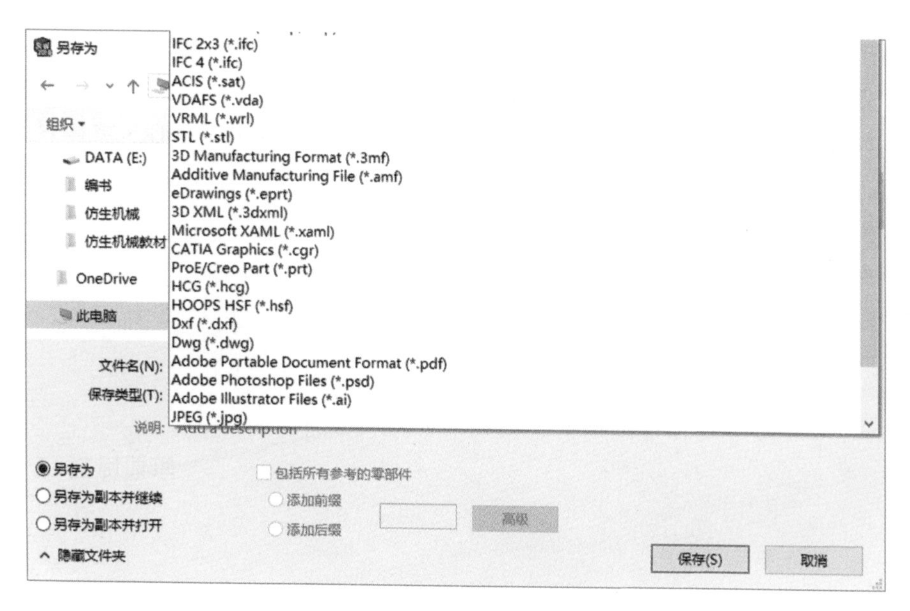


图 3－5　另存为对话框

样，用 Ctrl + 字母，就可以进行快捷操作。

(2) 快捷菜单。

在没有执行命令时，常用快捷菜单有四种：一种在图形区里，一种在零件特征表面上，一种在特征设计树里，还有一种在工具栏里。单击右键后就出现如图 3－6 所示的快捷菜单。在有命令执行时，单击不同的位置，也会出现不同的快捷菜单，用户可以自己在实践中慢慢体会。

(3) 鼠标按键功能。

左键：可以选择功能选项或者操作对象。

右键：显示快捷菜单。

中键：只能在图形区使用，一般用于旋转、平移和缩放。在零件图和装配体的环境下，按住鼠标中键不放，移动鼠标就可以实现旋转；在零件图和装配体的环境下，先按住 Ctrl 键，然后按住鼠标中键不放，移动鼠标就可以实现图形平移；在工程图的环境下，按住鼠标的中键，就可以实现图形平移；先按住 Shift 键，然后按住鼠标中键移动鼠标就可以实现缩放；如果是带滚轮的鼠标，直接转动滚轮就可以实现缩放。

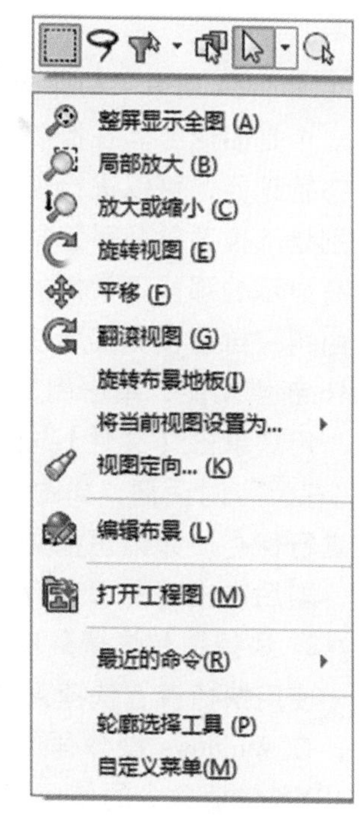


图 3－6　快捷菜单

**3. 模块简介**

在 SOLIDWORKS 里有零件建模、装配体、工程图等基本模块，因为 SOLIDWORKS 是一套基于特征的、参数化的三维设计软件，符合工程设计思维，并可以与 CAMWorks 及 DesignWorks 等模块构成一套设计与制造结合的 CAD/CAM/CAE 系统，使用它可以提高设计精度和设计效率；也可以用插件形式加进其他专业模块（如工业设计、模具设计、管路设计等）[155]。

特征是指可以用参数驱动的实体模型，是一个实体或者零件的具体构成之一，对应着某一形状，具有工程上的意义；因此这里讲的基于特征就是指零件模型是由各种特征生成的，零件的设计其实就是各种特征的叠加。

参数化是指对零件上各种特征分别进行各种约束，各个特征的形状和尺寸大小用变量参数来表示，其变量可以是常数，也可以是代数式；若一个特征的变量参数发生了变化，则该零件的这一个特征的几何形状或者尺寸大小都将发生变化，与这个参数有关的内容都会自动改变，而用户不需要自己修改[156]。

下面介绍一下零件建模、装配体、工程图等基本模块的特点。

（1）零件建模

SOLIDWORKS 提供了基于特征的、参数化的实体建模功能，可以通过特征工具进行拉伸、旋转、抽壳、阵列、拉伸切除、扫描、扫描切除、放样等操作以完成零件的建模。建模后的零件，可以生成零件的工程图，还可以插入装配体中形成装配关系，并且还能生成数控代码，直接进行零件加工。

（2）装配体

在 SOLIDWORKS 中自上而下地生成新零件时，要参考其他零件并保持参数关系。在装配环境里，可以十分方便地设计和修改零部件。在自下而上的设计中，可利用已有的三维零件模型，将两个或者多个零件按照一定的约束关系进行组装，形成产品的虚拟装配，还可以进行运动分析、干涉检查等，因此可以形成产品的真实效果图。

（3）工程图

利用零件及其装配实体模型，可以自动生成零件及装配的工程图，需要指定模型的投影方向或者剖切位置等，就可以得到所需要的图形，而且工程图是全相关的。当修改图纸的尺寸时，零件模型、各个视图、装配体都会自动更新。

**4. 常用工具栏简介**

SOLIDWORKS 中有丰富的工具栏，在这里，只是根据不同的类别，简要介绍一下常用工具栏里面的常用命令功能。在下拉菜单中选择【工具】→【自定义】命令，或者右键单击工具栏出现的快捷菜单中的【自定义】命令，就会出现一个“自定义”的对话框如图 3-7 所示，接下来就可按图进行操作。

图 3 –7　自定义对话框

### 3.1.3.2　采用 SOLIDWORKS 进行三维实体造型的具体步骤

#### 1. 草图的绘制

草图是三维实体造型设计的基础，不论采用哪一种建模方式，草图都是实现模型结构从无到有迈出的第一步。但在三维实体造型设计系统中，草图的作用与地位发生了一些变化，其中心思想是人们的设计意图应采用三维实体来表达，这与以前人们只是写写画画、用简单的线条和潦草的图形来作为草图使用的概念不同[157]。草图作为实体建模的基础，编辑其中的管理特征比管理草图效率高。所以在三维实体造型设计中，认真完成草图的绘制十分重要。需要指出的是，在绘制草图过程中应注意以下原则：

（1）根据建立特征的不同以及特征间的相互关系，确定草图的绘图平面和基本形状[158]。

（2）零件的第一幅草图应该根据原点定位，以确定特征在空间的位置。

（3）每一幅草图应尽量简单，不要包含复杂的嵌套，这样有利于草图的管理和特征的修改。

（4）要非常清楚草图平面的位置，一般情况下可使用“正视于”命令，使草图平面和屏幕平行。

（5）复杂的草图轮廓一般应用于二维草图到三维模型的转化操作，正规的建模过程中最好不要使用复杂的草图。

（6）尽管 SOLIDWORKS 不要求完全定义的草图，但在绘制草图的过程中最好使用完全定义的。合理标注尺寸以及正确添加几何关系，能够真实反映出设计者的思维方式和设计能力。

（7）任何草图在绘制时只需要绘制大概形状以及位置关系，要利用几何关系和尺寸标注来确定几何体的大小和位置，这样有利于提高工作效率。

（8）绘制实体时要注意 SOLIDWORKS 的系统反馈和推理线，可以在绘制过程中确定实体间的关系。在特定的反馈状态下，系统会自动添加草图元素间的几何关系。

（9）首先确定草图各元素间的几何关系，其次是确定位置关系和定位尺寸，最后标注草图的形状尺寸。

（10）中心线（构造线）不参与特征的生成，只起着辅助作用，因此，必要时可使用构造线定位或标注尺寸。

（11）小尺寸几何体应使用夸张画法，标注完尺寸后改成正确的尺寸。

在遵循以上原则的条件下，用户可开始进行草图绘制。首先单击草图绘制工具上的草图命令，或者单击草图绘制工具栏上的草图绘制，或者单击菜单栏，然后选择草图绘制，其步骤如图 3－8 所示：

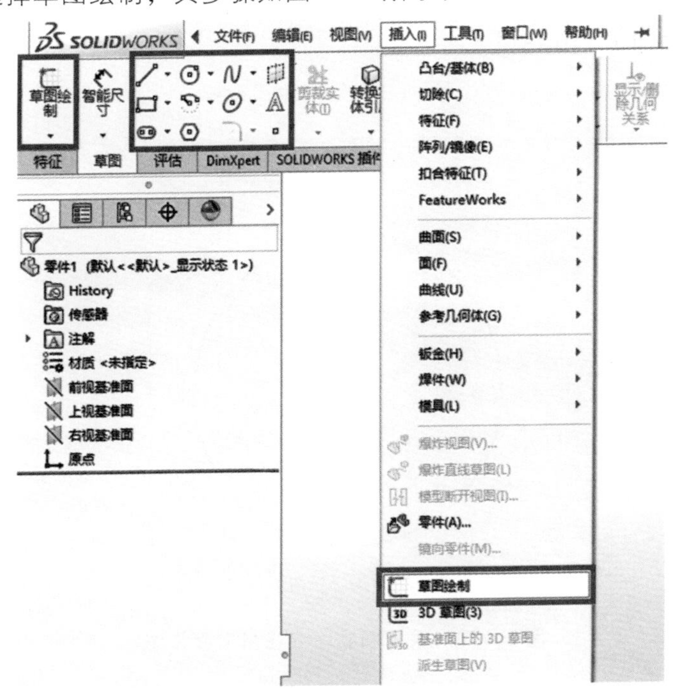


图 3－8　草图绘制界面图

接下来选择所显示的三个基准面上的任意一个基准面，然后在该基准面上单击绘制草图，被选中的基准面会高亮显示，如图 3－9 所示。

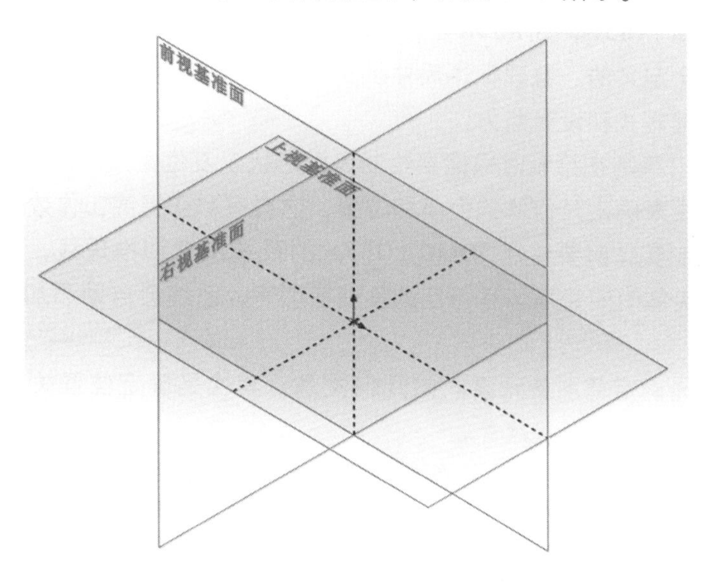


图 3－9　选择草图绘制基准面

选中基准面以后，使用草图实体工具绘制草图，或者在草图绘制工具栏上选择一工具，然后生成草图。这里选择了草图工具为圆命令，再在基准面上绘制一个圆，如图 3－10 所示。

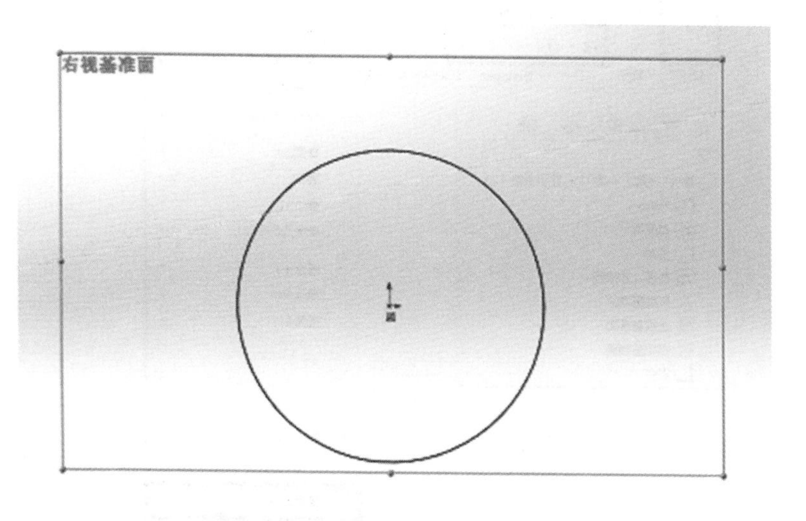


图 3－10　采用画圆命令在基准面作图

绘制好草图轮廓后，可给图形标注尺寸。标注尺寸的数字可以进行修改，图形会根据修改尺寸变大或变小。如果不需要修改则直接点击确定即可。草图尺寸标注界面如图 3－11 和图 3－12 所示。

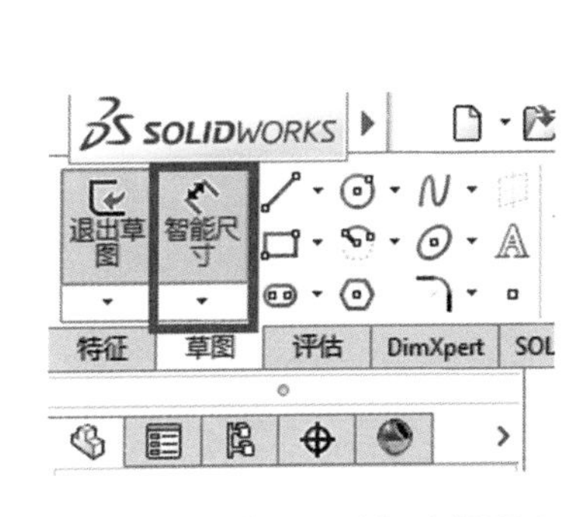


图 3－11　草图尺寸标注界面 1

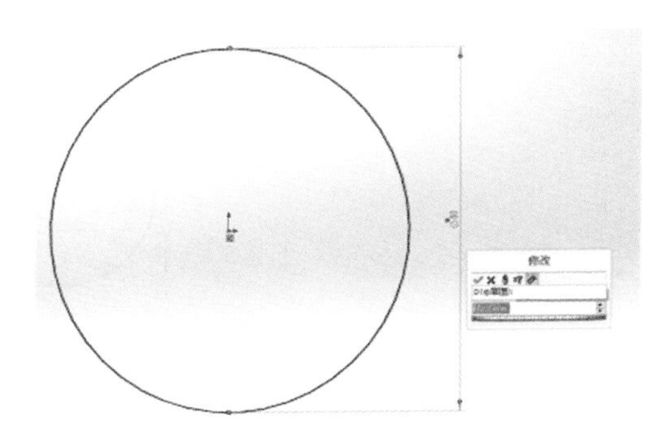


图 3－12　草图尺寸标注界面 2

单击图 3－12 中右上角的退出草图图标，或单击特征工具栏上的拉伸凸台或者旋转凸台命令，就可以退出草图编辑状态，如图 3－13 所示。

如果要在已有实体表面进行草图绘制，只需右键选择实体的某个平面，再选择创建草图即可，其情形如图 3－14 所示。

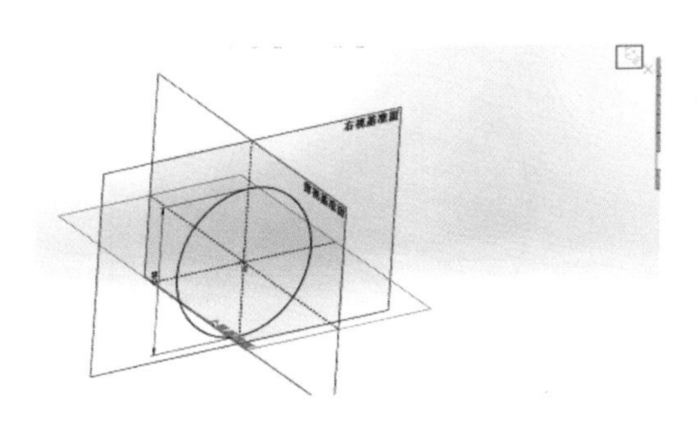

图 3－13　退出草图编辑状态界面图

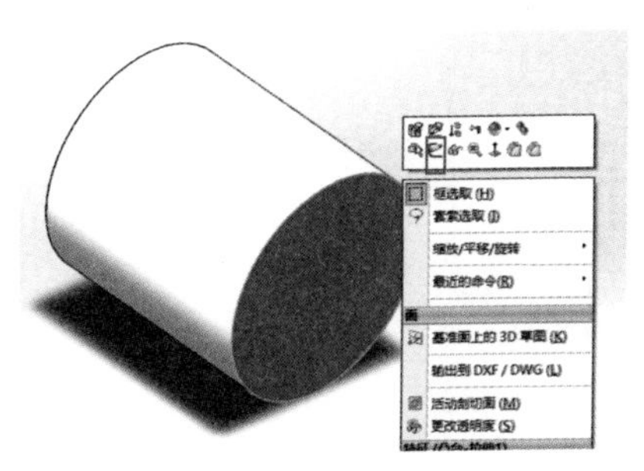

图 3－14　实体表面进行草图绘制界面图

**2. 三维图的绘制**

在草图绘制完毕后，可进行三维图形的绘制。常用的方法有拉伸、旋转等，具体步骤如下：

（1）建零件二维草图。在前视基准面上创建直径为 40 mm 的圆形草图，如图 3－15 所示。

（2）退出草图绘制界面，在特征选项栏里选择拉伸凸台/基体，长度设为 20 mm。选择绿色√，然后退出拉伸。其步骤与结果如图 3－16 所示。

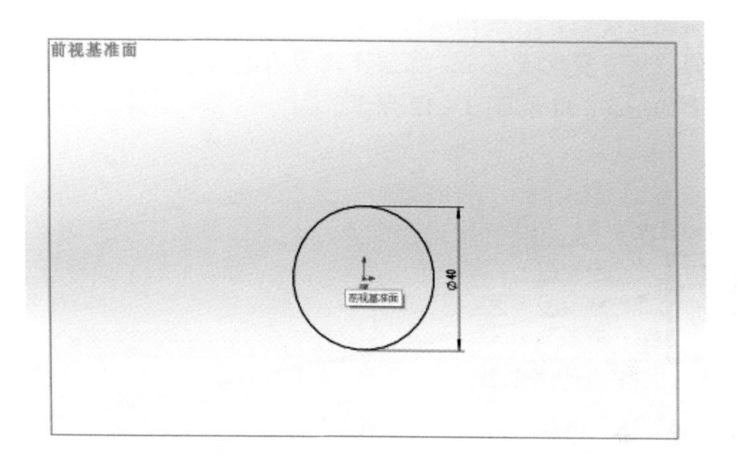


图 3－15　在前视基准面上创建圆形

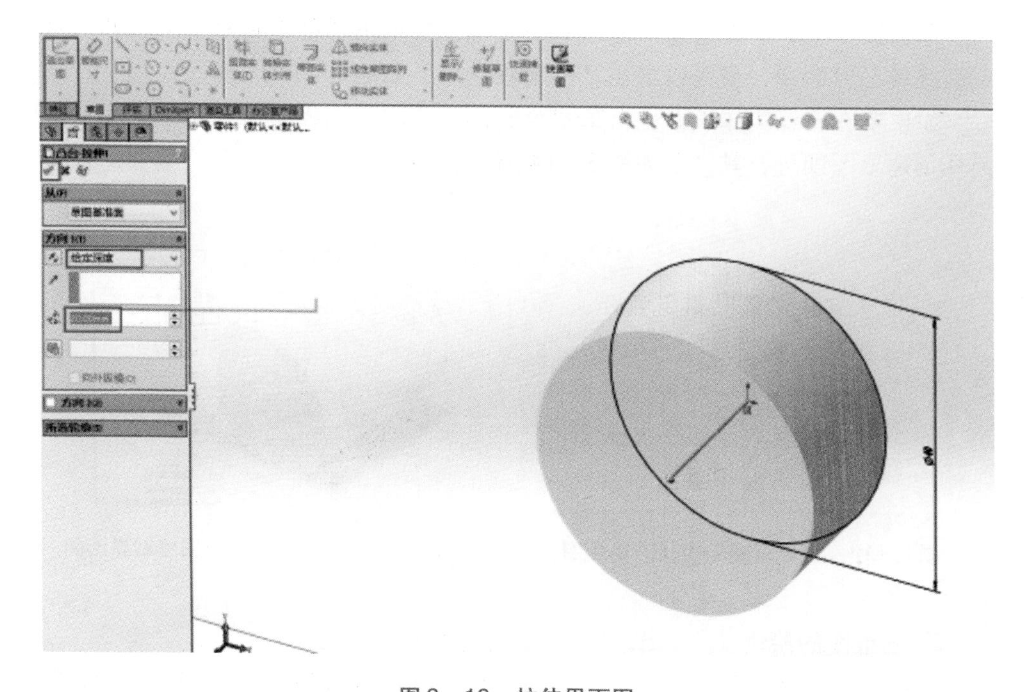

图 3－16　拉伸界面图

（3）在拉伸得到的基体的一面选择创建新草图。可以按组合快捷键 Ctrl + L 显示前视图。其情形如图 3－17 所示。

（4）在新创建的草图上绘制直径分别为 30 mm 和 20 mm 的同心圆，其情形如图 3－18 所示。

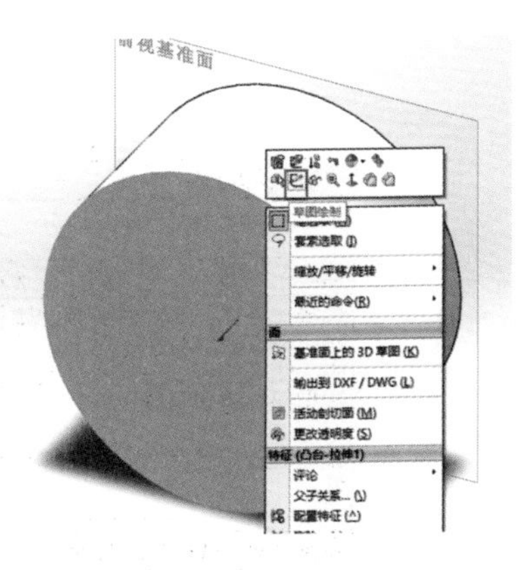

图 3－17 创建新草图界面图

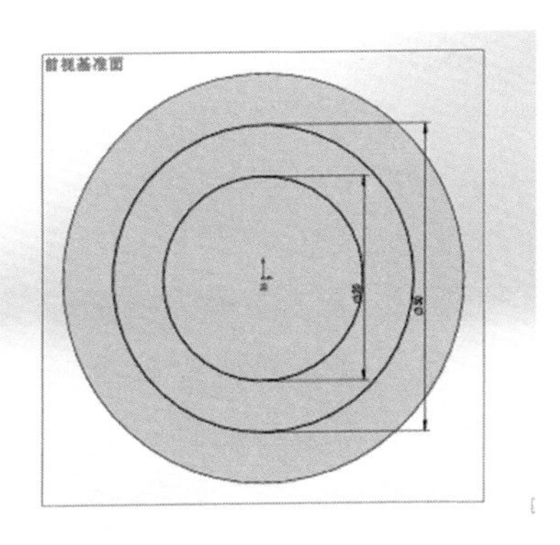

图 3－18 绘制同心圆界面图

（5）退出草图，选择拉伸凸台/基体，在拉伸截面中选择圆环部分，设定拉伸长度为 40 mm，选择绿色√，然后退出拉伸。所得拉伸结果如图 3－19 所示。

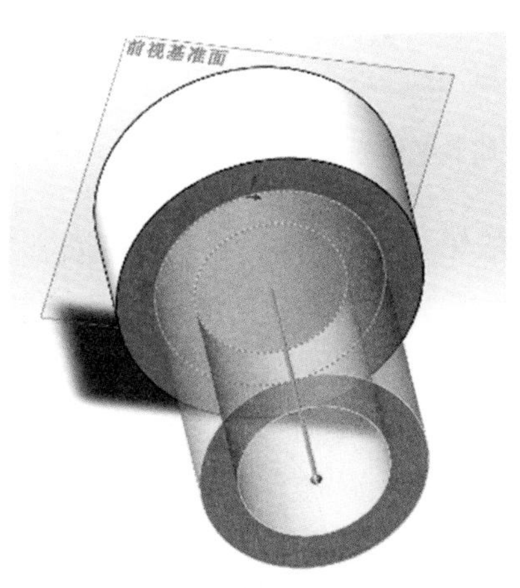

图 3－19 拉伸效果图

（6）将所得绘图结果更名为底座进行保存。

**3. 装配图的绘制**

装配图由多个零件或部件按一定的配合关系组合而成。本例展示如何使用配合关系完成装配图的绘制。

（1）首先新建零件，改名为轴。在前视图中创建草图，绘制直径为 20 mm 的圆，然后拉伸 100 mm。所得结果如图 3－20 所示。

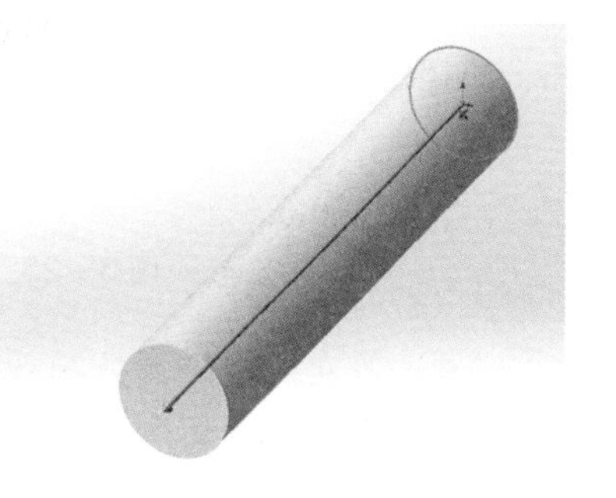

图 3－20 轴的绘制效果

（2）新建装配体，导入轴与上例中的底座，其操作步骤与相关界面如图 3－21 和图 3－22 所示。

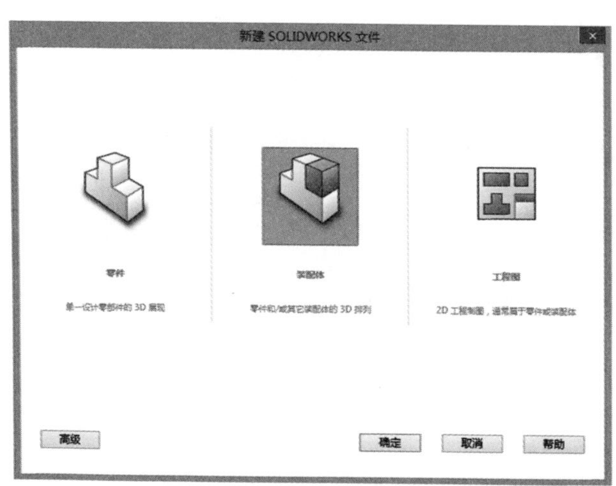


图 3－21　新建装配体界面图

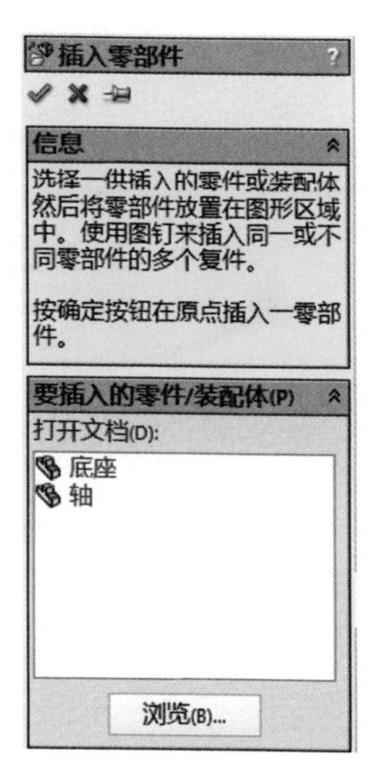


图 3－22　导入零件界面图

（3）接下来将导入的轴与底座对应的孔进行配合。为了更加清楚地表示两者的配合关系，可将轴与底座设为不同的颜色，其结果如图 3－23 所示。

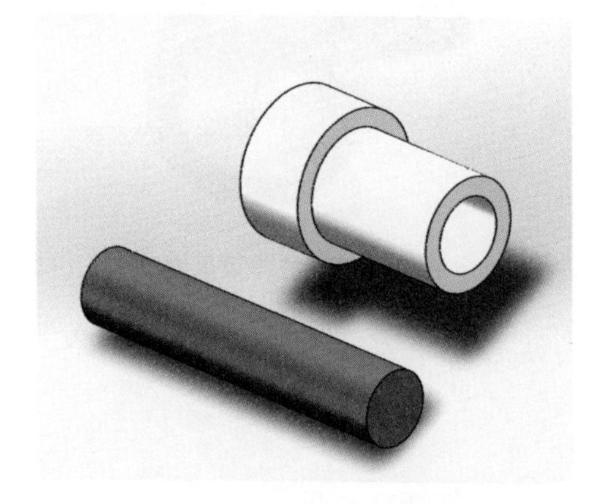

图 3－23　轴与底座设为不同颜色效果图

（4）依次选择轴的外圆柱面和底座孔的内圆柱面，再选择标准配合中的同轴心，然后选择配合。操作界面如图 3－24 所示。图 3－25 表示了轴与底座的配合效果。

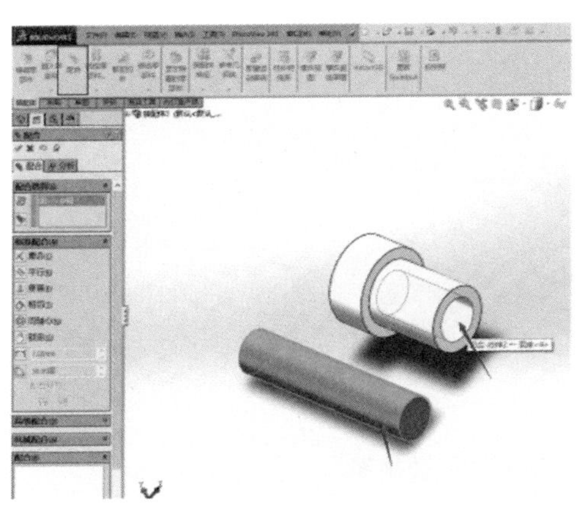

图3-24　轴与底座配合操作界面图

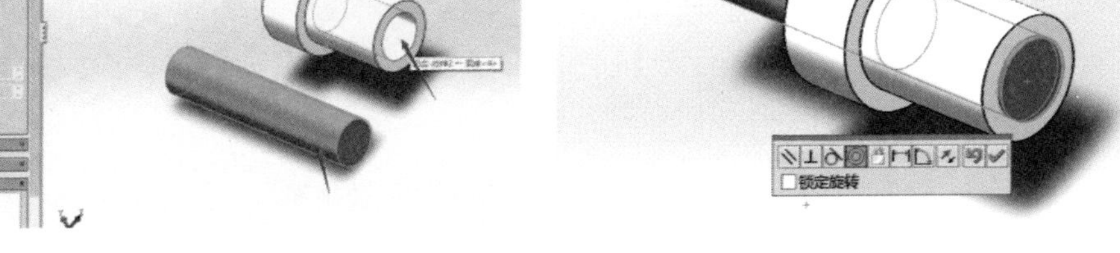


图3-25　轴与底座配合效果图

(5) 利用鼠标拖拽轴使其退出配合孔，准备将轴与底座进行重新配合，以保证轴的底端不伸出底座的下端面，避免发生干涉现象。上述操作的结果如图3-26所示。

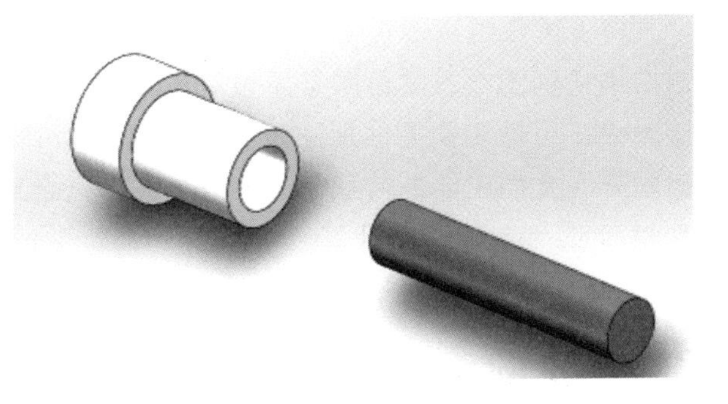

图3-26　轴退出配合孔情形图

(6) 选择底座通孔的下端面，再选择轴的底面，选择重合配合。此处可以用鼠标滚轮进行视图调节以便观察。具体操作步骤与装配效果分别如图3-27和图3-28所示。

图3-27　轴与底座重新装配操作过程界面图

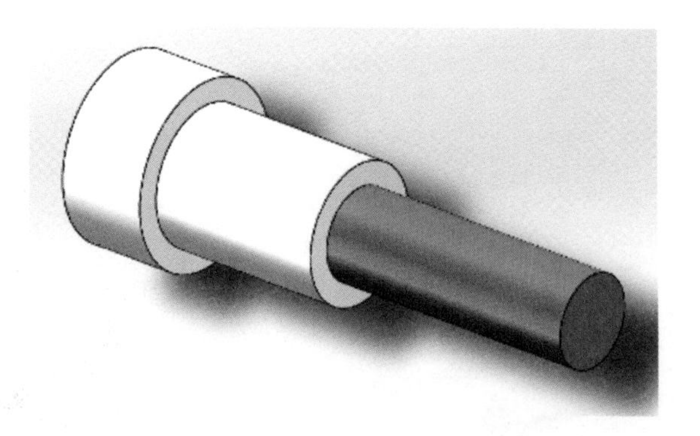

图 3-28　轴与底座重新装配效果图

至此就形成了一个简单、但却完整的装配体。

**4. 生成二维切割图纸**

将上述三维实体造型设计的结果采用 SOLIDWORKS 中的相应功能模块生成二维切割图纸，其目的是所设计的零件可以直接利用激光切割机进行加工，或为人工手动切割提供加工依据，其格式为 .dwg 文件。在生成二维切割图纸时需要在文档中绘制待切割的图形，并进行合理布局，优化切割方案，防止浪费材料。

## 3.2 我的细胞——制作材料

### 3.2.1 塑料类材料

**1. 亚克力简介**

在制作小型仿人机器人时，常用亚克力板作为主体结构材料。亚克力由英文 Acrylic 音译而来，是 Acrylic 丙烯酸类和甲基丙烯酸类化学品的通称，又名有机玻璃，具有非常高的透明度，透光率可达 92%，有“塑胶水晶”之美誉[159]。用亚克力制作的灯箱具有透光性能好、颜色纯正、色彩丰富、美观平整、兼顾白天夜晚两种效果、使用寿命长、不影响使用等特点。此外，亚克力板材与铝塑板型材、高级丝网印刷等可以完美结合，满足人们的不同需求。亚克力原材料一般以颗粒、板材、管材等形式出现，亚克力板由甲基烯酸甲酯单体（MMA）聚合而成[160]。亚克力的研究开发距今已有一百多年的历史。1872 年丙烯酸的聚合性为人发现；1880 年甲基丙烯酸的聚合性为人知晓；1901 年丙烯聚丙酸酯的合成法研究完成；1927 年运用前述合成法尝试工业化制造；1937 年甲基酸酯工业制造开发成功，由此进入规模性制造。第二次世界大战期间，因亚克力具有优异的强韧性及透光性，首先被用来做飞机的挡风玻璃和坦克驾驶员的视野镜。1948 年世界第一只亚克力浴缸诞生，标志着亚克力的应用进入了新时代。图 3－29 所示为常见的亚克力板材。亚克力具有极佳的耐候性，尤其适用于室外，居其他塑胶之冠。亚克力还兼具良好的表面硬度与光泽，其加工可塑性很大，可制成各种形状的产品。另外，亚克力种类繁多、色彩丰富（含半透明的色板），且即便是很厚的板材仍能维持高透明度，使人心生好感。

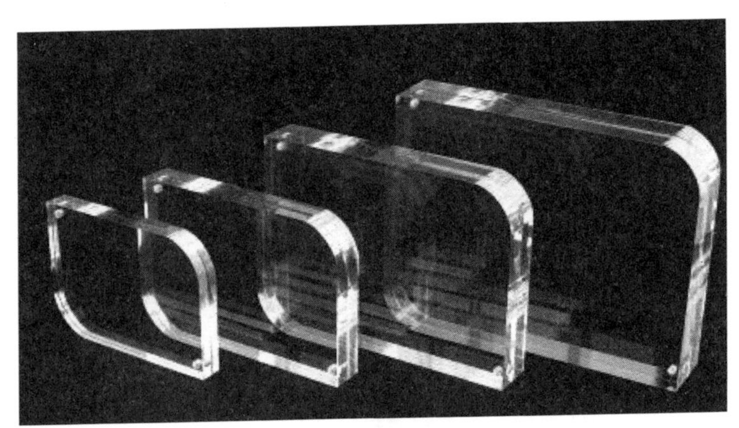

图 3－29 透明亚克力板材

**2. 亚克力的分类**

（1）亚克力浇铸板。这种板材分子量高，具有出色的刚度、强度及优异的抗化学品性能，其特点是小批量加工，在颜色体系和表面纹理效果方面有无法比拟的灵活性，且产品规格齐全，适用于各种特殊用途。

（2）亚克力挤出板。这种板材与浇铸板相比，分子量较低，力学性能稍弱。然而这一特点却有利于折弯和热成型加工，在处理尺寸较大的板材时，有利于快速真空吸塑成型。同时，挤出板的厚度公差比浇铸板小。由于挤出板是大批量自动化生产，颜色和规格不便调整，所以产品规格的多样性受到一定的限制。

国内在用的亚克力板主要有进口板、台资板和国产板[161]。它们的区别在于所采用原材料的产地和 MMA 的纯度上。这也是决定板材质量与价位的关键。

进口板主要有日本的三菱和德国的德固赛两种品牌。

台资板是指采用英国璐彩特的 MMA 原材料与我国台湾地区的技术、工艺制成的板材。生产台资板的模具大部分是英国和德国制造的。生产出的亚克力板色泽匀、无水痕、薄厚度误差小；市场上常见的台资板有华帅特、瑞昌、申美、千色、大崎锦等品牌，其中华帅特在市场上认可度较高，市场价格在 26～28 元/kg（价格随石油售价的升降而浮动）；还有一部分品牌如汤臣、创亚、绿川、新顺等，也都是台资板，但采用的原材料是 MMA 的新料，品质也不错，市场价格 20～24 元/kg。

国产板是指生产板材所用的原材料要么是国产的，要么是各种亚克力板的回收料（PMMA）进行二次加工生成的。缺点是表面水痕明显、薄厚不匀、容易泛黄，不适于吸塑成型，只适用于雕刻。优点是售价较低。

**3. 亚克力的特点**

（1）耐候及耐酸碱性能好，不会因长年累月的日晒雨淋，而产生泛黄及水解现象[162]。

（2）寿命长，与其他材料制品相比，寿命长达三年以上。

（3）透光性佳，可达 92% 以上，所需的灯光强度较小，节省电能。

（4）抗冲击力强，是普通玻璃的 16 倍，适合安装在特别需要安全的地方。

（5）绝缘性能优良，适合各种电器设备。

（6）自重轻，比普通玻璃轻一半，建筑物及支架承受的负荷小。

（7）色彩艳丽，亮度高，其他材料难以媲美。

（8）可塑性强，造型变化大，容易加工成型。

（9）可回收率高，为日渐加强的环保意识所认同。

（10）维护方便，易于清洁，雨水可自然清洁，平时用肥皂水和软布擦洗即可。

**4. 亚克力的用途**

PMMA 具有质轻、价廉，易于成型等优点。它的成型方法有浇铸成型、射出成型、机械加工成型、热成型等。尤其是射出成型，可以大批量生产，制作简单，成本低廉，在仪器仪表零件、汽车车灯、光学镜片、透明管道、广告宣传等领域得到了广泛应用（如图 3－30 所示）。

图 3－30　亚克力板制品

亚克力是继陶瓷之后能够制造卫生洁具的新型材料。与传统的陶瓷材料相比，亚克力除了无与伦比的高光亮度外，还具有韧性好、不易破损、修复性强等优点，只要用软泡沫蘸点牙膏就可以将亚克力洁具擦拭一新[163]；亚克力质地柔和，冬季摸起来没有冰凉刺骨之感，加上色彩鲜艳，可满足不同品位的个性追求。用亚克力制作台盆、浴缸、坐便器，不仅款式精美，经久耐用，而且具有环保作用，其辐射量与人体自身骨骼的辐射程度相差无几。

由于亚克力生产难度大、成本高，故当今市场上有不少质低价廉的代用品。这些代用品虽然也被称为“亚克力”，其实是普通有机板或复合板（又称夹心板）。普通有机板是用普通有机玻璃裂解料加色素浇铸而成的，表面硬度低，易褪色，用细砂纸打磨后抛光效果差。复合板只有表面很薄的一层亚克力，中间是 ABS 塑料，使用中受热胀冷缩的影响容易发生脱层现象。

市场上还有多种颜色的亚克力板材可供选择。图 3－31 展示了五彩缤纷的亚克力薄板。

图 3－31　五彩缤纷的亚克力板材

## 3.2.2　木材类材料

**1. 胶合板简介**

在制作小型仿人机器人的木材类材料中，胶合板是最常用的，因此本节将对其进行系统介绍。胶合板是由木段旋切成单板或由木方刨切成薄木，再用黏合剂胶合而成的三层或多层的板状材料，通常用奇数层单板，并使相邻层单板的纤维方向互相垂直胶合而成[164]。

胶合板是家具常用材料之一，为人造板三大板之一，亦可供飞机、船舶、火车、汽车、建筑和包装箱等使用。一组单板通常按相邻层木纹方向互相垂直组坯胶合而成，通常其表板和内层板对称地配置在中心层或板芯的两侧。用涂胶后的单板按木纹方向纵横交错配成的板坯，在加热或不加热的条件下压制而成[165]。胶合板的层数一般为奇数，少数也有偶数。纵横方向的物理、力学性能差异较小。常用的胶合板类型有三合板、五合板等。胶合板能提高木材的利用率，是节约木材的一个主要途径。

通常胶合板的长宽规格是1 220 mm×2 440 mm，而厚度规格则一般有3、5、9、12、15、18 mm等。主要树种有榉木、山樟、柳桉、杨木、桉木等。

**2. 胶合板的种类**

为了充分合理地利用森林资源发展胶合板生产，做到材尽其用，我国新制定的国家标准（报批草案）根据胶合板的使用情况，将胶合板分为涂饰用胶合板（用于表面需要涂饰透明涂料的家具、缝纫机台板和各种电器外壳等制品）、装修用胶合板（用作建筑、家具、车辆和船舶的装修材料），一般用胶合板（适用于包装、垫衬及其他方面用途）和薄木装饰用胶合板（用作建筑、家具、车辆、船舶等的高级装饰材料），胶合板种类根据胶合强度又分为：

Ⅰ类（NQF）：耐气候、耐沸水胶合板。这类胶合板具有耐久、耐煮沸或蒸汽处理等性能，能在室外使用[166]。

Ⅱ类（Ns）：耐水胶合板。它能经受冷水或短期热水的浸渍，但不耐煮沸。

Ⅲ类（Nc）：不耐潮胶合板。

**3. 胶合板的历史**

1812年，法国机工获得了第1台单板锯机的专利。但直到1825年，这种单板锯机尚不能在工业生产中应用，此后在德国汉堡得到改进和制造[167]。第1台单板刨切机是法国人Charles Picot研制的，于1834年获得专利，经过近30年时间才真正用于工业化生产。胶合板工业的发展得益于单板旋切机的发明和应用。19世纪中叶，德国建立了第1家单板制造工厂，该工厂装备的旋切机大多是法国生产的，同时还进口了一些美国制造的旋切机。1870年后，德国柏林A. Roller公司曾生产过比较简单的旋切机。在第一次世界大战前，由于旋切机技术的不断进步，促使胶合板工业迅速发展。到了19世纪90年代，胶合板的质量得到了较大提高，此后逐渐打开了市场，胶合板生产得到了较快的发展，建立了许多胶合板厂。在美国，直到第一次世界大战时，胶合板才成为一种正式商品名称。

**4. 机器人选用的三合板**

三合板（见图3－32）是制作小型机器人的常用材料，它是最常见的一种胶合板，是通过将三层1 mm左右的实木单板或薄板按不同纹理方向采用胶贴热压制成的。早先，英国科学家用三合板制作轻型飞机，后来三合板在工业领域获得了广泛应用。现在的三合板具有结构强度高、隔热保温、抗弯抗压、稳定性和密封性好等优点，在现代社会的许多方面发挥着巨大的作用。

图3－32　三合板

需要注意的是，三合板有正反面的区别。挑选时，要挑选那些木纹清晰、正面光洁平滑、不毛糙刺手的三合板，尤其是不应有破损、碰伤、硬伤、疤节等疵点，切割面无脱胶现象。选择时要注意夹板拼缝处应严密，可用手敲击三合板的各个部位，若声音发脆，证明质量良好；若声音发闷，则表示胶合板已出现散胶现象，就不能用来制作小型机器人了。

由于在制作胶合板时要用到含有甲醛的黏合剂，所以用三合板做机器人零件时会释放出甲醛。因此在使用胶合板制作的零件时要注意通风换气，注意保护身体健康。

## 3.3　我的维护医生——制作工具

工具意指人们工作时所需用的器具。“工欲善其事，必先利其器”，好的工具能够帮助人们更好地开展工作，提高工作效率，改善工作品质，所以人们在开展各种活动时都会选择合适的工具。其实，除了人类善于使用各类工具以外，自然界中动物使用工具的例子也比比皆是，如秃鹫常会利用一块石头把厚厚的鸵鸟蛋壳砸碎，以便能够吃到里面的美味；加拉帕戈斯群岛的啄木雀能使用一根小棍或仙人掌刺把藏在树皮下或树洞里的昆虫取出来饱餐一顿[168]；缝叶莺能把长在树上的一片大树叶折叠起来，再用植物纤维把叶的边缘缝合在一起，建成一个舒适的鸟巢；射水鱼看到停落在水面植物上的昆虫时，便会准确地射出一股强大的水流，把昆虫击落在水面并将其吞落。哺乳动物使用工具的一个著名事例是海獭利用石块砸碎软体动物的贝壳；黑猩猩既会用棍挖取地下可食的植物和白蚁，也会用木棍撬开纸箱拿取香蕉，还会把几只箱子叠在一起拿取悬挂在天花板上的食物。动物们使用工具的本领既有先天的本能因素，又有后天的学习因素，但在大多数情况下是通过学习而获得的。

既然动物们都能通过学习逐步掌握使用工具的本领，那么作为“万物之灵”的人类来说，在制作小型仿人机器人时更要使用好相关的工具。

### 3.3.1 五金工具

在形形色色的工具中，五金工具是一个大类，图 3 – 33 展示了其中的一小部分。所谓五金工具是指铁、钢、铝、铜等金属经过锻造、压延、切割等物理加工制造而成的各种金属工具的总称[169]。五金工具按照产品的用途来划分，可以分为工具五金、建筑五金、日用五金、锁具磨具、厨卫五金、家居五金以及五金零部件等几类。

图 3 – 33　各种五金工具

五金工具中包括各种手动、电动、气动、切割工具、汽保工具、农用工具、起重工具、测量工具、工具机械、切削工具、工夹具、刀具、模具、刃具、砂轮、钻头、抛光机、工具配件、量具刃具和磨具磨料等。在小型仿人机器人的制作过程中，常用的五金工具有尖嘴钳、螺丝刀、电烙铁、美工刀等为数不多的几种，具体可参见图 3 – 34、图 3 – 35、图 3 – 36 和图 3 – 37。在全球销售的五金工具中，绝大部分是我国生产并出口的，中国已经成为世界主要的五金工具供应商。

图 3－34 尖嘴钳

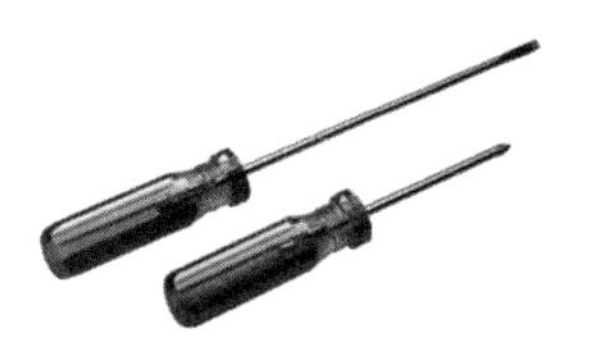

图 3－35 螺丝刀

图 3－36 电烙铁

图 3－37 美工刀

在使用这些工具时一定要讲究方式方法，更要注意安全，防止造成伤害。

### 3.3.2 切割设备

在制作小型仿人机器人时，需要将三维实体造型设计的结果采用 SOLIDWORKS 中的相应功能模块生成二维切割图形，并按这些图形将所设计的零件一个个切割出来。除了人工手动切割以外，常用的切割设备为激光切割机（见图 3－38）。激光切割机是将从激光器发射出的激光，经光路系统聚焦成高功率密度的激光束，当激光束照射到被切割材料表面，使激光所照射的材料局部达到熔点或沸点，同时与光束同轴的高压气体将熔化或气化的材料碎末吹走[170]。随着光束与被切割材料相对位置的移动，最终使材料形成连续的切缝，从而达到切割图形的目的。

图 3－38 激光切割机加工场景

激光切割机采用激光束代替传统的切割刀具进行材料的切割加工，具有精度高、切割快、切口平滑、不受切割形状限制等优点，同时，它还能够自动排版，优化切割方案，达到节省材料、降低加工成本等目的，将逐渐改进或取代传统的金属切割工艺设备。

由于制作小型仿人机器人的材料大多选用亚克力板或三合板等非金属板材，所用激光切割设备的功率不需太大，可使用小型激光切割机（见图 3－39）。

图 3－39　小型激光切割机

图 3－39 所示的激光切割机在加工时其激光切割头的机械部分与被切割材料不发生接触，工作中不会对材料表面造成划伤，而且切割速度很快，切口非常光滑，一般不需后续加工；另外，由于该设备的功率不是很大，所以切割热影响区小、板材变形小、切缝窄（0.1～0.3 mm）、切口没有机械应力。相比其他切割设备，激光切割机加工材料时无剪切毛刺、加工精度高、重复性好、便于数控编程、可加工任意平面图形、可以对幅面很大的整板进行切割、无须开模具、经济省时，因而在制作小型仿人机器人时是一个很好的帮手。需要提醒的是，激光设备的使用一定要严格按照说明书的要求进行，必须制定相应的安全操作规程，且一丝不苟地加以执行。

**1. 激光切割简介**

与传统的氧乙炔、等离子等切割工艺相比，激光切割具有速度快、切缝窄、热影响区小、切缝边缘垂直度好、切边光滑等优点，同时可进行激光切割的材料种类很多，包括碳钢、不锈钢、合金钢、木材、塑料、橡胶、布、石英、陶瓷、玻璃、复合材料，等等[171]。随着市场经济的飞速发展和科学技术的日新月异，激光切割技术已广泛应用于汽车、机械、电力、五金以及电器等领域。近年来，激光切割技术正以前所未有的速度发展，每年都有 15%～20% 的增长；我国自 1985 年以来，更是以每年近 25% 的速度发展。当前，我国激光切割技术的整体水平与先进国家相比还存在一定的差距，因此，激光切割技术在我国具有广阔的发展前景和巨大的应用空间。

激光切割机在切割过程中，光束经切割头的透镜聚焦成一个很小的焦点，使焦点处达到高的功率密度，其中切割头固定在 $Z$ 轴上。这时，光束输入的热量远远超过被材料反射、传导或扩散的部分热量，材料很快被加热到熔化与气化温度。与此同时，一股高速气流从同轴或非同轴侧将熔化及气化了的材料吹出，形成材料切割的孔洞。随着焦点与材料的相对运动，使孔洞形成连续的宽度很窄的切缝，完成材料的切割[172]。

**2. 激光切割的工作原理**

激光是一种光，与其他自然光一样，是由原子（分子或离子等）跃迁产生的。与普通光不同是激光仅在最初极短的时间内依赖于自发辐射，此后的过程完全由激辐射决定，因此激光具有非常纯正的颜色、几乎无发散的方向性、极高的发光强度和高相干性。

激光切割是应用激光聚焦后产生的高功率密度能量来实现的。在计算机控制下，通过脉冲使激光器放电，从而输出受控的重复高频率的脉冲激光，形成一定频率和一定脉宽的光束，该脉冲激光束经过光路传导及反射并通过聚焦透镜组聚焦在被加工物体的表面上，形成一个个细微的、高能量密度光斑，光斑位于待加工材料面附近，以瞬间高温熔化或气化被加工材料[173]。每一个高能量的激光脉冲瞬间就把物体表面溅射出一个细小的孔，在计算机控制下，激光加工头与被加工材料按预先绘好的图形进行连续相对运动打点，这样就会把物体加工成想要的形状。

切缝时的工艺参数（切割速度、激光器功率、气体压力等）及运动轨迹均由数控系统控制，割缝处的熔渣被一定压力的辅助气体吹除[174]。

**3. 激光切割的主要工艺**

（1）气化切割。

在激光气化切割过程中，材料表面温度升至沸点温度的速度是如此之快，足以避免热传导造成的熔化，于是部分材料气化成蒸气消失，部分材料作为喷出物从切缝底部被辅助气流吹走。为了防止材料蒸气冷凝到割缝壁上，材料厚度一定不要大大超过激光光束的直径。

（2）熔化切割。

在激光熔化切割过程中，工件被局部熔化后借助气流把熔化的材料喷射出去。因为材料的转移只发生在其液态情况下，所以该过程被称作激光熔化切割。

激光光束配上高纯惰性切割气体促使熔化的材料离开割缝，而气体本身并不参与切割。激光熔化切割可以得到比气化切割更高的切割速度。气化所需的能量通常高于把材料熔化所需的能量。在激光熔化切割中，激光光束只被部分吸收。最大切割速度随着激光功率的增加而增加，随着板材厚度的增加和材料熔化温度的增加而几乎呈反比例地减小。

（3）氧化熔化切割（激光火焰切割）。

熔化切割一般使用惰性气体，如果代之以氧气或其他活性气体，材料在激光束的照射下被点燃，与氧气发生激烈的化学反应而产生另一热源，使材料进一步加热，称为氧化熔化切割。

由于此效应，对于相同厚度的结构钢，采用该方法可得到的切割速率比熔化切割要高。另一方面，该方法和熔化切割相比可能切口质量更差。实际上它可能会生成更宽的割缝、明显的粗糙度、更大的热影响区和更差的边缘质量。

（4）控制断裂切割。

对于容易受热破坏的脆性材料，通过激光束加热进行高速、可控的切断，称为控制断裂切割。这种切割的过程是：激光束加热脆性材料小块区域，引起该区域大的热梯度和严重的机械变形，导致材料形成裂缝。只要保持均衡的加热梯度，激光束可引导裂缝在任何需要的方向产生。

**4. 激光切割的关键技术**

激光切割技术有两种：一是采用脉冲激光进行切割，适用于金属材料；二是采用连续激光进行切割，适用于非金属材料，后者是激光切割技术的重要应用领域[175]。

激光切割机的几项关键技术是光、机、电一体化的综合技术。在激光切割机中激光束的参数、机器与数控系统的性能和精度都直接影响激光切割的效率和质量。特别是对于切割精度较高或厚度较大的零件，必须掌握和解决其中的关键技术。

**5. 激光切割的加工质量**

切割精度是判断激光切割机质量好坏的第一要素。影响激光切割机切割精度的四大因素如下：

（1）激光发生器激光凝聚光斑的大小。聚集之后如果光斑非常小，则切割精度就会非常高。要是切割之后的缝隙也非常小，则说明激光切割机的精度非常高，切割品质也非常高。但激光器发出的光束为锥形，所以切出来的缝隙也是锥形。这种条件下，工件厚度越大，精度就会越低，因此切缝也就会越大。

（2）工作台的精度。工作台的精度如果非常高，则切割精度也随之提高。因此工作台的精度也是衡量激光发生器精度的一个非常重要的因素。

（3）激光光束凝聚成锥形。切割时，激光光束是以锥形向下的，这时如果切割的工件的厚度非常大，切割的精度就会降低，则切出来的缝隙就会非常大。

（4）切割的材料不同，也会影响到激光切割机的精度。在同样的情况下，切割不锈钢和切割铝的精度就会非常不同。不锈钢的切割精度会高一些，而且切面也会光滑一些。

一般来说，激光切割质量可以由以下 6 个标准来衡量。

①切割表面粗糙度；

②切口挂渣尺寸；

③切边垂直度和斜度；

④切割边缘圆角尺寸；

⑤条纹后拖量；

⑥平面度。

### 3.3.3 3D 打印机

3D 打印机（3D Printers，简称 3DP）是恩里科·迪尼（Enrico Dini）设计的一种神奇机器，它不仅可以打印出一幢完整的建筑，甚至可以在航天飞船中给宇航员打印所需任何形状的物品[176]。

3D 打印的思想起源于 19 世纪末的美国，20 世纪 80 年代 3D 打印技术在一些先进国家和地区得以发展和推广，近年来 3D 打印的概念、技术及产品发展势头铺天盖地、普及程度无处不在。故有人称之“19 世纪的思想，20 世纪的技术，21 世纪的市场”。

19 世纪末，美国科学家们研究出了照相雕塑和地貌成型技术，在此基础上，产生了 3D 打印成型的核心思想。但由于技术条件和工艺水平的制约，这一思想转化为商品的步伐始终踯躅不前。20 世纪 80 年代以前，3D 打印设备的数量十分稀少，只有少数“科学怪人”和电子产品“铁杆粉丝”才会拥有这样的一些“稀罕宝物”，主要用来打印像珠宝、玩具、特殊工具、新奇厨具之类的东西。甚至也有部分汽车“发烧友”打印出了汽车零部件，然后根据塑料模型去订制一些市面上买不到的零部件[177]。

1979 年，美国科学家 Housholder 获得类似“快速成型”技术的专利，但遗憾的是该专利并没有实现商业化。

20 世纪 80 年代初期，3D 打印技术初现端倪，其学名叫做“快速成型”。20 世纪 80 年代后期，美国科学家发明了一种可打印出三维效果的打印机，并将其成功推向市场。自此 3D 打印技术逐渐成熟并被广泛应用。那时，普通打印机只能打印一些平面纸张资料，而这种最新发明的打印机，不仅能打印立体的物品，而且造价有所降低，因而激发了人们关于 3D 打印的丰富想象力。

1995 年，麻省理工学院的一些科学家们创造了“三维打印”一词，Jim Bredt 和 Tim Anderson 修改了喷墨打印机的方案，提出把约束溶剂挤压到粉末床的思路，而不是像常规喷墨打印机那样把墨水挤压在纸张上的做法。

2003 年以后，3D 打印机在全球的销售量逐渐扩大，价格也开始下降。近年来，3D 打印机风靡全球，人们正享受着 3D 打印技术带来的种种便利。

实际上，3D 打印机是一种基于累积制造技术，即快速成型技术的新型打印设备。从本质上来看，它是一种以数字模型文件为基础，运用特殊蜡材、粉末状金属或塑料等可黏合材料，通过打印方式将一层层的可黏合材料进行堆积来制造三维物体的装置。逐层打印、逐步堆积的方式就是其构造物体的核心所在。人们只要把数据和原料放进 3D 打印机中，机器就会按照程序把人们需要的产品通过一层层堆积的方式制造出来。

2016 年 2 月 3 日，中国科学院福建物质结构研究所 3D 打印工程技术研发中心的林文雄课题组在国内首次突破了可连续打印的三维物体快速成型关键技术，并开发出一款超级快速的数字投影（DLP）3D打印机。该3D打印机的速度达到了创纪录的600 mm/s，可以在短短6分钟内，从树脂槽中“拉”出一个高度为60 mm的三维物体，而同样物体采用传统的立体光固化成型工艺（SLA）来打印则需要约10个小时，速度提高了足足有100倍[178]。

**1. 3D打印机的成员**

（1）最小的3D打印机。

世界上最小的3D打印机是奥地利维也纳技术大学的化学研究员和机械工程师们共同研制的（见图3－40）。这款迷你型3D打印机只有大装牛奶盒大小，重量为1.5kg，造价约合1.1万元人民币。相比于其他的3D打印机，这款3D打印机的成本大大降低。

（2）最大的3D打印机。

2014年6月19日，由世界3D打印技术产业联盟、中国3D打印技术产业联盟、亚洲制造业协会、青岛市政府共同主办、青岛高新区承办的“2014世界3D打印技术产业博览会”在青岛国际会展中心开幕。来自美国、德国、英国、比利时、韩国、加拿大和中国的110多家3D打印企业展示了全球最新的桌面级3D打印机和工业级、生物医学级3D打印机。而在青岛高新区，一个长宽高各为12 m的3D打印机（见图3－41）傲然挺立，它可以半年内打印出一座7 m高的仿天坛建筑。

图3－40　最小的3D打印机

图3－41　最大的3D打印机

这台3D打印机就像一个巨大的钢铁侠，甚为壮观。该打印机所属青岛尤尼科技有限责任公司的工作人员说：“这是世界上最大的3D打印机，光设计、制造和安装，我们就花了好几个月。”这台打印机的体重超过了120吨，是利用吊车等安装起来的。当天正式启动后，它就将投入紧张的打印工作。“打印天坛至少需要半年左右，需要一层层地往上增加，就跟盖房子似的。”工作人员继续说，这台打印机的打印精度可以控制在毫米以内，对于以厘米计算精度的传统建筑行业来说，这是一个质的飞跃。它采用热熔堆积固化成型法，通俗地讲，就是将挤压成半熔融状态的打印材料层层沉积在基础地板上，从数据资料直接建构出原型。打印该座房屋所用的材料是玻璃钢，这是一种复合材料，不仅轻巧、坚固耐腐蚀，而且抗老化、防水与绝缘，更为重要的是它在生产使用过程中大大降低了能耗和污染物的排放，这种优势决定了它不仅可以成为新型的建筑材料，还可以在机电、管道、船舶、汽车、航空航天，甚至是太空科学等领域发挥作用。

（3）激光3D打印机。

我国大连理工大学参与研发的激光3D打印机最大加工尺寸达1.8m，其采用“轮廓线扫描”独特技术路线，可以制作大型工业样件及结构复杂的铸造模具[179]。这种基于“轮廓失效”的激光三维打印方法已获得两项国家发明专利。该3D打印机只需打印零件每一层的轮廓线，使轮廓线上砂子的覆膜树脂碳化失效，再按照常规方法在180℃加热炉内将打印过的砂子加热固化，然后处理剥离，就可以得到原型件或铸模。这种打印方法的加工时间与零件的表面积成正比，大大提升了打印效率，打印速度可达到一般3D打印的5~15倍。

（4）家用3D打印机。

德国发布了一款高速的纳米级别微型3D打印机——Photonic Professional GT。这款3D打印机能制作纳米级别的微型结构，以最高的分辨率、极快的打印速度，打印出不超过人类头发直径的三维物体。

（5）彩印3D打印机。

2013年5月，一种3D打印机新产品“ProJet x60”上市了。ProJet品牌主要有基于四种造型方法的打印装置[180]。其中有三种均是使用光硬化性树脂进行3D打印，包括用激光硬化光硬化性树脂液面的类型、从喷嘴喷出光硬化性树脂后进行光照射硬化的类型（这种类型的造型材料还可以使用蜡）、向薄膜上的光硬化性树脂照射经过掩模的光的类型。其高端机型ProJet 660Pro和ProJet 860Pro可以使用CMYK（青色、洋红、黄色、黑色）4种颜色的黏合剂，而实现600万色以上颜色打印的ProJet 260C和ProJet 460Plus则使用了CMY三种颜色的黏合剂。

**2. 3D打印机的技术原理**

3D打印机又称三维打印机（3DP），是一种基于累积制造技术（即快速成型技术）的机器。它以数字模型文件为基础，运用特殊蜡材、粉末状金属或塑料等可黏合材料，通过打印一层层的黏合材料来制造三维物体。

3D打印机与传统打印机最大的区别在于它使用的“墨水”是实实在在的原材料，堆叠薄层的形式多种多样，可用于打印的介质也多种多样：从繁多的塑料到金属、陶瓷以及橡胶类物质。有些3D打印机还能结合不同的介质，使打印出来的物体一头坚硬而另一头柔软。

有些3D打印机使用“喷墨”方式进行工作，它们使用打印机喷头将一层极薄的液态塑料物质喷涂在铸模托盘上，该涂层会被置于紫外线下进行固化处理。然后，铸模托盘会下降极小的距离，以供下一层塑料物质堆叠上来。

有些3D打印机使用一种叫做“熔积成型”的技术进行实体打印，整个流程是在喷头内熔化塑料，然后通过沉积塑料的方式形成薄层。

有些3D打印机使用一种叫做“激光烧结”的技术进行工作，它们以粉末微粒作为打印介质。粉末微粒被喷撒在铸模托盘上形成一层极薄的粉末层，熔铸成指定形状，然后由喷出的液态黏合剂进行固化。

还有些3D打印机则是利用真空中的电子流熔化粉末微粒，当遇到包含孔洞及悬臂这样的复杂结构时，介质中就需要加入凝胶剂或其他物质以提供支撑或用来占据空间。这部分粉末不会被熔铸，最后只需用水或气流冲洗掉支撑物便可形成孔隙。

图3-42所示为桌面级3D打印机，图3-43所示为工业级3D打印机。

图3-42　桌面级3D打印机

图3-43　工业级3D打印机

3D打印技术为世界制造业带来了革命性的变化，以前许多部件的设计完全依赖于相应的生产工艺能否实现。3D打印机的出现颠覆了这一设计思路，使得企业在生产部件时不再过度地考虑生产工艺问题，任何复杂形状的设计均可通过3D打印来实现。

3D打印无须机械加工或模具，能够直接从计算机图形数据中生成任何所需要形状的物体，从而极大地缩短了产品的生产周期，提高了生产率。尽管其技术仍有待完善，但3D打印技术市场潜力巨大，势必成为未来制造业的众多核心技术之一。

**3. 3D打印机的工作步骤**

(1) 3D软件建模。

首先采用计算机建模软件进行实体建模，如果手头有现成的模型也可以，比如动物模型、人物、微缩建筑，等等。然后通过SD卡或者优盘把建好的实体模型拷贝到3D打印机中，进行相关的打印设置后，3D打印机就可以把它们打印出来。

（2）3D实体设计。

3D实体设计的过程是：先通过计算机建模软件建模，再将建成的3D实体模型“分区”成逐层的截面（即切片），从而指导3D打印机逐层打印[181]。

设计软件和3D打印机之间交互、协作的标准文档格式是STL文件。一个STL文件使用三角面来近似模拟物体的表面。三角面越小其生成的表面分辨率就越高。PLY是一种通过扫描产生的三维文件的扫描器，其生成的VRML或者WRL文件经常被用作全彩打印的输入文件。

（3）3D打印过程。

3D打印机通过读取STL文件中的横截面信息，再采用液体状、粉状或片状的材料将这些截面逐层地打印出来，然后将各层截面以各种方式粘合起来，从而制造出一个所设计的实体[182]。

3D打印机打印出的截面的厚度（即$Z$方向）以及平面方向即$X-Y$方向的分辨率是以dpi（指每英寸长度上的点数）或者μm来计算的。一般的厚度为100 μm，即0.1 mm，也有部分3D打印机如Objet Connex系列和Systems' ProJet系列可以打印出16 μm薄的一层。在平面方向则可以打印出跟激光打印机相近的分辨率。3D打印机打印出来的“墨水滴”的直径通常为50~100 μm。用传统方法制造出一个模型通常需要数小时到数天的时间，有时还会因模型的尺寸较大或形状较复杂而使加工时间延长。而采用3D打印则可以将时间缩短为数十分钟或数个小时，当然具体时间也要视3D打印机的性能水平和模型的尺寸与复杂程度而定。

（4）制作完成。

3D打印机的分辨率对大多数应用来说已经足够（在弯曲的表面可能会比较粗糙，像图像上的锯齿一样），要获得更高分辨率的物品可以通过如下方法实现：先用当前的3D打印机打出稍大一点的物体，再经过些微的表面打磨即可得到表面光滑的“高分辨率”物品。

有些3D打印机可以同时使用多种材料进行打印；有些3D打印机在打印过程中还会用到支撑物，比如在打印一些有倒挂状物体的模型时就需要用到一些易于去除的东西（如可溶的东西）作为支撑物。

（5）故障排除。

①翘边。

为了防止3D打印时出现翘边，首先调节平台下旋钮使平台降至最低，接着在3D打印机的设置中选择平台校准；然后在每次喷头下降到校准点时调节对应平台角的旋钮使平台刚好与喷头接触；照此方法将四个平台角校准一遍，此后进行第二次校准，这时就不需要降低平台，只要对喷头和平台间的距离进行微调使之贴合（如果刚刚好就不要调节），至此就可以进行确认，再将机器重启，就可看到大功告成。

②喷头堵塞。

当打印过程中出现喷头堵塞时，可通过操作软件把喷头关闭，再将喷头移离打印中的模型；接着把原料从喷头上扒开，防止进一步堵塞；进而把喷嘴残留的塑料清走；然后开启喷头工作，喷头里面的塑料融化后会自动喷出；此时再重新把塑料耗材插上喷头即可。

③3D 打印机不用而搁置时。

a. 平台清理。

找一块不掉毛的绒布，在上面加上一点外用酒精或一些丙酮清洗剂，轻轻擦拭，就可将平台清理干净了。

b. 喷嘴内残料清理。

先预热喷头到 220℃ 左右，然后用镊子慢慢将里面的废丝拔出来，或者拆下喷嘴进行彻底清理。

c. 其他清理。

将 3D 打印机机箱下面的垃圾收拾干净，给缺油的部件做好润滑，用干净的布将电机和丝杆等组件上面的油污擦拭干净。

做好以上几点清理后，将 3D 打印机遮盖好后便可长期存放。3D 打印机日常使用过程中，养成良好的保养习惯可延长其使用寿命。

**4. 3D 打印机的材料**

3D 打印技术实际上可细分为三维印刷技术（3DP）、熔融层积成型技术（FDM）、立体平版印刷技术（SLA）、选区激光烧结技术（SLS）、激光成型技术（DLP）和紫外线成型技术（UV）等数种。打印技术的不同则导致所用材料完全不同。目前应用最多的是热塑性丝材（FDM），这种材料普遍易得，打印出来的产品也接近日常生活用品（如图 3－44 所示）。FDM 所用的材料主要是高分子聚合物，如 PLA、PCL、PHA、PBS、PA、ABS、PC、PS、POM 和 PVC。需要注意的是，一般在家庭中使用的材料应考虑安全第一的原则，所选材料一定要符合环保要求。相对而言，PLA、PCL、PHA、PBS、生物 PA 的安全性高一点，而 ABS、PC、PS、POM 和 PVC 不适于家用场合，因为 FDM 一般是在桌面上打印，熔融的高分子材料所产生的气味或是分解产生的有害物质直接与家庭成员接触，容易造成安全问题，所以在家庭使用或室内使用时一般建议用生物材料合成的高分子材料。一些需要有一定强度功能的制件或其他特殊功能的制件则可以选择相应的材料，如尼龙、玻璃纤维、耐用性尼龙材料、石膏材料、铝合金、钛合金、不锈钢、橡胶类材料等。

图3－44 3D打印出的成品

### 3.3.4 测量工具

在制作小型仿人机器人时，经常需要测量零件的尺寸，以便装配。这时就需要用到直尺或测量精度更高的游标卡尺和千分尺。在测量电流、电压等物理量时还经常用到万用表。

**1. 钢直尺**

钢直尺（见图3－45）常用于测量零件的长度尺寸，但其测量结果并不太准确，这是由于钢直尺的刻线间距为1 mm，而刻线本身的宽度就有0.1～0.2 mm，所以测量时读数误差比较大，只能读出mm数，即它的最小读数值为1 mm，比1 mm还小的数值，只能凭肉眼估计而得。

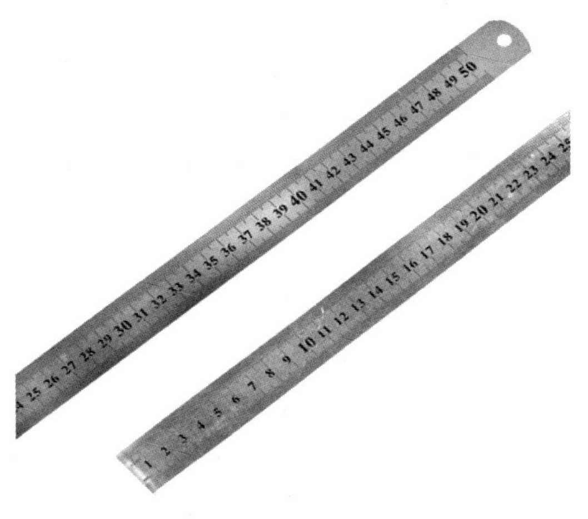

图3－45 钢直尺

如果用钢直尺直接去测量零件的直径尺寸（轴径或孔径），则测量精度更差。其原因在于除了钢直尺本身的读数误差比较大以外，还由于钢直尺无法正好放在零件直径的正确位置。所以，零件直径尺寸的测量可以利用钢直尺和内外卡钳配合起来进行。

**2. 游标卡尺**

（1）游标卡尺简介。

通常人们使用游标卡尺来测量零件尺寸，它是一种可以测量零件长度、内外径、深度的量具[183]。游标卡尺由主尺和附在主尺上能沿主尺滑动的游标两部分构成。主尺一般以 mm 为单位，而游标上则有 10、20 或 50 个分格，根据分格的不同，游标卡尺可分为 10 分度游标卡尺、20 分度游标卡尺和 50 分度游标卡尺等，游标为 10 分度的长 9 mm，20 分度的长 19 mm，50 分度的长 49 mm。游标卡尺的主尺和游标上有两副活动量爪，分别是内测量爪和外测量爪，内测量爪通常用来测量零件的内径，外测量爪通常用来测量零件的长度和外径。图 3－46 所示为 50 分度游标卡尺。

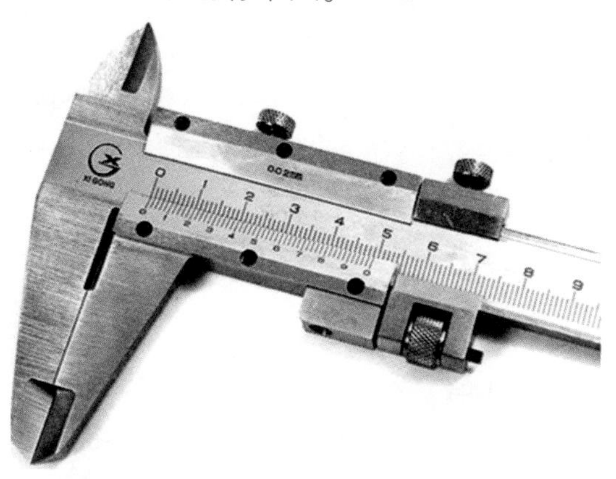

图 3－46　50 分度游标卡尺（局部）

在形形色色的计量器具家族中，游标卡尺是一种被广泛使用的高精度测量工具，它是刻线直尺的延伸和拓展，最早起源于中国。古代早期测量长度主要采用木杆或绳子进行，或用“迈步测量”和“布手测量”的方法，待有了长度的单位制以后，就出现了刻线直尺[184]。这种刻线直尺在公元前 3000 年的古埃及，在公元前 2000 年的我国夏商时代都已有使用，当时主要是用象牙和玉石制成，直到青铜刻线直尺的出现。当时，这种“先进”的测量工具较多的应用于生产和天文测量中。

中国古代科学技术十分发达，发明了大量在世界领先的仪器和器具，如浑天仪、地动仪、水排等，这些圆轴类零件的诞生，都昭示着刻线直尺在中国的诞生。在北京国家博物馆中珍藏的“新莽铜卡尺”，经过专家考证，它是全世界发现最早的卡尺，制造于公元 9 年，距今已有 2 000 多年了。与我国相比，国外在卡尺领域的发明整整晚了 1 000 多年，最早的是英国的“卡钳尺”，外形酷似游标卡尺，但是与“新莽铜卡尺”一样，也仅仅是一把刻线卡尺，精度较低，使用范围也较窄。

最具现代测量价值的游标卡尺一般认为是由法国人约尼尔·比尔发明的。他是一名颇具名气的数学家，在他的数学专著《新四分圆的结构、利用及特性》中记述了游标卡尺的结构和原理，而他的名字 Vernier 变成了英文的游标一词沿用至今。但这把赫赫有名的游标卡尺没人见到过，因此有人质疑他是否制成了游标卡尺。19 世纪中叶，美国机械工业快速发展，美国夏普机械有限公司创始人成功加工出了世界上第一批四把 0 ~4 英寸[①]的游标卡尺，其精度达到了 0. 001 mm。

（2）游标卡尺的工作原理。

游标卡尺由主尺和能在主尺上滑动的游标组成。如果从背面去看，游标是一个整体。游标与主尺之间有一弹簧片（图 3 –47 中未能画出），利用弹簧片的弹力使游标与主尺靠紧。游标上部有一个紧固螺钉，可将游标固定在主尺上的任意位置。主尺和游标都有量爪，主尺上的是固定量爪，游标上的是活动量爪，利用游标卡尺上方的内测量爪可以测量槽的宽度和管的内径，利用游标卡尺下方的外测量爪可以测量零件的厚度和管的外径。深度尺与游标尺连在一起，从主尺后部伸出，可以测槽和筒的深度。

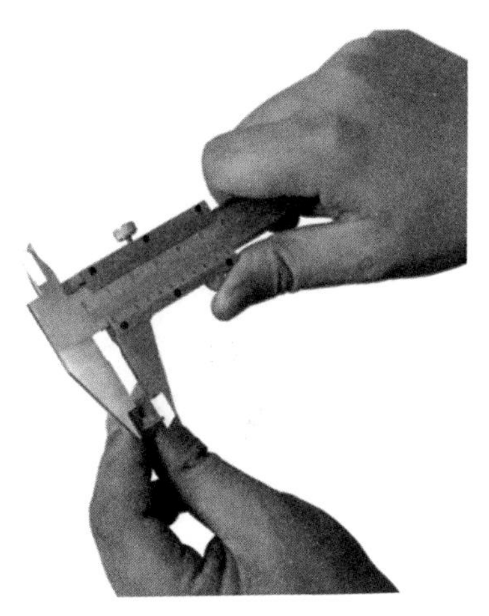

图 3 –47　游标卡尺的使用

主尺和游标尺上面都有刻度。以准确到 0. 1 mm 的游标卡尺为例，主尺上的最小分度是 1 mm，游标尺上有 10 个小的等分刻度，总长 9 mm，每一分度为 0. 9 mm，比主尺上的最小分度相差 0. 1 mm。量爪并拢时主尺和游标的零刻度线对齐，它们的第一条刻度线相差 0. 1 mm，第二条刻度线相差 0. 2 mm，……，第 10 条刻度线相差 1 mm，即游标的第 10 条刻度线恰好与主尺的 9 mm 刻度线对齐。

当量爪间所量物体的线度为 0. 1 mm 时，游标尺应向右移动 0. 1 mm。这时它的第一条刻度线恰好与主尺的 1 mm 刻度线对齐。同样当游标的第五条刻度线跟主尺的 5 mm 刻度线对齐时，说明两量爪之间有 0. 5 mm 的宽度，……，依此类推。

在测量大于 1 mm 的长度时，整的 mm 数要从游标“0”线与尺身相对的刻度线读出。

（3）游标卡尺的使用方法。

用软布将游标卡尺的量爪擦拭干净，使其并拢，查看游标和主尺的零刻度线是否对齐。如果对齐就可以进行测量；如果没有对齐则要记取零误差。游标的零刻度线在主尺零刻度线右侧的叫正零误差，在主尺零刻度线左侧的叫负零

① 1 英寸 =2. 54 厘米。

误差（这种规定方法与数轴的规定一致，原点以右为正，原点以左为负）。

测量时，右手拿住主尺，大拇指移动游标，左手拿待测外径（或内径）的物体，使待测物位于外测量爪之间，当与量爪紧紧相贴时，即可读数，如图 3－48 所示。

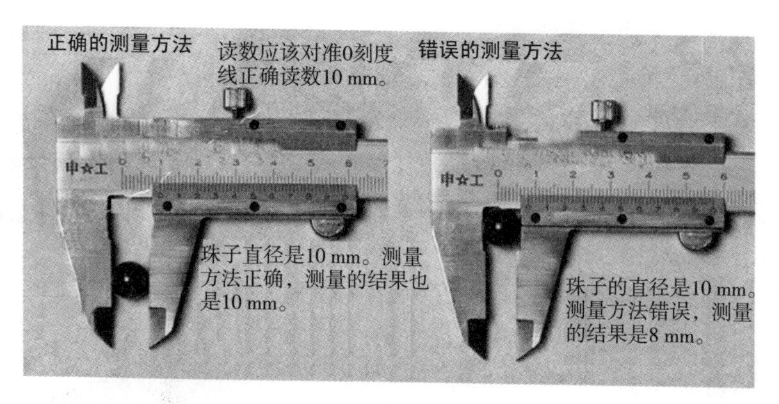


图 3－48　正确使用游标卡尺

当测量零件的外尺寸时，卡尺两测量面的连线应垂直于被测量表面，不能歪斜。测量时，可以轻轻摇动卡尺，放正垂直位置，如图 3－48 左图所示。否则，量爪若在图 3－48 右图所示的错误位置上，就将使测量结果比实际尺寸要小；先把卡尺的活动量爪张开，使量爪能自由地卡进工件，把零件贴靠在固定量爪上，然后移动尺框，用轻微的压力使活动量爪接触零件。如卡尺带有微动装置，此时可拧紧微动装置上的固定螺钉，再转动调节螺母，使量爪接触零件并读取尺寸。绝不可把卡尺的两个量爪调节到接近甚至小于所测尺寸，把卡尺强制地卡到零件上去。这样做会使量爪变形，或使测量面过早磨损，使卡尺失去应有的精度。

（4）游标卡尺的正确读数。

在用游标卡尺测量并读数时，首先以游标零刻度线为准在主尺上读取 mm 整数，即以 mm 为单位的整数部分，然后再看游标上第几条刻度线与主尺的刻度线对齐，如第 6 条刻度线与主尺刻度线对齐，则小数部分即为 0.6 mm（若没有正好对齐的线，则取最接近对齐的线进行读数）。如有零误差，则一律用上述结果减去零误差（零误差为负，相当于加上相同大小的零误差），读数结果为：

$$L = \text{整数部分} + \text{小数部分} - \text{零误差}$$

判断游标上哪条刻度线与主尺刻度线对准可用下述方法：选定相邻的三条线，如左侧的线在主尺对应线之右，右侧的线在主尺对应线之左，中间那条线便可以认为是对准了。

$$L = \text{对准前刻度} + \text{游标上第 } n \text{ 条刻度线与主尺的刻度线对齐} \times \text{分度值}$$

如果需测量几次取平均值，不需每次都减去零误差，只要从最后结果减去零误差即可。

下面以图3－49所示0.02游标卡尺的某一状态为例进行说明。

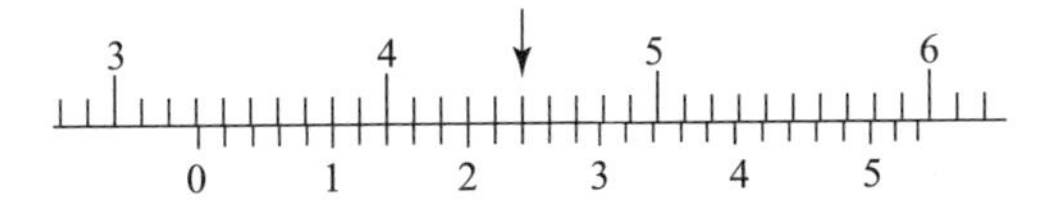


图3－49 游标卡尺的正确读法

①在主尺上读出游标零刻度线以左的刻度，该值就是最后读数的整数部分。图示为33 mm。

②游标上一定有一条与主尺的刻线对齐，在游标上读出该刻线距游标的零刻度线以左的刻度的格数，乘上该游标卡尺的精度0.02 mm，就得到最后读数的小数部分。或者直接在游标上读出该刻线的读数，图示为0.24 mm。

③将所得到的整数和小数部分相加，就得到总尺寸为33.24 mm。

（5）游标卡尺的保管事项。

①保管方法。

游标卡尺使用完毕，要用棉纱擦拭干净。长期不用时应将它擦上黄油或机油，两量爪合拢并拧紧紧固螺钉，放入卡尺盒内盖好。

②注意事项。

a. 游标卡尺是比较精密的测量工具，要轻拿轻放，不得碰撞或跌落地下。使用时不要用来测量粗糙的物体，以免损坏量爪，避免与刃具放在一起，以免刃具划伤游标卡尺的表面，不使用时应置于干燥中性的地方，远离酸碱性物质，防止锈蚀。

b. 测量前应把卡尺擦拭干净，检查卡尺的两个测量面和测量刃口是否平直无损，把两个量爪紧密贴合时，应无明显的间隙，同时游标和主尺的零位刻线要相互对准。这个过程称为校对游标卡尺的零位。

c. 移动尺框时，活动要自如，不应有过松或过紧现象，更不能有晃动现象。用固定螺钉固定尺框时，卡尺的读数不应有所改变。在移动尺框时，不要忘记松开固定螺钉，亦不宜过松以免掉落。

d. 用游标卡尺测量零件时，不允许过分地施加压力，所用压力应使两个量爪刚好接触零件表面。如果测量压力过大，不但会使量爪弯曲或磨损，且量爪在压力作用下产生弹性变形，使测量得到的尺寸不准确（外尺寸小于实际尺寸，内尺寸大于实际尺寸）。

e. 在游标卡尺上读数时，应水平拿着卡尺，朝着亮光的方向，使人的视线尽可能和卡尺的刻线表面垂直，以免由于视线歪斜造成读数误差。

f. 为了获得正确的测量结果，可以多测量几次。即在零件的同一截面上的不同方向进行测量。对于较长零件，则应当在全长的各个部位进行测量，务使获得一个比较正确的测量结果。

**3. 千分尺**

(1) 千分尺简介

千分尺（micrometer）又称螺旋测微器、螺旋测微仪、分厘卡，是比游标卡尺更精密的测量长度的工具，其结构如图 3 - 50 所示[185]。

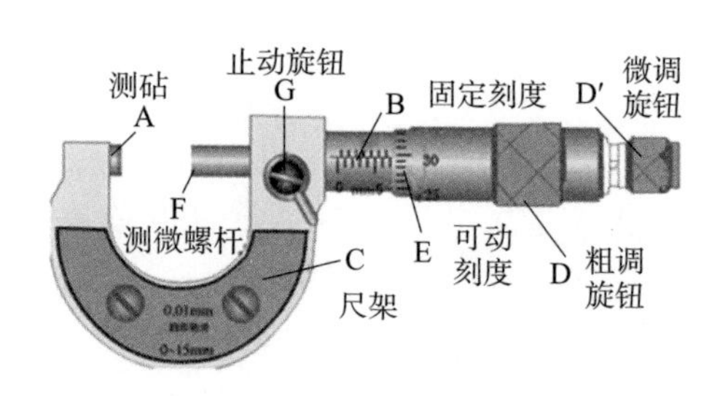

图 3 - 50　千分尺结构示意图

千分尺是依据螺旋放大原理制成的，测微螺杆在螺母中旋转一周，就会沿着旋转轴线方向前进或后退一个螺距的距离[186]。因此，测微螺杆沿轴线方向移动的微小距离就能用圆周上的刻度读数表示出来。

千分尺测微螺杆上的精密螺纹其螺距是 0.5 mm，可动刻度有 50 个等分刻度。当可动刻度旋转一周时，测微螺杆可前进或后退 0.5 mm，因此每旋转一个小分度，相当于测微螺杆前进或后退了 0.5/50 = 0.01 （mm）。由此可见，可动刻度的每一小分度表示 0.01 mm，所以千分尺的测量精度可准确到 0.01 mm。由于还能再估读一位，于是可读到 mm 的千分位，故由此得名千分尺。

(2) 千分尺的使用方法。

①使用前应先检查千分尺的零点，可缓缓转动微调旋钮（D′），使测微螺杆（F）和测砧（A）接触，直到棘轮发出声音为止。此时可动刻度（E，即活动套筒）上的零刻线应当和固定刻度（B）上的基准线（长横线）对正，否则有零误差。

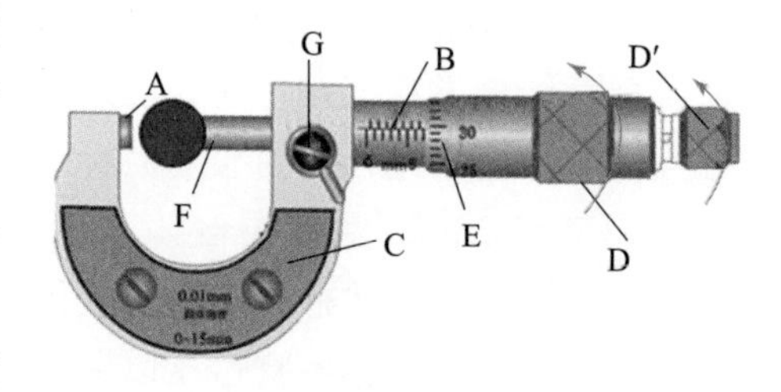

图 3 - 51　采用千分尺测量物体长度

②测量时（见图 3 - 51），左手持尺架（C），右手转动粗调旋钮（D）使测微螺杆（F）与测砧（A）间距稍大于被测物，接着放入被测物，然后转动微调旋钮（D′）夹住被测物，直到棘轮发出声音为止，再拨动止动旋钮（G）使测微螺杆固定后读数。

(3) 千分尺的读数方法。

①先读固定刻度；

②再读半刻度，若半刻度线已露出，记作 0.5 mm；若半刻度线未露出，

记作0.0 mm；

③再读可动刻度（注意估读），记作 $n\times0.01$ mm；

④最终读数结果为固定刻度+半刻度+可动刻度。

（4）使用千分尺时的注意事项。

①测量时，在测微螺杆快靠近被测物体时应停止使用粗调旋钮，而改用微调旋钮，避免产生过大的压力，这样既可使测量结果精确，又能保护千分尺；

②在读数时，要注意固定刻度尺上表示0.5 mm的刻线是否已经露出；

③读数时，千分位有一位估读数字，不能随便扔掉，即使固定刻度的零点正好与可动刻度的某一刻度线对齐，千分位上也应读取为"0"；

④当测砧和测微螺杆并拢时，可动刻度的零点与固定刻度的零点不相重合，将出现零误差，应加以修正，即在最后测得长度的读数上去掉零误差的数值。

（5）千分尺的正确使用和保养。

①检查零位线是否准确；

②测量时需把工件被测量面擦拭干净；

③工件较大时应放在V形铁或平板上测量；

④测量前将测微螺杆和测砧擦干净；

⑤拧可动刻度（即活动套筒）时需用棘轮装置；

⑥不要拧松后盖，以免造成零位线改变；

⑦不要在固定刻度和可动刻度之间加入普通机油；

⑧用后擦净上油，放入专用盒内，置于干燥处。

**4. 万用表**

（1）万用表简介。

万用表是一种多功能、多量程、便于携带的电子仪表，可以用来测量直流电流、交流电流、电压、电阻、音频电平和晶体管直流放大倍数等物理量[187]。万用表由表头、测量线路、转换开关以及测试表笔等组成。

万用表可以分为模拟式和数字式万用表。模拟式万用表是由磁电式测量机构作为核心，用指针来显示被测量数值；数字式万用表是由数字电压表作为核心，配以不同转换器，用液晶显示器显示被测量数值。

万用表怎么用呢？这是很多电工新手或青少年学生每每遇到的小难题。有了万用表却不会使用，这里给大家整理了一张图片，有了这张图（见图3-52）万用表的使用就一目了然了。

下面介绍万用表的各个部件以及符号所代表的意思。

以图3-52的数字万用表为例，万用表主要分为两部分，分别是表身和表笔。表笔很简单，一根红色的表笔和一根黑色的表笔；表身包括表头（即屏

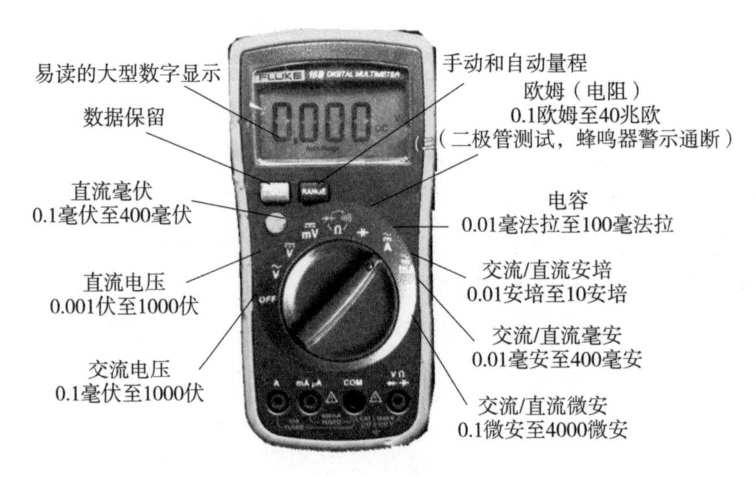


图 3－52　万用表标注说明

幕)、转换旋钮、表笔插口。表身最上面的部分是显示屏，可以显示测量出来的所有数值；显示屏下面有两个按钮，分别是数据保留按钮、手动和自动量程按钮；表身中间部分是转换旋钮，用于转换各种挡位，上面各个字符代表的意思分别是：从 OFF 挡开始，依次是交流电压、直流电压、直流毫伏、Ω 挡（电阻）和二极管测试、电容、交流/直流安培、交流/直流毫安、交流/直流微安；表身最下面部分是表笔插口，从左到右共计四个插口，分别是电流安培（注意有电流通过时间要求）、电流毫安微安（也要注意电流通过时间的要求）、COM（也叫公共端）、电压电阻二极管；其中 COM 孔插黑色的表笔，其余三个孔均插红色的表笔；需要注意的是，每款万用表上面的标注方式都不尽相同，但是字符代表的意思都是一致的。

（2）万用表的使用方法。

现以最常用的电压测量为例，说明如何使用万用表。测量前先把黑色表笔插入 COM 孔，把红色表笔插入 VΩ 孔（即电压电阻孔），然后打开万用表，待校零完成以后，把转换旋钮旋转至电压挡（图 3－53 所示万用表是 750 V 挡）；接着，一只手捏住

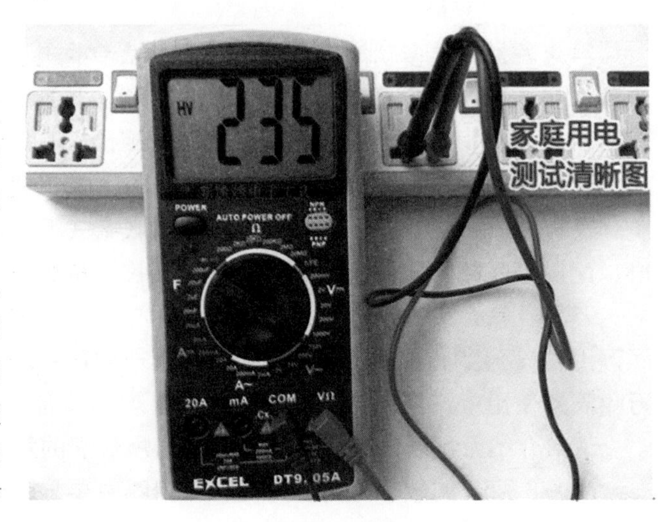


图 3－53　万用表的使用方法

一支表笔，此时注意不要让表笔触碰金属部分，再用两只表笔分别接触待测电路的火线和零线（如图3－53中插座的插孔），这时显示屏上就会显示出测量的电压数值（图3－53中所测电压是235 V）。万用表的其他用法都跟上述电压测量类似。

## 3.4 提高篇：3D打印机的使用

3D打印机以灵活性高、适合复杂形状和结构、适合组合材料、不需要额外工装等优点为人们的工作与生活创造了诸多便利。那么，3D打印机具体怎么操作呢？接下来以极光尔沃3D打印机为例，演示3D打印的具体操作步骤。

**1. 设备与原料**

为了详细说明3D打印机的使用方法，现从3D打印机的安装、调平和使用说起。首先准备1台极光尔沃3D打印机（别的品牌3D打印机也可）、3D打印耗材适量、A4纸1张。

**2. 组装3D打印机**

拆箱（见图3－54），核对极光尔沃3D打印机配件清单，细读产品手册，并根据相关说明，完成机器组装（见图3－55）。值得一提的是，极光尔沃A5系列机型其核心功能采用模块化设计，仅需几颗螺丝即可完成组装工作。

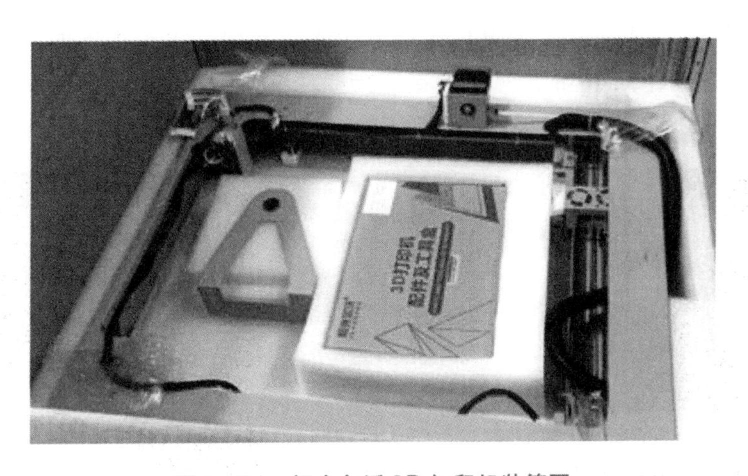

图3－54 极光尔沃3D打印机装箱图

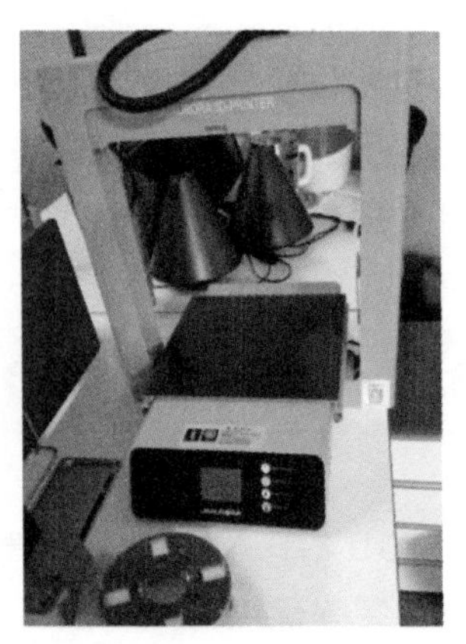

图 3-55　极光尔沃 3D 打印机的组装

**3. 调平 3D 打印机**

开机调平前，请注意以下几点：

（1）是否按照产品说明书完成 3D 打印机的正确组装；

（2）设备电压是否符合区域用电标准；

（3）电源插座是否接地。

其他要求详见产品说明书。

待上述工作完成之后，即可开始 3D 打印机的调平，具体步骤如下：

（1）首先将 3D 打印机的四个旋钮全部拧紧，然后再进行调平操作；

（2）单击主界面中【归零】选项，进入“归零”界面，再点击【归零】按钮，3D 打印机喷头回到零点；

（3）单击主界面中【返回】选项，回到主界面，再在主界面中点击【调平】选项，进入调平界面，然后依次进行四点调平，上述过程见图 3-56、图 3-57 和图 3-58。

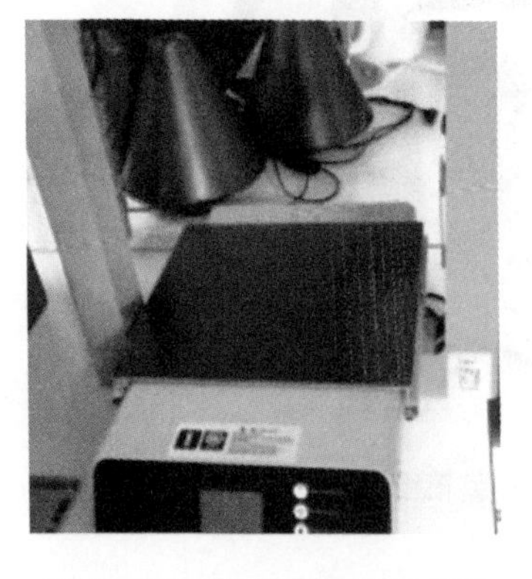

图 3-56　检查设备是否完好

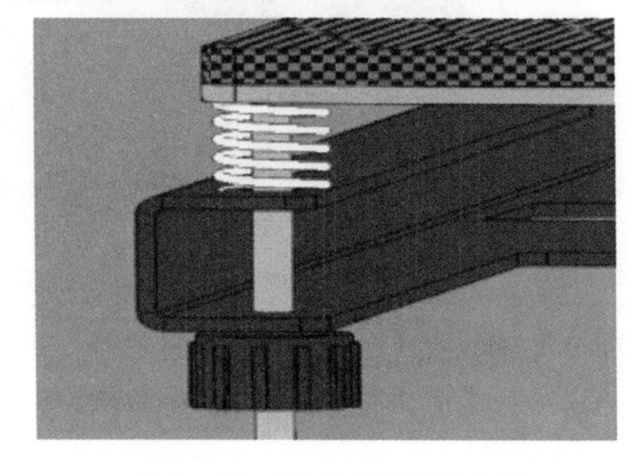

图 3-57　3D 打印机调平旋钮

图3－58　3D打印机调平界面

（4）在工作台上选择一点，待喷头移动到对应的点后，将A4纸放置在喷头与平台中间，移动A4纸检测平面与喷嘴间距。若A4纸过松，则“逆时针”微调旋钮，减少平台与喷嘴的间距；若A4纸过紧，则“顺时针”微调旋钮，增加平台与喷嘴的间距，直至A4纸移动时有微弱摩擦阻力但无刮损，即表示该点已调平。

**4. 为3D打印机加装耗材**

（1）单击【预热】选项（见图3－59），进入预热菜单；然后选择预热【喷头】，运用【＋】或【－】按键来设置预热耗材相应的温度（参考温度值：PLA≈200℃，ABS≈240℃）；

图3－59　预热界面

（2）预热过程中，将耗材装上料架，按住进料组件左侧的滑动压块，将耗材线头沿进料孔插入至进料器夹紧，其过程见图3－60；

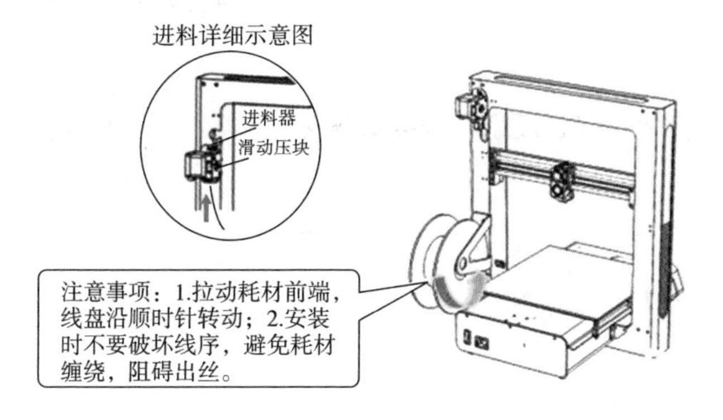


图3－60　耗材安装示意图

（3）预热完成后，单击【进料】选项（见图3－61），喷嘴均匀出丝后，表示装料顺利完成。

图3－61　进料界面及注意事项

**5. 3D模型打印**

（1）将模型文件进行切片处理，保存成G－code代码文件。需要注意的是：模型文件名必须是字母或数字，中文无法识别。

（2）将G－code格式模型文件拷贝到极光尔沃3D打印机标配的SD卡根目录下，并插入3D打印机上的SD卡槽口中。

（3）单击“准备打印”界面中的【打印】选项，进入“选择文件”界面选择要打印的模型（见图3－62）。

（4）单击【开始】选项，等待温度到达后，机器自动开始打印模型（见图3－63），直至结束。

图3－62　模型打印界面

图3－63　3D打印模型

# 第 4 章 我有充沛的能量

电源系统是机器人必不可少的组成部分。没有电源的驱动，设计再精巧、功能再复杂、性能再优异的机器人也会进退维谷、无法动弹。由于小型仿人机器人要求能够机动灵活地运动，特别是要求在狭小空间内也能够穿梭往来，采用拖缆方式进行有线供电显然是不行的，因此必须通过使用电池进行无拖缆供电。还要看到的是，小型仿人机器人体积小、重量轻、动力不够充沛、负载不够强大，因此在满足续航时间要求前提下，还要使电源系统尽可能实现轻量化、小型化、节能化，以便尽可能多地为小型仿人机器人提供动力。

## 4.1 机器人电源系统简述

### 4.1.1 电源系统的基本组成

常见的小型机器人电源系统主要由电池、输入保护电路、控制器稳压电路、通道开关、稳压输出等模块组成，如图4－1所示。

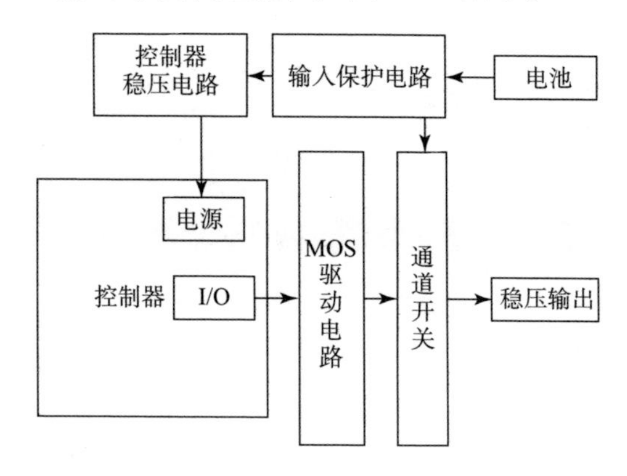


图4－1　小型机器人电源系统组成示意图

### 4.1.2　电源系统的工作机理

机器人中的一些核心器件，如控制器和舵机等，都需要稳定的供电才能保障其正常运行。有些高级的机器人可能需要几组不同的电压。比如，驱动电机需要用到12 V的电压、2～4 A的电流，而电路板却需要用到＋5 V或－5 V的电压。对于这些需要不同电压和电流进行供电的场合，人们可以采用几种不同的方法来获得多组电压，其中最简单和最直接的方法就是用几个电池组进行有区别的供电，比如，电机可采用大容量铅酸电池供电，电路则采用小容量镍镉电池供电[55－56]。这种方法对装有大电流驱动电机的机器人是最为适宜的，因为电机工作时会产生电噪声，通过电源线串到电路板，会对电路产生干扰。另外，由于电机启动时几乎吸收了电源的全部电流，造成电路板供电电压下降，会使电路板损坏或单片机程序丢失。用分开电源供电则可避免这些现象（电机产生的另一种干扰是电火花，会造成射频干扰）。还有一种获得多组电压的方法，它是用主电源通过稳压输出多组电压，供不同部件使用，这种方法也叫DC－DC变换，可以用专用电路或IC实现不同的电压输出。例如，12 V电池可以通过稳压电路输出12 V以下的各种电压，其中12 V的电压可以直接驱动电机，而5 V的电压则可供给电路板。

当电源模块输入反接或者输入电压过高时将会烧毁大部分器件，因此在电源入口处设置了输入保护电路，保护以控制器为主的电子元器件。

### 4.1.3　电源系统的主要作用

人需要依靠进食来补充能量，同样机器人因运动消耗能量，也需要补充能量，电源系统就是机器人的能量来源。实际上，现实的机器人与科幻作品中的机器人是极其不同的。科幻作品中的机器人似乎总有使不完的力气，它们采用核动力或者太阳能电池，充满电后，很长时间才会消耗光。其实，受制于核技术的现实水准，人们还无法为机器人配备合适的核动力系统；各种太阳能电池目前也无法为机器人的运动系统提供足够的动力。此外，太阳能电池也没有存储电能的能力。因此，目前大部分内置电源的实用型机器人都是由电池供电的。电源系统是机器人的有机组成部分，与主板、电机，以及计算机控制单元同等重要。对机器人来说，电源就是其生命的源泉，没有电源，机器人功能俱失，等同于一堆破铜烂铁。

对于移动机器人，主要使用电池作为机器人的电源。电池是一种能将化学能转化成电能的装置。目前比较常用的是锂离子电池和镍氢电池，其中锂离子电池分为液态锂离子电池（人们通常说的锂离子电池）和锂聚合物电池。

## 4.2 锂离子电池

### 4.2.1 锂离子电池简介

锂离子电池是一种可充电电池（见图4－2）[57－58]。与其他类型电池相比，锂离子电池有非常低的自放电率、低维护性和相对较短的充电时间，还有重量轻、容量大、无记忆效应、不含有毒物质等优点。常见的锂离子电池主要是锂－亚硫酸氯电池。这种电池长处很多，例如单元标称电压为3.6～3.7 V，在常温中以等电流密度放电时，其放电曲线极为平坦，整个放电过程中电压十分平稳，这对众多用电产品来说是极为宝贵的。另外，在－40℃的情况下，锂离子电池的电容量还可以维持在常温容量的50%左右，具有极为优良的低温操作性能，远超镍氢电池。加上其年自放电率约为2%，一次充电后贮存寿命可长达10年，并且充放电次数可达500次以上，这使得锂离子电池获得人们的青睐。尽管锂离子电池的价格相对来说比较昂贵，但与镍氢电池相比，锂离子电池的重量较镍氢电池轻30%～40%，能量比却高出60%。正因为如此，锂离子电池生产量和销售量都已超过镍氢电池，目前已在数码娱乐产品、通信产品、航模产品等领域拥有了广阔的“用武之地”。

图4－2 手机使用的锂离子电池

### 1. 发展过程

1970 年，美国埃克森公司的 M. S. Whittingham 采用硫化钛作为正极材料，金属锂作为负极材料，制成首个锂电池[188]。电池组装完成后即有电压，不需充电。锂离子电池是由锂电池发展而来的。举例来说，以前照相机里用的纽扣电池就属于锂电池。这种电池也可以充电，但循环性能不好，在充放电循环过程中容易形成锂结晶，造成电池内部短路，所以一般情况下这种电池是禁止充电的。

1982 年，美国伊利诺伊理工大学的 R. R. Agarwal 和 J. R. Selman 发现锂离子具有嵌入石墨的特性，此过程是快速且可逆的。由于当时采用金属锂制成的锂电池，其安全隐患备受关注，因此人们尝试利用锂离子嵌入石墨的特性来制作充电电池。首个可用的锂离子石墨电极由美国贝尔实验室试制成功。

1983 年，M. Thackeray、J. Goodenough 等人发现锰尖晶石是优良的正极材料，具有低价、稳定和优良的导电、导锂性能，其分解温度高，且氧化性远低于钴酸锂，即使出现短路和过充电现象，也能够避免燃烧和爆炸的危险。

1989 年，A. Manthiram 和 J. Goodenough 发现采用聚合阴离子的正极将产生更高的电压。

1992 年，日本索尼公司发明了以碳材料为负极，含锂化合物作正极的锂电池，在充放电过程中，没有金属锂存在，只有锂离子，这就是锂离子电池。随后，锂离子电池给消费电子产品带来了巨大变革。此类以钴酸锂作为正极材料的电池，至今仍是便携式电子器件的主要电源。

1996 年，Padhi 和 Goodenough 等人发现具有橄榄石结构的磷酸盐，例如磷酸铁锂（$LiFePO_4$），比传统的正极材料更具安全性，尤其耐高温、耐过充电性能远超传统锂离子电池材料。

纵观电池发展的历史，可以看出当今世界电池工业发展的三个特点：一是绿色环保电池迅猛发展，包括锂离子蓄电池、氢镍电池等；二是一次电池向蓄电池转化，这符合可持续发展战略；三是电池进一步向小、轻、薄方向发展[189]。在商品化的可充电池中，锂离子电池的比能量最高，特别是聚合物锂离子电池，可以实现可充电池的薄形化。正因为锂离子电池的体积比能量和质量比能量高，可反复充电且无污染，具备当前电池工业发展的三大特点，因此在发达国家中得到了较快增长。电信、信息市场的发展，特别是移动电话和笔记本电脑的大量使用，给锂离子电池带来了巨大的市场机遇。而锂离子电池中的聚合物锂离子电池以其在安全性上的独特优势，将逐步取代液体电解质锂离子电池，成为锂离子电池的主流。所以聚合物锂离子电池被誉为“21 世纪的电池”，将开辟蓄电池的新时代，发展前景十分可观。

2015 年 3 月，日本夏普公司与京都大学田中功教授联手，成功研发出了使用寿命可达70年之久的锂离子电池[190]。此次试制出的长寿锂离子电池，体积为8 $cm^3$，充放电次数可达2.5万次。夏普方面表示，该长寿锂离子电池实际充放电1万次之后，其性能依旧十分稳定。

**2. 组成部分**

（1）正极：其活性物质一般为锰酸锂、钴酸锂、镍钴锰酸锂材料，电动自行车电池的正极普遍用镍钴锰酸锂（俗称三元）或者三元+少量锰酸锂作材料，纯的锰酸锂和磷酸铁锂则由于体积大、性能不好或成本高而逐渐淡出。导电极流体使用厚度10～20 μm的电解铝箔[191]。

（2）隔膜：一种经特殊成型的高分子薄膜，其上有微孔结构，可以让锂离子自由通过，而电子却不能通过。

（3）负极：其活性物质为石墨，或近似石墨结构的碳，导电极流体使用厚度7～15 μm的电解铜箔。

（4）有机电解液：是溶解有六氟磷酸锂的碳酸酯类溶剂，聚合物锂离子电池则使用凝胶状电解液。

（5）电池外壳：分为钢壳（方形很少使用）、铝壳、镀镍铁壳（圆柱电池使用）、铝塑膜（软包装）等，还有电池的盖帽，也是电池的正负极引出端。

**3. 主要种类**

根据锂离子电池所用电解质材料的不同，锂离子电池分为液态锂离子电池和聚合物锂离子电池两类[192]。可充电锂离子电池是目前手机、笔记本电脑等现代数码产品中应用最广泛的电池，但它较为“娇气”，在使用中不可过充或过放，否则会损坏电池。因此，在电池上装有保护元器件或保护电路以防止电池受损。锂离子电池充电的要求很高，要保证终止电压精度在±1%之内，各大半导体器件厂已开发出多种锂离子电池充电的IC，以保证安全、可靠、快速充电。

手机基本上都使用锂离子电池[193]。正确使用锂离子电池对延长其寿命十分重要。锂离子电池根据不同电子产品的要求可以做成长方形、圆柱形及纽扣式，并且可以由几个电池串联或并联在一起组成电池组[194]。锂离子电池的额定电压一般为3.7 V，磷酸铁锂为正极的则为3.2 V。充满电时的终止充电电压一般电池是4.2 V，磷酸铁锂的则是3.65 V。锂离子电池的终止放电电压为2.75～3.0 V（电池厂给出工作电压范围或给出终止放电电压，各参数略有不同，一般为3.0 V，磷酸铁锂的为2.5 V）。低于2.5 V（磷酸铁锂为2.0 V）继续放电称为过放，过放会对电池产生损害。

以钴酸锂类型材料为正极的锂离子电池不适合用作大电流放电，过大电流放电时会降低放电时间（内部会产生较高的温度而损耗能量），并可能发生危险；但以磷酸铁锂为正极材料的锂离子电池可以以20$C$甚至更大（$C$是电池的容量，如 $C = 800$ mAh，1$C$ 充电率即充电电流为 800 mA）的大电流进行充放电，特别适合电动车使用。因此电池生产工厂给出了最大放电电流，但在使用中应小于最大放电电流。锂离子电池对温度有一定要求，工厂给出了充电温度范围、放电温度范围及保存温度范围，过压充电会造成锂离子电池永久性损坏。锂离子电池充电电流应根据电池生产厂的建议，并要求有限流电路以免发生过流（过热）。一般常用的充电倍率为 0.25 ~ 1$C$。在大电流充电时往往要检测电池温度，以防止过热损坏电池或产生爆炸。

锂离子电池充电分为两个阶段：先恒流充电，到接近终止电压时改为恒压充电。例如，一种 800 mAh 容量的电池其终止充电电压为 4.2 V。电池以 800 mA（充电率为 1$C$）恒流充电，开始时电池电压以较大的斜率升压，当电池电压接近 4.2 V 时，改成 4.2 V 恒压充电，电流渐降，电压变化不大，到充电电流降为 1/10 ~ 1/50$C$（各厂设定值不一，不影响使用）时，认为接近充满，可以终止充电（有的充电器到 1/10$C$ 后启动定时器，过一定时间后就结束充电）。

**4. 工作效率**

锂离子电池能量密度大、平均输出电压高、自放电小。好的锂离子电池，每月自放电在 2% 以下（可恢复），没有记忆效应。工作温度范围 −20 ~ 60℃。循环性能十分优越、可快速充放电、充电效率高达 100%，而且输出功率大、使用寿命长、不含有毒有害物质，故被称为绿色电池。

**5. 制作工艺**

锂离子电池的正极材料有钴酸锂 $LiCoO_2$、三元材料 Ni + Mn + Co、锰酸锂 $LiMn_2O_4$ 加导电剂和黏合剂，涂覆在铝箔上形成正极；负极是层状石墨加导电剂及黏合剂，涂覆在铜箔基带上形成负极。如今比较先进的负极层状石墨颗粒已采用纳米碳。制作工艺如下：

（1）制浆：用专门的溶剂和黏结剂分别与粉末状的正负极活性物质混合，经搅拌均匀后制成浆状的正负极物质。

（2）涂膜：通过自动涂布机将正负极浆料分别均匀地涂覆在金属箔表面，经自动烘干后自动剪切制成正负极极片。

（3）装配：按正极片—隔膜—负极片—隔膜自上而下的顺序经卷绕注入电解液、封口、正负极耳焊接等工艺过程，即完成锂离子电池的装配过程，制成成品锂离子电池。

（4）化成：将成品锂离子电池放置在测试柜进行充放电测试，筛选出合格的成品锂离子电池，等待出厂。

**6. 锂离子电池的保存**

锂离子电池的自放电率很低，可保存 3 年之久，而且大部分容量可以恢复。若在冷藏条件下保存，效果会更好。所以将锂离子电池存放在低温地方不失是一个好方法。

如果锂离子电池的电压在 3.6 V 以下而需长时间保存，会导致电池过放电而破坏电池的内部结构，减少电池的使用寿命。因此长期保存的锂离子电池应当每 3 ~ 6 个月补电一次，即充电到电压为 3.8 ~ 3.9 V（其最佳储存电压为 3.85 V 左右）为宜，但不宜充满。

锂离子电池的应用温度范围很广，在冬天的北方室外仍可使用，但容量会降低很多，如果回到室温条件下，容量又可以恢复。

**7. 新发展**

(1) 聚合物类锂离子电池。

聚合物锂离子电池是在液态锂离子电池基础上发展起来的，以导电材料为正极，碳材料为负极，电解质采用固态或凝胶态有机导电膜组成，并采用铝塑膜做外包装[195]。由于其性能更加稳定，因此被视为液态锂离子电池的更新换代产品。目前，国内外很多电池生产企业都在开发这种新型电池。

(2) 动力类锂离子电池。

动力类锂离子电池是指容量在 3 Ah 以上的锂离子电池，泛指能够通过放电给设备、器械、模型、车辆等以驱动力的锂离子电池[196]。由于使用对象的不同，电池的容量可能达不到 Ah 的单位级别。动力类锂离子电池分高容量和高功率两种类型。高容量电池可用于电动工具、自行车、滑板车、矿灯、医疗器械等；高功率电池主要用于混合动力汽车及其他需要大电流充放电的场合。根据内部材料的不同，动力类锂离子电池相应地分为液态动力锂离子电池和聚合物锂离子动力电池两种，统称为动力类锂离子电池。

(3) 高性能类锂离子电池。

为了突破传统锂电池的储电瓶颈，人们研制出一种能在很小的储电单元内储存更多电力的全新铁碳储电材料。但此前这种材料充电周期不稳定，在电池多次充放电后储电能力明显下降，限制了其应用。为此，人们改用了一种新的合成方法，用几种原始材料与一种锂盐混合并加热，由此生成了一种带有含碳纳米管的全新纳米结构材料。这种方法在纳米尺度材料上一举创建了储电单元和导电电路。这种稳定的铁碳材料的储电能力已达到现有储电材料的两倍，而且生产工艺简单，成本较低，而其高性能可以保持很长时间。领导这项研究的马克西米利安·菲希特纳博士说，如果能够充分开发这种新材料的潜力，将来可以使锂离子电池的储电密度提高 5 倍。

### 4.2.2 锂离子电池的工作原理

锂离子电池以碳素材料作负极，以含锂化合物作正极。由于在电池中没有金属锂存在，只有锂离子存在，故称之为锂离子电池。锂离子电池是指以锂离子嵌入化合物为正极材料电池的总称。锂离子电池的充放电过程就是锂离子的嵌入和脱嵌过程。在锂离子的嵌入和脱嵌过程中，同时伴随着与锂离子等当量电子的嵌入和脱嵌（习惯上正极用嵌入或脱嵌表示，而负极用插入或脱插表示）。在充放电过程中，锂离子在正、负极之间往返嵌入/脱嵌和插入/脱插，所以被形象地称为“摇椅电池”。

当对锂离子电池进行充电时，电池的正极上有锂离子生成，生成的锂离子经过电解液运动到负极。而作为负极的碳素材料呈层状结构，内部有很多微孔，到达负极的锂离子就嵌入到碳层的微孔中。嵌入的锂离子越多，充电容量就越高。同样，当对电池进行放电时（即人们使用电池的过程），嵌在负极碳层中的锂离子脱出，又运动回正极。回到正极的锂离子越多，放电容量就越高。

一般锂离子电池充电电流设定在0.2～1$C$之间，电流越大，充电越快，同时电池发热也越大。而且采用过大的电流来充电，容量不容易充满，这是因为电池内部的电化学反应需要时间，就跟人们倒啤酒一样，倒得太快容易产生泡沫，盈满酒杯，反而不容易倒满啤酒。

锂离子电池由日本索尼公司于1990年最先开发成功，它把锂离子嵌入碳（石油焦炭和石墨）中形成负极（传统锂电池用锂或锂合金作负极），正极材料常用$Li_xCoO_2$，也有用$Li_xNiO_2$和$Li_xMnO_4$的，电解液用$LiPF_6$＋二乙烯碳酸酯（EC）＋二甲基碳酸酯（DMC）。

石油焦炭和石墨作负极材料无毒，且资源充足。锂离子嵌入碳中，克服了锂的高活性，解决了传统锂电池存在的安全问题。正极$Li_xCoO_2$在充、放电性能和寿命上均能达到较高水平，同时还使成本有所降低，总之锂离子电池的综合性能提高了。

### 4.2.3 锂离子电池的使用特点

对电池来说，正常使用就是放电的过程。锂离子电池放电需要注意几点：

（1）放电电流不能过大。过大的电流会导致电池内部发热，可能造成永久性损害。从图4－3可以看出，电池放电电流越大，放电容量就越小，电压下降也更快。

（2）绝对不能过度放电。锂离子电池存储电能是靠一种可逆的电化学变化实现的，过度放电会导致这种电化学变化发生不可逆反应，因此锂离子电池最怕过度放电。一旦放电电压低于2.7 V，将可能导致电池报废。不过一般电池的内部都安装了保护电路，电压还没低到损坏电池的程度，保护电路就会起作用，停止放电。

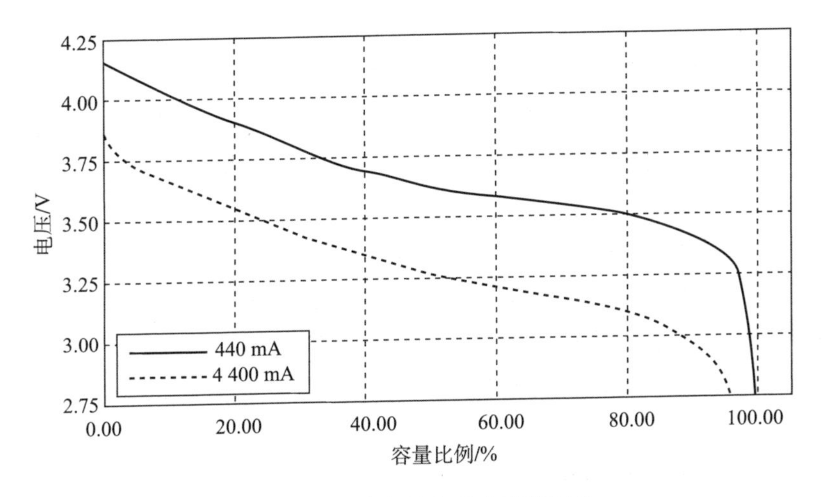


图 4－3 放电电流和放电容量对比

## 4.2.4 锂离子电池的充放电特性

**1. 锂离子电池的放电**

(1) 锂离子电池的终止放电电压。

锂离子电池的额定电压为 3.6 V（有的产品为 3.7 V），终止放电电压为 2.5～2.75 V（电池生产厂给出工作电压范围或给出终止放电电压，各参数略有不同）。电池的终止放电电压不应小于 2.5 V×$n$（$n$ 是串联的电池数），低于终止放电电压后还继续放电称之为过放，过放会使电池的寿命缩短，严重时会导致电池失效。电池不用时，应将电池充电到保有 20% 的电容量，再进行防潮包装保存，3～6 个月检测电压 1 次，并进行充电，保证电池电压在安全电压值（3 V 以上）的范围内。

(2) 放电电流。

锂离子电池不适合用作大电流放电，过大电流放电时其内部会产生较高的温度，从而损耗能量，减少放电时间。若电池中无保护元件还会因过热而损坏电池。因此电池生产厂给出了最大放电电流，在使用中不能超过产品特性表中给出的最大放电电流。

(3) 放电温度。

锂离子电池在不同温度下的放电曲线是不同的。不同温度下，锂离子电池的放电电压及放电时间也不同，电池应在－20℃到＋60℃温度范围内进行放电（工作）。

**2. 锂离子电池的充电**

在使用锂离子电池时须注意，电池放置一段时间后则进入休眠状态，此时其电容量低于正常值，使用时间亦随之缩短。但锂离子电池很容易激活，只要经过3～5次正常的充放电循环就可激活电池，恢复正常容量。由于锂离子电池本身的特性，决定了它几乎没有记忆效应。因此新锂离子电池在激活过程中，是不需要特别的方法和设备的。

（1）充电设备。

对锂离子电池充电应使用专用的锂离子电池充电器。锂离子电池充电采用“恒流/恒压”方式，先恒流充电，到接近终止电压时改为恒压充电。

应当注意不能用充镍镉电池的充电器（充三节镍镉电池的）来充锂离子电池（虽然额定电压一样，都是3.6 V），但由于充电方式不同，容易造成过充。

（2）充电电压。

充满电时的终止充电电压与电池负极材料有关，焦炭为4.1 V，石墨为4.2 V，一般称为4.1 V锂离子电池及4.2 V锂离子电池。在充电时应注意4.1 V的电池不能用4.2 V的充电器进行充电，否则会有过充的危险（4.1 V与4.2 V的充电器所用的IC不同）。锂离子电池对充电的要求很高，它设有精密的充电电路以保证充电的安全。终止充电电压精度允差为额定值的±1%（例如，充4.2 V的锂离子电池，其允差为±0.042 V），过压充电会造成锂离子电池永久性损坏。

（3）充电电流。

锂离子电池充电电流应根据电池生产厂的建议确定，并要求有限流电路以免发生过流（过热）。一般常用的充电率为0.25～1$C$，推荐的充电电流为0.5$C$（$C$是电池的容量，如标称容量1 500 mAh的电池，充电电流为0.5×1 500＝750（mA））。

（4）充电温度。

对锂离子电池充电时其环境温度不能超过产品特性表中所列的温度范围。电池应在0～45℃温度范围内进行充电，远离高温（高于60℃）和低温（－20℃）环境。

锂离子电池在充电或放电过程中若发生过充、过放或过流时，会造成电池的损坏或降低其使用寿命。为此人们开发出各种保护元件及由保护IC组成的保护电路，它安装在电池或电池组中，使电池获得完善的保护。但在锂离子电池的使用中应尽可能防止过充电及过放电。例如，小型机器人所用电池在充电过程中，快充满时应及时与充电器进行分离。放电深度浅时，循环寿命会明显提高。因此在使用时，不要等到机器人提示电池电能不足时才去充电，更不要在出现提示信号后还继续使用，尽管出现此信号时还有一部分残余电量可供使用。

# 4.3 锂聚合物电池

## 4.3.1 锂聚合物电池简介

虽然锂离子电池具有很多优点，但它并非完美无缺。高的能量密度和低的自放电率使它相对其他电池占有一定优势，但它依然面临一些影响其使用的问题。

首先影响锂离子电池的是其安全性问题。相对于铅酸蓄电池、镍氢电池等具备较强的抗过充、过放电的能力，锂离子电池在充、放电时容易出现险情。锂离子电池的充电截止电压必须限制在4.2 V左右，如果过充，锂离子电池将会过热、漏气甚至发生猛烈的爆炸。另一方面，锂离子电池具有严格的放电底限电压，通常为2.5 V，如果低于此电压继续放电，将严重影响电池的容量，甚至对电池造成不可恢复的损坏。因此，在使用锂离子电池组时必须配备专门的过充电、过放电保护电路。

其次影响锂离子电池是其价格。锂离子电池的价格较高，并且需要配备保护电路，因此相同能量的锂离子电池其价格是免维护铅酸蓄电池的10倍以上。为了解决这些问题，最近出现了锂聚合物电池（Li－Polymer，见图4－4），其本质同样是锂离子电池，而所谓锂聚合物电池（也称聚合物锂离子电池）是其在电解质、电极板等主要构造中至少有一项或一项以上使用了高分子材料。

图4－4　锂聚合物电池

**1. 锂聚合物电池的特点**

相对于锂离子电池，锂聚合物电池的特点如下：

（1）相对改善了电池漏液问题，但改善不太彻底。

（2）可制成薄型电池，以3.6 V、250 mAh的容量而言，电池厚度可薄至0.5 mm。

（3）电池可设计成多种形状。

（4）可制成单颗高电压电池。液态电解质的电池仅能以数颗电池串联得到高电压，而高分子电池由于本身无液体，可在单颗内做成多层组合来达到高电压。

（5）理论上放电量高出同样大小的锂离子电池约 10%。

在锂聚合物电池中，电解质起着隔膜和电解液的双重功能：一方面它可以像隔膜一样隔离开正负极材料，使电池内部不发生自放电及短路现象；另一方面它又像电解液一样在正负极之间传导锂离子。聚合物电解质不仅具有良好的导电性，而且还具备高分子材料所特有的质量轻、弹性好、易成膜等特性，也顺应了化学电源质量轻、体积小、安全、高效、环保的发展趋势。

**2. 锂聚合物电池的安全问题**

所有的锂离子电池（包括聚合物锂离子电池、磷酸铁锂电池），无论是以前的，还是当前的，都非常害怕出现内部短路、外部短路、过充这些现象。因为锂的化学性质非常活跃，很容易燃烧，当电池放电或充电时，电池内部会持续升温，活化过程中所产生的气体膨胀，电池内压加大，压力达到一定程度，如外壳有伤痕，即会破裂，引起漏液、起火，甚至爆炸。

技术人员为了缓解或消除锂离子电池的危险，加入了能抑制锂元素活跃的成分（比如钴、锰、铁等），但这些并不能从本质上消除锂离子电池的危险性。

普通锂离子电池在过充、短路等情况发生时，电池内部可能出现升温、正极材料分解、负极和电解液材料被氧化等现象，进而导致气体膨胀和电池内压加大，当压力达到一定程度后就可能出现爆炸。而锂聚合物电池因为采用了胶态电解质，不会因为液体沸腾而产生大量气体，从而杜绝了剧烈爆炸的可能。

目前国内出产的锂聚合物电池多数是软包电池，采用铝塑膜做外壳，但电解液并没有改变。这种电池同样可以薄型化，其低温放电特性较好，而材料能量密度则与液态锂电池、普通聚合物电池基本一致。由于使用了铝塑膜，比普通液态锂电池更轻。在安全方面，当液体刚沸腾时软包电池的铝塑膜会自然鼓包或破裂，同样不会爆炸。

须注意的是，新型电池依然可能燃烧或膨胀裂开，安全方面也并非万无一失。所以大家在使用各种锂离子电池时候，一定要高度警惕，注意安全。

**3. 锂聚合物电池的构造**

锂聚合物电池的结构比较特殊，由五层薄膜组成。第一层用金属箔作集电极，第二层为负极，第三层是固体电解质，第四层用铝箔作正极，第五层为绝缘层，五层叠起来的总厚度为 0.1 mm。为防止电池瞬间输出大电流时而引起过热，锂聚合物电池有一个严格的热管理系统，控制电池的正常工作温度。锂聚合物电池主要优点是消除了液体电解质，可以避免在电池出现故障时，电解质溢出而造成的污染。

## 4.3.2 锂聚合物电池的工作原理

在电池的三要素——正极、负极与电解质中，锂聚合物电池至少有一个或一个以上的要素是采用高分子材料制成的[197]。在锂聚合物电池中，高分子材料大多数被用在了正极和电解质上。正极采用导电高分子聚合物或一般锂离子电池使用的无机化合物，负极采用锂金属或锂碳层间化合物，电解质采用固态或者胶态高分子电解质，或者是有机电解液，因而比能量较高。例如，锂聚苯胺电池的比能量可达350 Wh/kg，但比功率只有50～60 W/kg。由于锂聚合物中没有多余的电解液，因此它更可靠和更稳定。

目前常见的液体锂离子电池在过度充电的情形下，容易造成安全阀破裂因而起火爆炸，这是非常危险的。所以必需加装保护电路以确保电池不会发生过度充电的情形。而高分子锂聚合物电池相对液体锂离子电池而言具有较好的耐充放电特性，对外加保护IC线路方面的要求可以适当放宽。此外，在充电方面，锂聚合物电池可以利用IC定电流充电，与锂离子电池所采用的“恒流－恒压”充电方式比较起来，可以缩短充电等待的时间。

新一代的锂聚合物电池在聚合物化的程度上做得非常出色，所以形状上可以做到很薄（最薄为0.5 mm），还可以实现任意面积化和任意形状化，大大提高了电池造型设计的灵活性，从而可以配合产品需求，做成任何形状与容量的电池。同时，锂聚合物电池的单位能量比目前的一般锂离子电池提高了50%，其容量、充放电特性、安全性、工作温度范围、循环寿命与环保性能都较锂离子电池有了大幅度的提高，得到人们的青睐。

### 4.3.3 锂聚合物电池的使用特点

(1) 锂聚合物电池需配置相应的保护电路板。它具有过充电保护、过放电保护、过流（或过热）保护及正负极短路保护等功能；同时在电池组中还有均流及均压功能，以确保电池使用的安全性。

(2) 锂聚合物电池需配置相应的充电器，保证充电电压在（4.2±0.05）V的范围内。切勿随便使用一个锂电池充电器来对其充电。

(3) 切勿深度放电（放电到2.75 V），放电深度浅时可提高电池的寿命（它没有记忆效应），采用浅度放电（放电到3 V）较为合适。

(4) 不能与其他种类电池或不同型号的锂聚合物电池混用。

(5) 不能挤压、折弯电池，否则会对其造成损害。

(6) 不要放在加热器及火源附近，否则会损坏电池。

(7) 长期不用时应定期充电，使电压保持在3.0 V以上。

(8) 注意不同的放电倍率 $C$ 与放电容量大小有关，其相互关系如表4－1所示。

表 4-1 锂聚合物电池放电倍率与放电容量的关系

| 放电倍率 | 1$C$ | 2$C$ | 5$C$ | 10$C$ | 12$C$ |
| --- | --- | --- | --- | --- | --- |
| 放电容量比/% | 99 | 98 | 95 | 90 | 70 |

### 4.3.4 锂聚合物电池的充放电特性

通常认为，锂聚合物电池在贮存状态下的带电量以40% ~60%之间最为合适。当然很难时时做到这一点。闲置的锂聚合物电池也会受到自放电的困扰，长久的自放电会造成电池过放。为此，应针对自放电现象做好两手准备：一是定期充电，使其电压维持在3.6 ~3.9 V之间，锂聚合物电池因为没有记忆效应可以随时充电；二是确保放电终止电压不被突破，如果在使用过程中出现了电量不足的警报，应果断停用相应设备。

**1. 放电**

(1) 环境温度。放电是锂聚合物电池的工作状态，此时的温度要求为-20 ~60℃。

(2) 放电终止电压。目前普遍的标准是2.75 V，有的可设置为3 V。

(3) 放电电流。锂聚合物电池也有大电流、大容量等类型，可以进行大功率放电的锂聚合物电池其电流应控制在产品规格书的范围以内。

**2. 充电**

锂聚合物电池充电器的工作特性应符合锂电池充电三阶段的特点，即能够实现预充电、恒流充电和恒压充电三个阶段的充电要求。为此，原装充电器是上上之选。

(1) 环境温度。锂聚合物电池充电时的环境温度应控制在0 ~40℃范围内。

(2) 充电截止电压。锂聚合物电池的充电截止电压为4.2 V，即使是多个电池芯串联组合充电，也要采用平衡充电方式，保证单只电芯的电压不会超过4.2 V。

(3) 充电电流。锂聚合物电池在非急用情况下可用0.2$C$充电，一般不能超过1$C$充电。

## 4.4 提高篇：镍氢电池

镍氢电池（见图4-5）是早期镍镉电池的替代产品。由于不再使用有毒的重金属——镉，镍氢电池可以消除重金属元素给环境带来的污染问题[198]。

镍氢电池使用氧化镍作为阳极，使用吸收了氢的金属合金作为阴极，这种金属合金可吸收高达本身体积100倍的氢，储存能力极强。另外，镍氢电池具有与镍镉电池相同的1.2 V电压，加上自身的放电特性，可在一小时内再充电。由于内阻较低，一般可进行500次以上的充放电循环。镍氢电池具有较大的能量密度比，这意味着人们可以在不增加设备额外重量的情况下，使用镍氢电池代替镍镉电池来有效延长设备的工作时间。镍氢电池在电学特性方面与镍镉电池亦基本相似，在实际应用时完全可以替代镍镉电池，而不需要对设备进行任何改造。镍氢电池另外一个值得称道的优点是它大大减小了镍镉电池中存在的“记忆效应”，这使镍氢电池可以更加方便地使用。

图4-5 镍氢电池

镍氢电池可分为高压镍氢电池和低压镍氢电池两种。

**1. 低压镍氢电池的特点**

（1）电池电压为1.2~1.3 V，与镍镉电池相当；

（2）能量密度高，是镍镉电池的1.5倍以上；

（3）可快速充放电，低温性能良好；

（4）可密封，耐过充电、过放电能力强；

（5）无树枝状晶体生成，可防止电池内短路；

（6）安全可靠，对环境无污染，无记忆效应。

**2. 高压镍氢电池的特点**

（1）可靠性强。具有较好的过放电、过充电保护功能，可耐较高的充放电率并且无树枝状晶体形成。具有良好的比能量特性，其质量比容量为60 Ah/kg，是镍镉电池的5倍。

（2）循环寿命长，可达数千次之多。

（3）全密封，维护少。

（4）低温性能优良，在-10℃时，容量没有明显改变。

由于化石燃料在人类大规模开发利用的情况下变得越来越少，近年来，氢能源的开发利用日益受到重视。镍氢电池作为氢能源应用的一个重要方向得到人们的青睐。虽然镍氢电池确实是一种性能良好的蓄电池，但航天用镍氢电池是高压镍氢电池（氢压可达3.92 MPa，即40 $kg/cm^2$），高压力氢气贮存在薄壁容器内使用存在爆炸的风险，而且镍氢电池还需要贵金属做催化剂，使它的成本非常昂贵，在民用市场难以推广。因此国外自20世纪70年代开始就一直在研究民用的低压镍氢电池。

需要注意的是，镍氢电池的大电流放电能力不如铅酸蓄电池和镍镉电池，尤其是电池组串联较多时更是如此。例如由20个镍氢电池串联起来使用，其放电能力被限制在2～3$C$范围内。

### 4.4.1 镍氢电池的工作原理

镍氢电池采用与镍镉电池相同的Ni氧化物作正极，采用储氢金属合金作负极，碱液（主要为KOH）作电解质，其内部结构如图4-6所示。

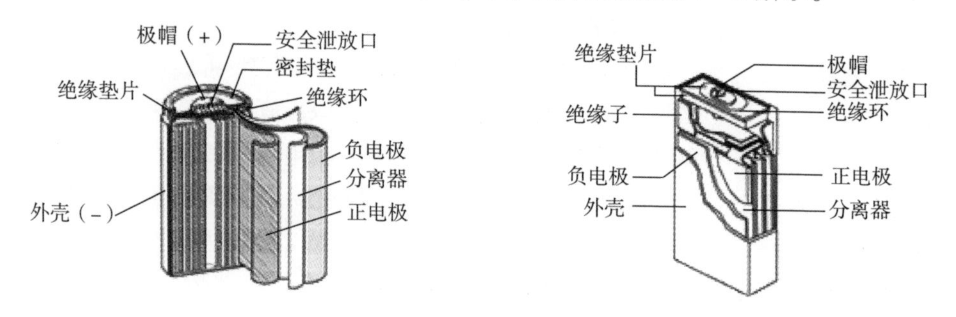


图4-6 镍氢电池内部结构示意图

在镍氢电池中，活性物质构成电极极片的工艺方式主要有烧结式、拉浆式、泡沫镍式、纤维镍式及嵌渗式等，不同工艺制备的电极在容量、大电流放电性能上存在较大差异。一般根据电池的使用条件采用不同的工艺进行生产。在通信行业等民用领域里使用的电池大多采用拉浆式负极和泡沫镍式正极，其充放电化学反应如下：

正极：$Ni(OH)_2 + OH^- = NiOOH + H_2O + e^-$

负极：$M + H_2O + e^- = MHab + OH^-$

总反应：$Ni(OH)_2 + M = NiOOH + MH$

注：M为氢合金；Hab为吸附氢；反应式从左到右的过程为充电过程；反应式从右到左的过程为放电过程。

充电时正极的$Ni(OH)_2$和$OH^-$反应生成NiOOH和$H_2O$，同时释放出$e^-$一起生成MHab和$OH^-$，总反应是$Ni(OH)_2$和M生成NiOOH，储氢合金储氢；放电时与此相反，MHab释放$H^+$，$H^+$和$OH^-$生成$H_2O$和$e^-$，NiOOH、$H_2O$和$e^-$重新生成$Ni(OH)_2$和$OH^-$。电池的标准电动势为1.319 V。

### 4.4.2 镍氢电池的使用特点

（1）一般情况下，新的镍氢电池只含有少量的电量，购买后要先进行充电，然后再加使用。如果电池出厂时间较短，电量充足，则可以先使用然后再充电。新买的镍氢电池一般要经过3~4次的充电和使用，性能才能发挥到最佳状态。

(2) 虽然镍氢电池的记忆效应小，但尽量每次使用完以后再充电，并且尽量一次性充满，不要充一会用一会，然后再充[199]。电池充电时，要注意充电器周围的散热情况。为了避免电量流失等问题发生，保持电池两端的接触点和电池盖子的内部干净，必要时使用柔软、清洁的干布擦拭。

(3) 长时间不用时应把电池从电池仓中取出，置于干燥的环境中（推荐放入专用电池盒中，可以避免电池短路）。长期不用的镍氢电池会在存放几个月后，自然进入一种“休眠”状态，电池寿命会大大降低。如果镍氢电池已经放置了很长时间，应先用慢充方式进行充电。据测试，镍氢电池保存的最佳条件是带电80%左右保存。这是因为镍氢电池的自放电较大（一个月在10%~15%），如果电池完全放电后再保存，很长时间内不使用，电池的自放电现象就会造成电池的过放电，会损坏电池。

(4) 尽量不要对镍氢电池进行过放电。过放电会导致充电失败，这样做的危害远远大于镍氢电池本身的记忆效应。一般镍氢电池在充电前，电压在1.2 V以下，充满后正常电压在1.4 V左右，可由此判断电池的状态。

(5) 充电方式可分为快充方式和慢充方式。慢充方式中充电电流小，通常在200 mA左右，常见的充电电流为160 mA。慢充方式充电时间长，充满1 800 mAh的镍氢电池要耗费16个小时左右。时间虽慢，但慢充方式充电会很足，并且不伤电池。快充方式充电电流通常都在400 mA以上，充电时间明显减少了很多，3~4个小时即可完成充电。

### 4.4.3 镍氢电池的充放电特性

在充电特性方面，镍氢电池与镍镉电池一样，其充电特性受充电电流、温度和充电时间的影响。镍氢电池端电压会随着充电电流的升高和温度的降低而增加；充电效率则会随着充电电流、充电时间和温度的改变而不同。充电电流越大，镍氢电池的端电压上升得越高。

在放电特性方面，镍氢电池以不同速率放电至同一终止电压时，高速率放电初始过程端电压变化速率最大，中小速率放电过程端电压变化速率小，放出相同的电量的情况下，高速率放电结束时的电池电压低。与镍镉电池相比，镍氢电池具有更好的过放电能力。当过放电后单格电压达到1 V，可通过反复的充、放电，单格电压很快会恢复到正常值。

镍氢电池使用时的维护要点：

(1) 使用过程忌过充电。在循环寿命之内，使用过程切忌过充电，这是因为过充电容易使正、负极发生膨胀，造成活性物脱落和隔膜损坏、导电网络破坏和电池欧姆极化变大等问题[200]。

（2）防止电解液变质。在镍氢电池循环寿命期中，应抑制电池析氢。

（3）如果需要长期保存镍氢电池，应先对其充足电；否则在电池没有储存足够电能的情况下长期保存，将使电池负极储氢合金的功能减弱，并导致电池寿命减短。

（4）镍氢电池和镍镉电池相同，都有“记忆效应”，如果在电池还残存电能的状态下反复充电使用，电池很快就不能再用了。

时至今日，镍氢电池已经是一种成熟的产品，目前国际市场上年产镍氢电池的数量约为7亿只。日本镍氢电池产业规模和产量一直高居各国前列，在镍氢电池领域也开发和研制了多年。我国制造镍氢电池原材料的稀土金属资源十分丰富，已经探明的稀土储量占世界已经探明总储量的80%以上。目前国内研制开发的镍氢电池原材料加工技术日趋成熟，相信在不久的未来，我国镍氢电池的产量和质量一定会领先世界。

# 第 5 章 我有灵敏的感官

机器人之所以能够准确感知和实时察觉自身内部情况和外部环境信息，以便识别物体、躲避障碍，是因为它具有和人类一样的“五官”，当然长相不太一样。人类的五官带给人们视觉、听觉、嗅觉、味觉和触觉。那么机器人的五官是什么呢？机器人的“五官”就是传感器，传感器使机器人初步具有了类似于人的各种感知能力，而不同类型传感器的组合就构成了机器人的感觉系统。

由于在现代社会里机器人的应用范围越来越广、作业能力越来越强，所以要求它对变化的环境和复杂的工作具有更好的适应性，能进行更精确的定位和更精准的控制，并具有更高的智能。传感器是机器人获取信息、实施控制的充要条件与必备工具，因而对机器人的传感器有更大的需求和更高的要求。本章将系统介绍在机器人领域中经常使用的几种传感器。

# 5.1 我的感觉系统简述

## 5.1.1 传感器的定义和分类

机器人要想准确感知和实时察觉自身内部情况和外部环境信息，就必须借助“电五官”——传感器，那什么是传感器呢？

**1. 传感器的定义**

传感器（transducer/sensor）是一种检测装置，它能感受到被测量的信息，并能将感受到的信息按一定规律变换成电信号或其他所需形式的信息输出，以满足信息在传输、处理、存储、显示、记录和控制等方面的要求[201]。

传感器是实现自动检测和自动控制的关键因素。使用了传感器，就让物体拥有了触觉、味觉、嗅觉、力觉、滑动觉、接近觉，就让物体变得活了起来。根据传感器的基本感知功能，可将其分为热敏元件、光敏元件、气敏元件、力敏元件、磁敏元件、湿敏元件、声敏元件、放射线敏感元件、色敏元件和味敏元件等十大类传感器[202]。

**2. 传感器的分类**

机器人使用的传感器通常包括视觉、听觉、触觉、力觉和接近觉五大类。人的感觉可分为内部感觉和外部感觉，与之类似，机器人所用传感器也可分为内部传感器和外部传感器[203-205]。机器人内部传感器主要用来测量运动学和动力学参数，使机器人能够按照规定的位置、轨迹和速度等参数进行工作，感知自身状态并加以调整和控制。位置传感器（见图5-1）、角度传感器（见图5-2）、速度传感器（见图5-3）和加速度传感器（见图5-4）都可作为机器人的内部传感器使用。机器人外部传感器主要用来检测机器人所处环境及目标的状况，如对象是什么物体？机器人离物体的距离有多远？机器人抓取的物体是否会滑落？它们帮助机器人准确了解外部情况，促使机器人与环境发生交互作用，并使机器人对环境具有自校正和自适应的能力。视觉传感器（见图5-5）、听觉传感器（见图5-6）、触觉传感器（见图5-7）和接近觉传感器（见图5-8）都可作为机器人的外部传感器使用。

简而言之，机器人的外部传感器就是具有人类五官感知能力的传感器。为了检测作业对象及环境状况或机器人与它们的关系，人们在机器人上安装了视觉传感器、听觉传感器、触觉传感器、接近觉传感器，等等，大大改善了机器人的工作状况，使其能够更为出色地完成复杂工作[206]。

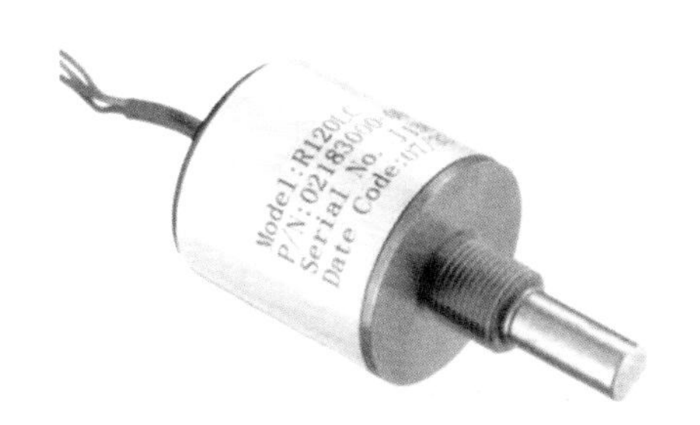


图 5－1 位置传感器

图 5－2 角度传感器

图 5－3 速度传感器

图 5－4 加速度传感器

图 5－5 视觉传感器

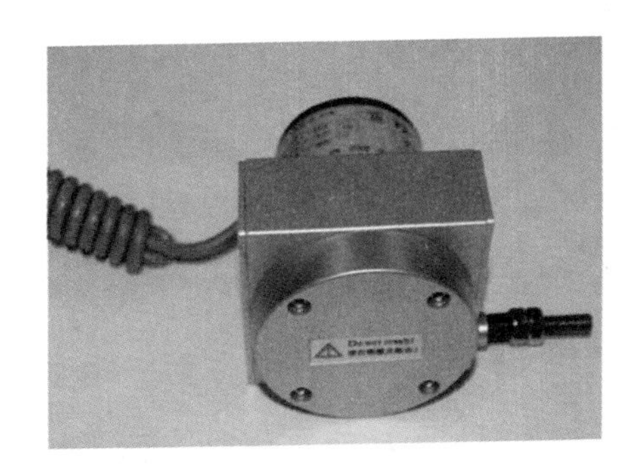

图 5－6 听觉传感器

图 5－7 触觉传感器

图 5－8 接近觉传感器

### 5.1.2 传感器的基本组成

传感器一般由敏感元件、转换元件、变换电路和辅助电源四部分组成，其具体组成如图 5-9 所示。

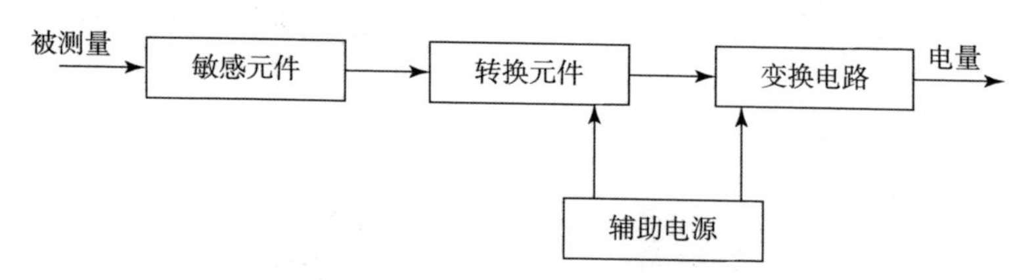


图 5-9 传感器的基本组成

在传感器中，敏感元件是指传感器能直接感受或相应被测量的部分；转换元件是指传感器中能将敏感元件感受或相应的被测量转换成适合于传输或测量的电信号部分；变换电路是指将电路参数量（如电阻、电容、电感）转换成便于测量的电量（如电压、电流、频率等）的电路部分；辅助电源是指为转换元件和转换电路供电的电源部分[207]。

敏感元件直接感受被测量，并输出与被测量有确定关系的物理量信号；转换元件将敏感元件输出的物理量信号转换为电信号；变换电路负责对转换元件输出的电信号进行放大调制；转换元件和变换电路一般还需要辅助电源供电。

### 5.1.3 传感器的主要作用

人们为了从外界获取信息，必须借助于感觉器官。可是外部世界纷繁复杂，单靠人们自身的感觉器官就想在自然研究和科技创新方面大显身手，似乎心有余而力不足。为了适应或改善这种情况，就需要使用传感器。毫不夸张地说，传感器是人类五官功能的延长，故称之为电五官。

目前，人类社会已经进入了信息时代。在利用信息的过程中，首先要解决的问题就是要能够获取准确、可靠的信息，而传感器就是人们从生产、生活领域中获得准确、可靠信息的主要途径与重要手段。

在现代工业生产尤其是自动化生产过程中，人们使用各种传感器来监视和控制生产过程中的各个参数，使设备工作在正常状态或最佳状态，并使产品达到最好的质量[208]。因此可以说，没有众多优良的传感器加盟，现代化生产也就失去了基础。

在基础学科的研究中，传感器的地位与作用更加突出。当前，现代科学技术已渗透进了许多新领域。例如，在宏观上要观察远到上千光年的茫茫宇宙，微观上要观察小到纳米级的粒子世界，纵向上要观察长达数十万年的天体演化，短到瞬间反应。此外，还出现了对开拓新能源、新材料等具有重要作用的各种极端技术的研究，如超高温、超低温、超高压、超高真空、超强磁场、超弱磁场，等等[209]。显然，要获取大量人类感官无法直接获取的信息，没有相应的传感器是不行的。基础科学研究的许多障碍，首先就在于对象信息的获取十分困难，而一些新机理和高灵敏度的检测传感器的出现，往往会导致该领域内疑难问题的突破。一些传感器的发展往往成了一些边缘学科开发的先驱。

时至今日，传感器早已渗透进了工业生产、宇宙开发、海洋探测、环境保护、资源调查、医学诊断、生物工程、文物保护等极其广泛的领域。人们有理由相信，从茫茫的太空到浩瀚的海洋，以及到各种复杂的工程系统，每一个现代化项目都离不开各种各样的传感器。

### 5.1.4 传感器的发展特点

近年来，传感器正朝着微型化、数字化、智能化、多功能化、系统化、网络化的方向发展，这些特点给人们带来了更多的便利，它们不仅促进了传统产业的自我改造和更新换代，而且还可能建立新工业，发展新业态，从而成为21世纪新的经济增长点。

### 5.1.5 传感器的主要特性

**1. 传感器的静态特性**

传感器的静态特性是指针对静态的输入信号，传感器的输出量与输入量之间所具有的相互关系。因为这时输入量和输出量都和时间无关，所以它们之间的关系，即传感器的静态特性可用一个不含时间变量的代数方程来描述，或以一条以输入量为横坐标，以与其对应的输出量为纵坐标而画出的特性曲线来描述[210]。表征传感器静态特性的主要参数有线性度、灵敏度、迟滞、重复性、漂移、分辨力、阈值等。

（1）线性度：指传感器输出量与输入量之间的实际关系曲线偏离拟合直线的程度。定义为在全量程范围内实际特性曲线与拟合直线之间的最大偏差值与满量程输出值之比。

（2）灵敏度：它是传感器静态特性的一个重要指标。其定义为输出量的增量与引起该增量的相应输入量增量之比。用 $S$ 表示灵敏度。

（3）迟滞：传感器在输入量由小到大（正行程）及输入量由大到小（反行程）变化期间其输入输出特性曲线不重合的现象。对于同一大小的输入信号，传感器的正反行程输出信号大小不相等，这个差值称为迟滞差值。

（4）重复性：指传感器在输入量按同一方向作全量程连续多次变化时，所得特性曲线不一致的程度。

（5）漂移：指在输入量不变的情况下，传感器输出量会随着时间变化的现象。产生漂移的原因有两个方面：一是传感器自身结构参数的影响所致；二是周围环境（如温度、湿度等）的影响所致。

（6）分辨力：当传感器的输入从非零值缓慢增加时，在超过某一增量后输出发生可观测的变化，这个输入增量称为传感器的分辨力，即最小输入增量[212]。

（7）阈值：当传感器的输入从零值开始缓慢增加时，在达到某一值后输出发生可观测的变化，这个输入值称为传感器的阈值。

**2. 传感器的动态特性**

所谓动态特性是指传感器在输入变化时其输出的特性。在实际工作中，传感器的动态特性常用它对某些标准输入信号的响应来表示。这是因为传感器对标准输入信号的响应容易用实验方法求得，并且它对标准输入信号的响应与它对任意输入信号的响应之间存在一定的关系，往往知道了前者就能推定后者。最常用的标准输入信号有阶跃信号和正弦信号两种，所以传感器的动态特性也常用阶跃响应和频率响应来表示。

### 5.1.6 传感器的选型原则

要进行一个具体的测量工作，首先要考虑采用何种原理的传感器，这需要分析多方面的因素之后才能确定。因为，即使是测量同一物理量，也有多种原理的传感器可供选用。哪一种原理的传感器更为合适，则需要根据被测量的特点和传感器的使用条件考虑以下一些具体问题：

①量程的大小；

②被测位置对传感器体积的要求；

③测量方式为接触式还是非接触式；

④信号的引出方法，有线或是非接触测量；

⑤传感器的来源，国产还是进口，或是自行研制。

在考虑上述问题之后就能确定选用何种类型的传感器，然后再考虑传感器的具体性能指标。

（1）灵敏度的选择。

在传感器的线性范围内，通常是希望传感器的灵敏度越高越好。因为只有灵敏度高时，与被测量变化对应的输出信号的值才比较大，有利于信号处理。但要注意的是，传感器的灵敏度高，与被测量无关的外界噪声也容易混入，也会同时被放大系统放大，影响测量精度。因此，要求传感器本身应当具有较高的信噪比，尽量减少从外界引入的干扰信号。

传感器的灵敏度有方向性。当被测量是单向量，而且对其方向性要求较高时，应选择其他方向灵敏度小的传感器；如果被测量是多维向量，则要求传感器的交叉灵敏度越小越好。

（2）频率响应特性的选择。

传感器的频率响应特性决定了被测量的频率范围，必须在允许频率范围内保持不失真。实际上传感器的响应总有一定延迟，希望延迟时间越短越好。传感器的频率响应越高，可测的信号频率范围就越宽。在动态测量中，应根据信号的特点（稳态、瞬态、随机等）确定响应特性，以免产生过大的误差。

（3）线性范围的选择。

传感器的线性范围是指输出与输入成正比的范围。理论上讲，在此范围内，灵敏度保持定值。传感器的线性范围越宽，其量程越大，并能保证一定的测量精度。在选择传感器时，当传感器的种类确定以后首先要看其量程是否满足要求。但实际上，任何传感器都不能保证绝对的线性，其线性度也是相对的。当所要求测量精度比较低时，在一定的范围内，可将非线性误差较小的传感器近似看作线性的，这会给测量带来极大方便。

（4）稳定性的选择。

传感器使用一段时间后，其性能保持不变的能力称为稳定性。影响传感器长期稳定性的因素除传感器本身的结构外，主要是传感器的使用环境。因此，要使传感器具有良好的稳定性，传感器必须要有较强的环境适应能力[213]。在选择传感器之前，应对其使用环境进行调查，并根据具体的使用环境选择合适的传感器，或采取适当的措施，减小环境的影响。传感器的稳定性有定量指标，在超过使用期后，在使用前应重新对所用传感器进行标定，以确定传感器的性能是否发生变化。在某些要求传感器能长期使用而又不能轻易更换或重新标定的场合，所选用的传感器稳定性要求更严格，要能够经受住长时间的考验。

（5）精度的选择。

精度是传感器的一个重要性能指标，它是关系到整个测量系统测量精度的一个重要环节[214]。但传感器的精度越高，其价格就越昂贵。因此，传感器的精度只要满足整个测量系统的精度要求就可以，不必选得过高。这样就可以在满足同一测量目的的诸多传感器中选择比较便宜和简单的传感器。如果测量目的是定性分析的，选用重复精度高的传感器即可，不宜选用绝对量值精度高的传感器；如果是为了作定量分析之用，必须获得精确的测量值，这时才需要选用精度等级能满足要求的传感器。

### 5.1.7 环境对传感器的影响

环境对传感器造成影响主要从以下几个方面体现出来：

高温环境对传感器会造成涂覆材料熔化、焊点开裂、弹性体内应力发生结构变化等问题[215]。对于高温环境通常应当采用耐高温的传感器；另外，还必须加装隔热、水冷或气冷等装置。

粉尘、潮湿环境会导致传感器短路。对于此类环境，应选用密闭性高的传感器。不同的传感器其密封方式不同，密闭性存在着很大差异。常见的密封方式有密封胶充填或涂覆、橡胶垫机械紧固、焊接（氩弧焊、等离子束焊）和抽真空充氮等。从密封效果来看，焊接密封最佳，充填或涂覆密封胶密封最差。对于在室内干净、干燥环境下工作的传感器，可选择涂胶密封的传感器；对于那些需要在潮湿、粉尘较严重的环境下工作的传感器而言，应选择膜片热套密封或膜片焊接密封、抽真空充氮密封的传感器。

在腐蚀性较高的环境下，潮湿、酸性的气体会对传感器造成弹性体或器件受损，容易产生短路等现象，这时应选择外表面进行过喷塑或不锈钢外罩、抗腐蚀性能强且密闭性好的传感器。

电磁场会对传感器的输出信号产生干扰，有时会使传感器输出紊乱信号。在此情况下，应对传感器的屏蔽性进行严格检查，看其是否具有良好的抗电磁干扰能力。

燃烧和爆炸不仅会对传感器造成彻底性的损害，而且还会给其他设备和人身安全造成巨大威胁[216]。因此，在易燃、易爆环境下工作的传感器应对防爆性能提出更高要求：在易燃、易爆环境下必须选用防爆型传感器，这种传感器的密封外罩不仅要考虑密闭性，还要考虑防爆强度，以及电缆线引出头的防水、防潮、防爆性等。

## 5.2 我的视觉系统概述

### 5.2.1 机器视觉系统的基本组成

机器视觉就是用机器代替人眼来做测量和判断，其工作原理如图 5－10 所示。由图可知，机器视觉系统通过图像摄取装置（分为 CCD 和 CMOS 两种）将被摄取目标转换成图像信号，传送给专用的图像处理系统，得到被摄目标的形态信息，然后将像素分布、亮度、颜色等信息转变成数字化信号[217]；此后，图像系统对这些信号进行各种运算来抽取目标的特征，进而根据判别的结果来控制现场设备采取行动。

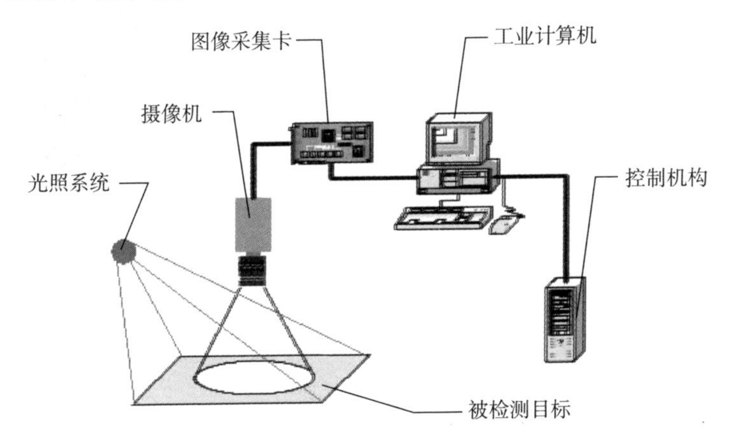


图 5-10　机器视觉工作原理图

机器视觉系统能够帮助人们提高生产柔性和自动化程度。在一些不适于人工作业的场合或人工视觉难以满足要求的地方，常用机器视觉来替代人工视觉；在大批量工业生产过程中，用人工视觉检查产品质量效率低下、费心费力且精度不高，用机器视觉检测方法可以大大提高工作效率和自动化程度，而且机器视觉易于实现信息集成，是实现计算机集成制造的基础技术。

典型的机器视觉系统通常由以下部分组成。

**1. 照明系统**

照明是影响机器视觉系统输入情况的重要因素，它直接影响输入数据的质量和应用效果。由于没有通用的机器视觉照明设备，所以针对每个特定的应用案例，要选择合适的照明装置，以达到最佳照明效果。照明系统的核心是光源，光源有可见光的和不可见光的。常用的可见光源有白炽灯、日光灯、水银灯和钠光灯。可见光照明的缺点是光能难以保持稳定，从而影响照明效果。如何使光能在一定程度上保持稳定，是可见光源在实用化过程中急需解决的问题。另一方面，环境光可能影响图像的质量，所以可采用添加防护屏的方法来减少环境光的影响。按光源照射方法，照明系统可分为背向照明、前向照明、结构光照明和频闪光照明等。背向照明是被测物放在光源和摄像机之间，其优点是能获得高对比度的图像。前向照明是光源和摄像机位于被测物的同侧，这种方式便于安装。结构光照明是将光栅或线光源等投射到被测物上，根据它们产生的畸变，解调出被测物的三维信息。频闪光照明是将高频率的光脉冲照射到物体上，摄像机拍摄时要求与光源同步。

**2. 镜头**

镜头（见图 5-11）是机器视觉系统中必不可少的核心部件，直接影响成像质量的优劣和算法的实现及效果[218]。镜头从焦距上可分为短焦镜头、中焦镜头、长焦镜头；从视场大小上可分为广角、标准、远摄镜头；从结构上可分为固定光圈定焦镜头、手动光圈定焦镜头、自动光圈定焦镜头、手动变焦镜头、自动变焦镜头、自动光圈电动变焦镜头和电动三可变（光圈、焦距、聚焦均可变）镜头等。

图 5－11　镜头实物图

对于任何相机来说，镜头的好坏一直是影响其成像质量的关键因素，数码相机也不例外。虽然数码相机的 CCD 分辨率有限，原则上对镜头的光学分辨率要求较低，但由于数码相机的成像面积较小（因为数码相机是成像在 CCD 面板上，而 CCD 的面积较传统 35 mm 相机的胶片小很多），因而需要镜头保证一定的成像质量。

例如，对某一确定的被摄体，水平方向需要 200 像素才能完美再现其细节，如果成像宽度为 10 mm，则光学分辨率为 20 线/mm 的镜头就能胜任；但如果成像宽度仅为 1 mm 的话，则要求镜头的光学分辨率必须在 200 线/mm 以上。此外，传统胶卷对紫外线比较敏感，户外拍照时通常需要加装 UV 镜，而 CCD 对红外线比较敏感，需要为镜头增加特殊的镀层或外加滤镜，以提高成像质量。同时，镜头的物理口径也需要认真考虑，且不管其相对口径如何，其物理口径越大，光通量就越大，数码相机对光线的接受和控制就会更好，成像质量也就越高。

镜头对机器视觉系统来说同样十分重要，选择时需要注意以下几个性能参数：

（1）焦距。

焦距是光学系统中衡量光的聚集或发散的度量方式，指平行光入射时从透镜光心到光聚集之焦点的距离，也是照相机中从镜片中心到底片或 CCD 等成像平面的距离。具有短焦距的光学系统比长焦距的光学系统有更佳的聚光能力。简单来说，焦距就是焦点到镜头中心点之间的距离。

（2）镜头口径。

镜头口径也叫“有效口径”或“最大口径”。它指每只镜头开足光圈时前镜的光束直径（也可视作透镜直径）与焦距的比数。它表示该镜头最大光圈的纳光能力。如某个镜头焦距是 4，前镜光束直径是 1 时，这就是说焦距比光束直径大 3 倍，一般称它为 $f$ 系数，$f$ 代表焦距。

（3）光圈。

光圈是一个用来控制光线透过镜头进入机身内感光面的光量的装置，它通常安装在镜头内部。平时所说的光圈值 $F1$、$F1.2$、$F1.4$、$F2$、$F2.8$、$F4$、

*F*5.6、*F*8、*F*11、*F*16、*F*22、*F*32、*F*44 和 *F*64 等是光圈“系数”，是相对光圈，并非光圈的物理孔径，它与光圈的物理孔径及镜头到感光器件（胶片或 CCD 或 CMOS）的距离有关[219]。

表达光圈大小用的是 *F* 值[220]。光圈 *F* 值 = 镜头的焦距/镜头口径的直径。从以上公式可知：要达到相同的光圈 *F* 值，长焦距镜头的口径要比短焦距镜头的口径大。当光圈物理孔径不变时，镜头中心与感光器件距离越远，*F* 值越大；反之，镜头中心与感光器件距离越近，通过光孔到达感光器件的光密度越高，*F* 值就越小。

这里需要提及的是，光圈 *F* 值越小，在同一单位时间内的进光量便越多，而且上一级的进光量刚好是下一级的两倍，例如光圈从 *F*8 调整到 *F*5.6，进光量便多一倍，也可以说光圈开大了一级。多数非专业数码相机镜头的焦距短、物理口径很小，*F*8 时光圈的物理孔径已经很小了，继续缩小就会发生衍射之类的光学现象，影响成像。所以一般非专业数码相机的最小光圈都在 *F*8 至 *F*11，而专业型数码相机感光器件面积大，镜头与感光器件距离远，光圈值可以很小。对于消费型数码相机而言，光圈 *F* 值常常介于 *F*2.8 ~ *F*16 之间。

（4）放大倍数。

它是光学镜头的一项性能参数，是指物体通过透镜在焦平面上的成像大小与物体实际大小的比值。

（5）影像至目标的距离。

它也是光学镜头的一项性能参数，是指成像平面上的影像与目标之间的实际距离。

（6）畸变。

畸变是由机器于视觉系统中垂轴放大率在整个视场范围内不能保持常数引起的[221]。当一个有畸变的光学系统对一个方形的网状物体成像时，由于某些参数的不同，可能会形成一个啤酒桶状的图像，这种畸变称为正畸变，也可称为桶形畸变；还有可能会形成一种枕头状的图像，这种畸变称为负畸变，也可称为枕形畸变。在一般的光学系统中，只要畸变引起的图像变形不为人眼所觉察，是可以允许存在的，这一允许的畸变值约为 4%。但是有些需要根据图像来测定物体尺寸的光学系统，如航空测量镜头等，畸变则直接影响其测量精度，必须对其严加校正，使畸变小到万分之一甚至十万分之几[222]。

**3. 摄像机/照相机**

照相机可简称相机，按照不同标准可分为标准分辨率数字相机和模拟相机等[223]。人们可根据不同的应用场合来选用不同的相机。

在光学成像领域，相机（见图 5 – 12）的分类方法很多，主要包含以下几种：

图5－12　相机实物图

（1）按成像色彩划分：可分为彩色相机和黑白相机；

（2）按分辨率划分：像素数在38万以下的为普通型，像素数在38万以上的为高分辨率型[224]；

（3）按光敏面尺寸大小划分：可分为1/4、1/3、1/2、1英寸相机；

（4）按扫描方式划分：可分为行扫描相机（线阵相机）和面扫描相机（面阵相机）两种方式；其中面扫描相机又可分为隔行扫描相机和逐行扫描相机；

（5）按同步方式划分：可分为普通相机（内同步）和具有外同步功能的相机等。

**4. 图像采集卡**

图像采集卡在机器视觉系统中扮演着非常重要的角色，它直接决定了摄像头的接口特性。比如摄像头究竟是黑白的，还是彩色的；是模拟信号的，还是数字信号的[225]。比较典型的图像采集卡是PCI或AGP兼容的捕获卡，它可以将图像迅速地传送到计算机存储器进行处理。某些图像采集卡有内置的多路开关，可以连接多个不同的摄像机，然后告诉采集卡采用哪一个相机抓拍到的信息[226]。有些采集卡有内置的数字输入装置以触发采集卡进行图像捕捉，当采集卡抓拍图像时数字输出口就触发闸门。图5－13所示为一款在PC上常用的图像采集卡。

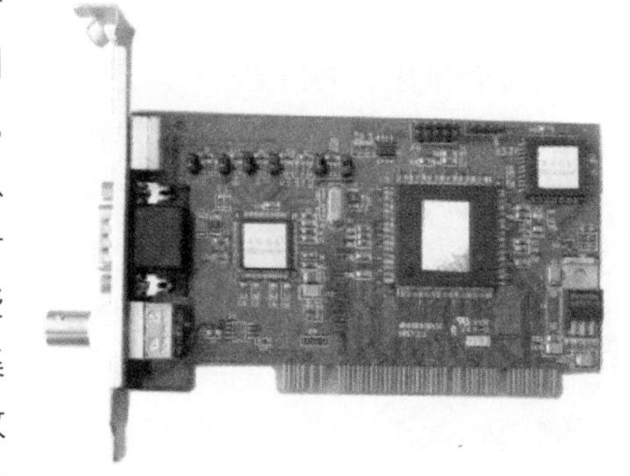

图5－13　图像采集卡

## 5.2.2　机器视觉系统的主要作用与工作机理

机器视觉系统可用于移动机器人导航，能用于机器人导航的传感器类型很多，如视觉传感器（包括单目视觉和双目立体视觉）、声呐、GPS、激光测距仪、罗盘和里程计（光电码盘）等[227]。实际上一般实用型的机器人不会只依靠一种传感设备进行导航，而是采用多传感器融合技术，增加导航信息的完整性和冗余性，以达到精确和稳定控制机器人运动的目的。

机器视觉系统在机器人导航中主要起到环境探测和辨识的作用。环境探测包括障碍探测和陆标探测，而辨识主要是对陆标进行识别，其目的是为移动机器人提供相关的环境信息，如障碍物相对机器人的位置信息、机器人在全局坐标系下的位置信息，甚至运动物体的速度、方向、距离信息，以及目标的分类等。机器人视觉导航的优点在于其探测的范围广、取得的信息多，其难点在于机器人导航使用的视频图像信号数据量很大，要求系统具有较高的实时数据处理能力，同时如何从图像中提取对导航有价值的信息也是一个富有挑战性的工作。

一般而言，具有实用功能的简化版机器人视觉导航系统（见图5-14）由以下四个部分组成：

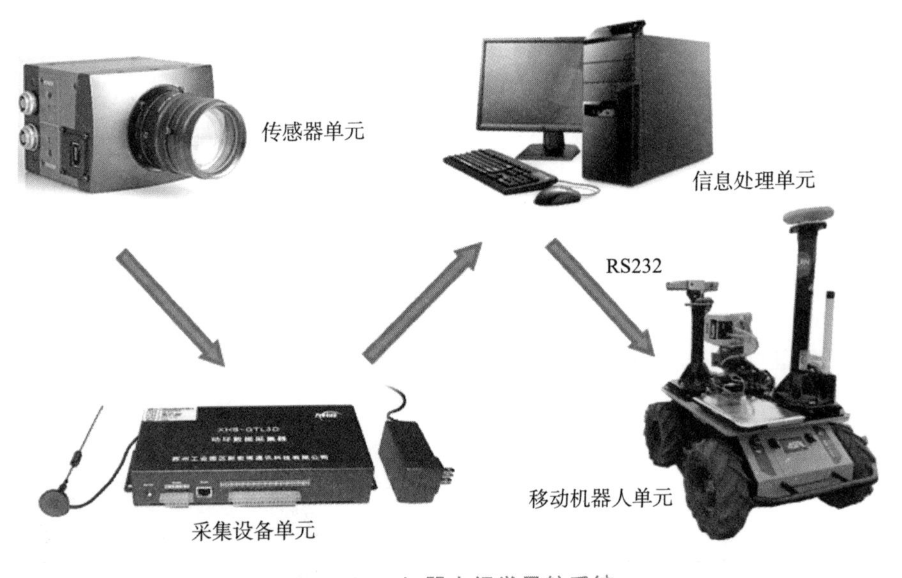


图5-14 机器人视觉导航系统

**1. 传感器单元**

机器人视觉导航系统首先通过传感器单元获得各类信息，包括环境信息、机器人的姿态信息等。

**2. 采集设备单元**

采集设备将传感器系统采集的模拟信号转为数字信号，并将这些信号传递给信息处理单元。

**3. 信息处理单元**

信息处理单元对接收到的信息进行处理，结合机器人的运动能力及导航要求生成控制指令，并发给机器人驱动控制系统。

**4. 移动机器人单元**

移动机器人的驱动控制系统收到控制指令后，驱动相应电机转动，使机器人按控制指令运动。

## 5.3 我的眼球——视觉传感器

视觉传感器是整个机器视觉系统中视觉信息的直接来源，主要由一个或两个图形传感器组成，有时还要配以光投射器及其他辅助设备[228]。视觉传感器的主要功能是获取可供机器视觉系统处理的最原始图像。图像传感器可以使用激光扫描器、线阵和面阵 CCD 摄像机，还可以是最新出现的数字摄像机等。

谈起视觉传感器，人们就会想到 CCD 与 CMOS 两大视觉感应器件。在人们的传统印象中，CCD 代表着高解析度、低噪点等“高大上”品质，而 CMOS 由于噪点问题，一直与电脑摄像头、手机摄像头等对画质相对要求不高的电子产品联系在一起。但是现在 CMOS 今非昔比了，其技术有了巨大进步，基于 CMOS 的摄像机绝非只局限于简单的应用，甚至进入了高清摄像机行列。为了更清晰地了解 CCD 和 CMOS 的特点，现在从 CCD 和 CMOS 的不同工作原理说起。

### 5.3.1 CCD 与 CMOS 的工作原理

**1. CCD 器件**

CCD 是电荷耦合器件的英文（Charge Coupled Device）单词首字母缩写形式，它是一种半导体成像器件（见图 5－15），具有灵敏度高、畸变小、体积小、寿命长、抗强光、抗震动等优点[229]。工作时，被摄物体的图像经过镜头聚焦至 CCD 芯片上，CCD 根据光的强弱情况积累相应比例的电荷，各个像素积累的电荷在视频时序的控制下，逐点外移，经滤波、放大处理后，形成视频信号输出。当视频信号连接到监视器或电视机的视频输入端时，人们便可以看到与原始图像相同的视频图像。

图 5－15　CCD 实物图

需要说明的是，在 CCD 中，上百万个像素感光后会生成上百万个电荷，所有的电荷全部需要经过一个“放大器”进行电压转变，形成电子信号。因此，这个“放大器”就成了一个制约图像处理速度的“瓶颈”[230]。当所有电荷由单一通道输出时，就像千军万马过“独木桥”一样，庞大的数据量很容易引发信号“拥堵”现象，而数码摄像机高清标准（HDV）却恰恰需要在短时间内处理大量数据。因此，在民用级产品中使用单 CCD 是无法满足高速读取高清数据的需要。

CCD 器件主要由硅材料制成，对近红外光线比较敏感，光谱响应可延伸至 1.0 μm 左右，响应峰值为绿光（550 nm）。夜间采用 CCD 器件隐蔽监视时，可以用近红外灯辅助照明，人眼看不清的环境情况在监视器上却可以清晰成像[231]。由于 CCD 器件表面有一层吸收紫外线的透明电极，所以 CCD 对紫外线并不敏感。彩色摄像机的成像单元上有红、绿、蓝三色滤光条，所以彩色摄像机对红外线和紫外线均不敏感。

**2. CMOS 器件**

CMOS 是互补金属氧化物半导体器件的英文（Complementary Metal Oxide Semiconductor）单词首字母缩写形式，它是一种电压控制的放大器件（见图 5－16），也是组成 CMOS 数字集成电路的基本单元。CMOS 中一对由 MOS 组成的门电路在瞬间要么 PMOS 导通，要么 NMOS 导通，要么都截止，比线性三极管的效率高得多，因此其功耗很低。

图 5－16　CMOS 实物图

传统的 CMOS 是一种感光度仅为 CCD 1/10 的传感器。它可以将所有的逻辑运算单元和控制环都放在同一个硅芯片上，使摄像机变得架构简单、易于携带，因此 CMOS 摄像机可以做得非常小巧。与 CCD 不同的是，CMOS 的每个像素点都有一个单独的放大器转换输出，因此 CMOS 没有 CCD 的瓶颈问题，能够在短时间内处理大量数据，输出高清影像，满足 HDV 的需求。另外，CMOS

工作所需要的电压比 CCD 的低很多，功耗只有 CCD 的 1/3 左右，因此电池尺寸可以做得很小，方便实现摄像机的小型化。而且每个 CMOS 都有单独的数据处理能力，这也大大减少了集成电路的体积，为高清数码相机的小型化，甚至微型化奠定了基础。

### 5.3.2 CCD 与 CMOS 的比较

CCD 和 CMOS 的制作原理并没有本质上的区别，CCD 与 CMOS 孰优孰劣也不能一概而论。一般而言，普及型的数码相机中使用 CCD 芯片的成像质量要好一些，这是因为 CCD 是集成在半导体单晶材料上，而 CMOS 是集成在金属氧化物的半导体材料上，而这导致两者的成像质量出现了差别。CMOS 的结构相对简单，其生产工艺与现有大规模集成电路的生产工艺相同，因而使得生产成本有所降低。

从原理上分析，CMOS 的信号是以点为单位的电荷信号，而 CCD 是以行为单位的电流信号，前者更省电，速度也更快捷[232]。现在生产的高级 CMOS 并不比一般的 CCD 成像质量差，但相对来说，CMOS 的工艺还不是十分成熟，普通的 CMOS 一般分辨率较低而导致成像质量较差。

目前数码相机的视觉感应器只有 CCD 感应器和 CMOS 感应器两种。市面上绝大多数消费级别和高端级别的数码相机都使用 CCD 作为感应器，一些低端摄像头和简易相机上则采用 CMOS 感应器。若有哪家摄像头厂商生产的摄像头里使用了 CCD 感应器，厂商一定会不遗余力地以其作为卖点大肆宣传，甚至冠以“高级数码相机”之名。一时间，是否使用 CCD 感应器成为人们判断数码相机档次的标准。实际上，这些做法和想法并不十分科学，CCD 与 CMOS 的工作原理就可以说明真实情况。

CCD 是一种可以记录光线变化的半导体组件，由许多感光单位组成，通常以百万像素为单位。当 CCD 表面受到光线照射时，每个感光单位会将电荷反映在组件上，所有的感光单位所产生的信号加在一起，就构成了一幅完整的画面。CMOS 和 CCD 一样，同为在数字相机中可记录光线变化的半导体。CMOS 的制造技术和一般计算机芯片的制造技术没有什么差别，主要是利用硅和锗这两种元素所做成的半导体，使其在 CMOS 上共存着带 N（带 - 电）和 P（带 + 电）极的半导体，这两个互补效应所产生的电流即可被处理芯片纪录和解读成影像。

尽管 CCD 在影像品质等各方面优于 CMOS，但不可否认的是 CMOS 具有低成本、低耗电以及高整合度的特性。由于数码影像产品的需求十分旺盛，CMOS 的低成本和稳定供货品质使之成为相关厂商的心头肉，也因此愿意投入巨大的人力、物力和财力去改善 CMOS 的品质特性与制造技术，使得 CMOS 与

CCD 两者的差异在日益缩小。

## 5.4 我可以知远近——测距传感器

### 5.4.1 测距传感器的分类

顾名思义，测距传感器就是能够测量距离的传感器。常见的测距传感器有超声波测距传感器、红外线测距传感器和激光测距传感器等。

**1. 超声波测距传感器**

超声波测距传感器（见图 5－17）是机器人经常采用的传感器之一，用来检测机器人前方或周围有无障碍物，并测量机器人与障碍物之间的距离。超声波测距的原理犹如蝙蝠声波测物一样，蝙蝠的嘴里可以发出超声波，超声波向前方传播，当超声波遇到昆虫或障碍物时会发生反射，蝙蝠的耳朵能够接收反射回波，从而判断昆虫或障碍物的位置和距离并予以捕杀或躲避。超声波传感器的工作方式与蝙蝠类似，通过发送器发射超声波，当超声波被物体反射后传到接收器，通过接收反射波来判断是否检测到物体[233]。

图 5－17　超声波测距传感器

超声波是一种在空气中传播的超过人类听觉频率极限的声波。人的听觉所能感觉的声音频率范围因人而异，一般在 20 Hz～20 kHz 之间。超声波的传播速度 $v$ 可以用式（5－1）表示：

$$v = 331.5 + 0.6T\ (\mathrm{m/s}) \tag{5-1}$$

式中，$T$（℃）为环境温度，在 23℃的常温下超声波的传播速度为 345.3 m/s。超声波传感器一般就是利用这样的声波来检测物体的。

**2. 红外线测距传感器**

红外线测距传感器（见图 5－18）是一种以红外线为工作介质的测量系统，具有可远距离测量（在无发光板和反射率低的情况下）、有同步输入端（可多个传感器同步测量）、测量范围广、响应时间短、外形紧凑、安装简易、便于操作等优点，在现代科技、国防和工农业生产等领域中获得了广泛应用。

**3. 激光测距传感器**

激光具有方向性强、单色性好、亮度高等许多优点，在检测领域应用十分广泛。1965 年，苏联的科学家们利用激光测量地球和月球之间的距离(384 401 km)，误差只有 250 m。1969 年，美国宇航员登月后安置反射镜于月面，也用激光测量地月之间的距离，误差只有 15 cm[234]。图 5－19 为激光测距传感器。

图 5－18　红外线测距传感器

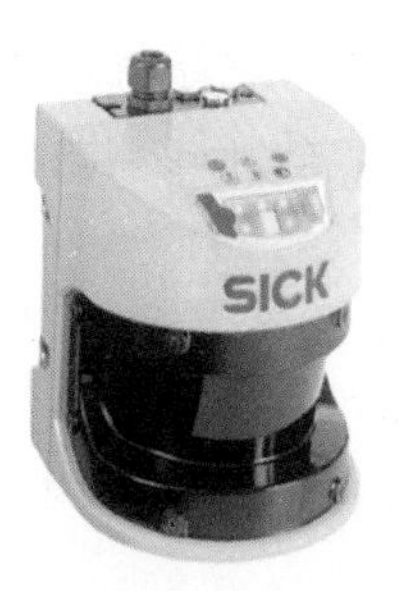

图 5－19　激光测距传感器

## 5.4.2　测距传感器的工作原理

**1. 超声波测距传感器的工作原理**

超声波传感器测距是通过超声波发射器向某一方向发射超声波，并在发射超声波的同时开始计时，超声波在空气中传播时碰到障碍物就立即反射回来，超声波接收器收到反射波后就立即停止计时[235]。已知超声波在空气中的传播速度为 $v$，根据计时器记录的发射声波和接收回波的时间差 $\Delta t$，就可以计算出超声波发射点距障碍物的距离 $S$，即：

$$S = v \cdot \Delta t/2 \tag{5-2}$$

上述测距方法即是所谓的时间差测距法。

需要指出的是，由于超声波也是一种声波，其声速 $v$ 与环境温度有关。在使用超声波传感器测距时，如果环境温度变化不大，则可认为声速是基本不变的[236]。常温下超声波的传播速度是 334 m/s，但其传播速度 $v$ 易受空气中温度、湿度、压强等因素的影响，其中受温度的影响较大。如环境温度每升高 1℃，声速增加约 0.6 m/s。如果测距精度要求很高，则应通过温度补偿的方法加以校正。其公式见式（5－1）。

在许多应用场合，采用小角度、小盲区的超声波测距传感器，具有测量准确、无接触、防水、防腐蚀、低成本等优点。有时还可根据需要采用超声波传感器阵列来进行测量，可提高测量精度、扩大测量范围。图 5－20 所示为超声波传感器阵列，图5-21所示为搭载了超声波测距阵列的电动车。

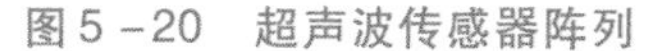
图5-20 超声波传感器阵列

图5-21 搭载了超声波传感器的电动车

**2. 红外线测距传感器的工作原理**

红外线测距传感器利用红外信号遇到障碍物距离的不同其反射的强度也不同的原理，进行障碍物远近的检测[237]。红外线测距传感器具有一对红外信号发射与接收的二极管，发射管发射特定频率的红外信号，接收管接收这种特定频率的红外信号，当红外信号在检测方向遇到障碍物时，会产生反射，反射回来的红外信号被接收管接收，经过处理之后，通过数字传感器接口返回到机器人主机，机器人即可利用红外的返回信号来识别周围环境的变化。需要说明的是，机器人在这里利用了红外线传播时不会扩散的原理，由于红外线在穿越其他物质时折射率很小，所以长距离测量用的测距仪都会考虑红外线测距方式。红外线的传播是需要时间的，当红外线从测距仪发出一段时间碰到反射物经过反射回来被接收管收到，人们根据红外线从发出到被接收到的时间差（$\Delta t$）和红外线的传播速度（$C$）就可以算出测距仪与障碍物之间的距离。简言之，红外线的工作原理就是利用高频调制的红外线在待测距离上往返产生的相位移推算出光束度越时间$\Delta t$，从而根据$D=(C\times\Delta t)/2$得到距离$D$。

图5-18所示红外线测距传感器的型号为GP2Y0A21YK0F，该传感器是由位置敏感探测集成单元（PSD）、红外发光二极管和信号处理电路等组成，工作原理如图5-22所示，其测距功能是基于三角测量原理实现的（见图5-23）。

由图可知，红外发射器按照一定的角度发射红外光束，当遇到物体以后，这束光会反射回来，反射回来的红外光束被CCD检测器检测到以后，会获得一个偏移值$L$。在知道了发射角度$a$、偏移值$L$、中心距$X$，以及滤镜的焦距$f$以后，传感器到物体的距离$D$就可以利用三角几何关系计算出来了。

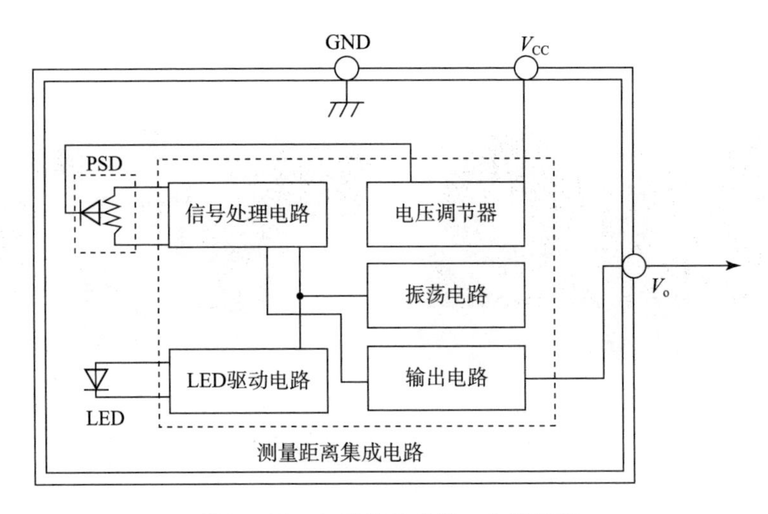


图 5－22　红外线传感器工作原理图

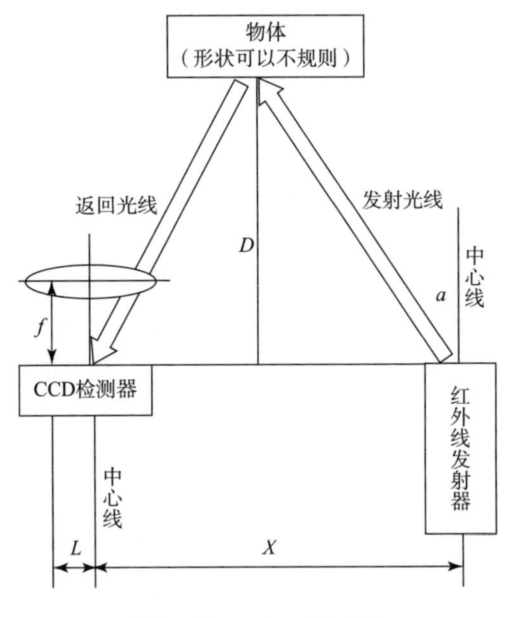


图 5－23　三角测量原理

可以看到，当距离 $D$ 很小时，$L$ 值会相当大，可能会超过 CCD 的探测范围。这时虽然物体很近，但传感器反而看不到了。而当距离 $D$ 很大时，$L$ 值就会非常小。这时 CCD 检测器能否分辨得出这个很小的 $L$ 值也难以肯定。换言之，CCD 的分辨率决定了能不能获得足够精确的 $L$ 值。要检测越远的物体，CCD 的分辨率要求就越高。由于采用的是三角测量法，物体的反射率、环境温度和操作持续时间等因素反而不太容易影响距离的检测精度。

红外线测距传感器可以用于测量距离、实现避障、进行定位等作业，广泛应用于移动机器人和智能小车等运动平台上。图 5 – 24 所示为一款装置了红外线测距传感器和超声波测距传感器的智能小车。

图 5 – 24 装置了红外线测距传感器和超声波测距传感器的智能小车

**3. 激光测距传感器的工作原理**

激光测距传感器工作时，先由激光发射器对准目标发射激光脉冲，经目标反射后激光向各方向散射，部分散射光返回到激光接收器，被光学系统接收后成像到雪崩光电二极管上[238]。雪崩光电二极管是一种内部具有放大功能的光学传感器，因此它能检测到极其微弱的光信号。记录并处理从激光脉冲发出到返回被接收所经历的时间，即可测定目标的距离。需要说明的是，激光测距传感器必须极其精确地测定传输时间，因为光速太快，微小的时间误差也会导致极大的测距误差。该传感器的工作原理如图 5 – 25 所示。

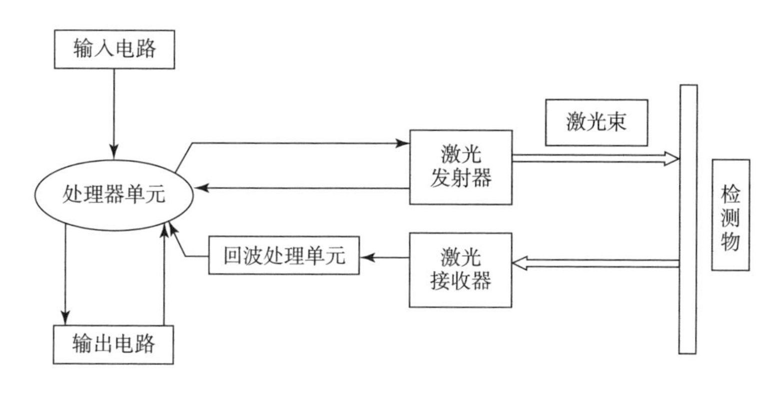


图 5 – 25 激光测距传感器的工作原理

# 5.5 我的皮肤——触觉传感器

## 5.5.1 触觉传感器的分类

触觉是人或某些生物与外界环境直接接触时的重要感觉功能，而触觉传感器（见图5-26）就是用于模仿人或某些生物触觉功能的一种传感器。研制高性能、高灵敏度、满足使用要求的触觉传感器是机器人发展中的关键技术之一。随着微电子技术的发展和各种新材料、新工艺的不断出现与广泛应用，人们已经提出了多种多样的触觉传感器研制方案，展现了触觉传感器发展的美好前景。但目前这些方案大都还处于实验室样品试制阶段，达到产品化、市场化要求的不多，因而人们还需加快触觉传感器研制的步伐。

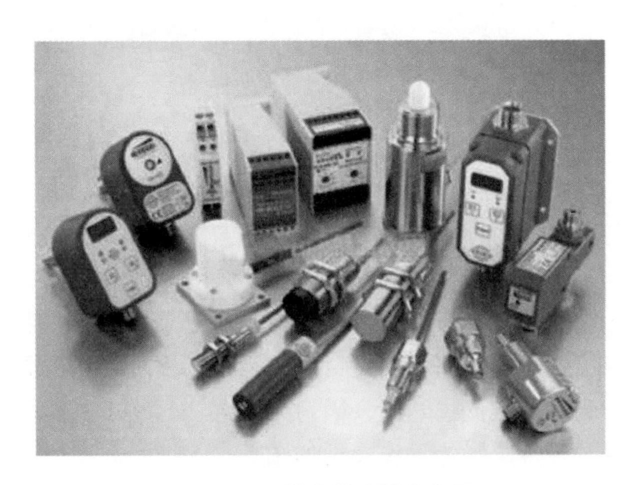

图5-26 触觉传感器实物图

触觉传感器按功能大致可分为接触觉传感器、力-力矩觉传感器、压觉传感器和滑觉传感器等。

## 5.5.2 触觉传感器的工作原理

### 1. 接触觉传感器

接触觉传感器是一种用以判断机器人（主要指机器人四肢）是否接触到外界物体或测量被接触物体特征的传感器，主要有微动开关、导电橡胶、含碳海绵、碳素纤维、气动复位式等类型，下面分别予以介绍[239]。

（1）微动开关式接触觉传感器。该类型传感器（见图5－27）由弹簧和触头构成。触头接触外界物体后离开基板，使得信号通路断开，从而测到与外界物体的接触。这种常闭式（未接触时一直接通）的微动开关其优点是结构简单、使用方便，缺点是易产生机械振荡和触头易发生氧化。

（2）导电橡胶式接触觉传感器。该类型传感器（见图5－28）以导电橡胶为敏感元件。当触头接触外界物体受压后，压迫导电橡胶，使其电阻发生改变，从而使流经导电橡胶的电流发生变化。这种传感器的优点是具有柔性，缺点是由于导电橡胶的材料配方存在差异，出现的漂移和滞后特性往往并不一致。

图5－27　微动开关式接触觉传感器

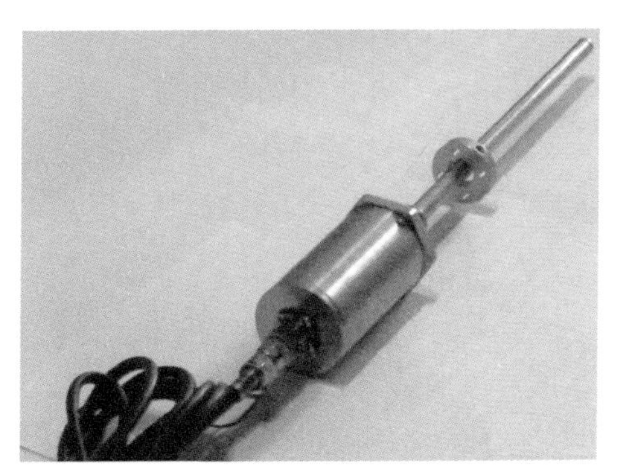

图5－28　导电橡胶式接触觉传感器

（3）含碳海绵式接触觉传感器。该类型传感器（见图5－29）在基板上装有海绵构成的弹性体，在海绵中按阵列布以含碳海绵。当其接触物体受压后，含碳海绵的电阻减小，使流经含碳海绵的电流发生变化，测量该电流的大小，便可确定受压程度。这种传感器也可用作压觉传感器。优点是结构简单、弹性良好、使用方便。缺点是碳素分布的均匀性直接影响测量结果、受压后的恢复能力较差。

（4）碳素纤维式接触觉传感器。该类型传感器以碳素纤维为上表层，下表层为基板，中间装以氨基甲酸酯和金属电极。接触外界物体时，碳素纤维受压与电极接触导电，于是可以判定发生接触。该传感器的优点是柔性好，可装于机械手臂曲面处，使用方便。缺点是滞后较大。

（5）气动复位式接触觉传感器。该类型传感器（见图5－30）具有柔性绝缘表面，受压时变形，脱离接触时则由压缩空气作为复位的动力。与外界物体接触时其内部的弹性圆泡（铍铜箔）与下部触点接触而导电，由此判定发生接触。该传感器的优点是柔性好、可靠性高。缺点是需要压缩空气源，使用时稍嫌复杂。

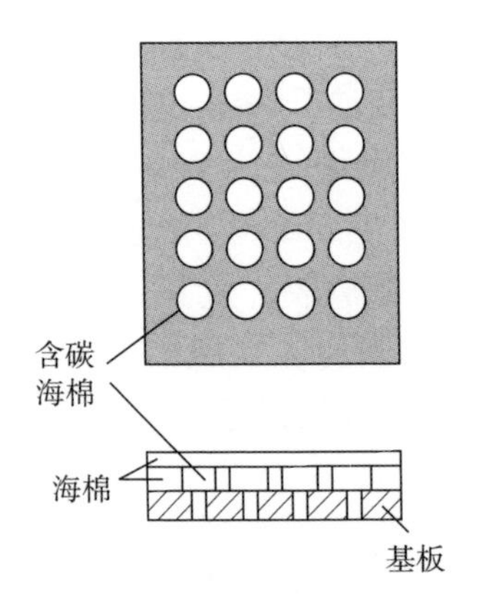


图 5－29 含碳海绵式接触觉传感器的基本结构

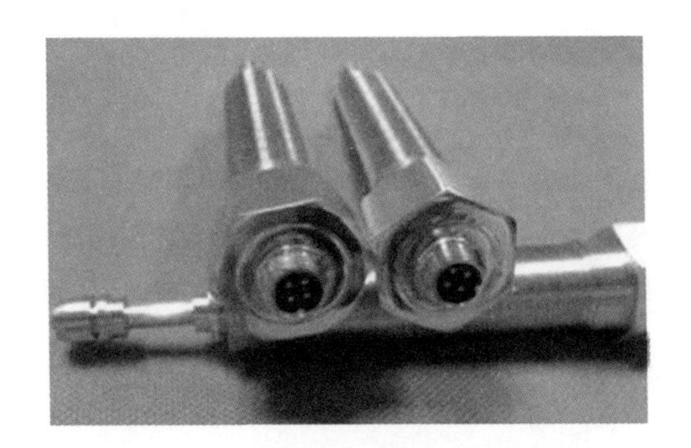

图 5－30 气动复位式接触觉传感器

**2. 力－力矩觉传感器**

力－力矩觉传感器是用于测量机器人自身或与外界相互作用而产生的力或力矩的传感器[240]。它通常装在机器人各关节处。众所周知，在笛卡儿坐标系中，刚体在空间的运动可用表示刚体质心位置的三个直角坐标和分别绕三个直角坐标轴旋转的角度坐标来描述。人们可以用一些不同结构的弹性敏感元件来感受机器人关节在 6 个自由度上所受的力或力矩，再由粘贴其上的应变片将力或力矩的各个分量转换为相应的电信号。常用的弹性敏感元件其结构形式有十字交叉式、三根竖立弹性梁式和八根弹性梁横竖混合式，等等。图 5－31 所示为三根竖立弹性梁 6 自由度力觉传感器的结构简图。由图可见，在三根竖立梁的内侧均粘贴着张力测量应变片，在外侧则都粘贴着剪切力测量应变片，这些测量应变片能够准确测量出对应的张力和剪切力变化情况，从而构成 6 个自由度上的力和力矩分量输出。

**3. 压觉传感器**

压觉传感器是测量机器人在接触外界物体时所受压力和压力分布的传感器。它有助于机器人对接触对象的几何形状和材质硬度进行识别。压觉传感器的敏感元件可由各类压敏材料制成，常用的有压敏导电橡胶、由碳纤维烧结而成的丝状碳素纤维片和绳状导电橡胶的排列面等。图 5－32 显示的是一种以压敏导电橡胶为基本材料所构成的压觉传感器。由图可见，在导电橡胶上面附有柔性保护层，下部装有玻璃纤维保护环和金属电极。在外部压力作用下，导电橡胶的电阻发生变化，使基底电极电流产生相应变化，从而检测出与压力成一定关系的电信号及压力分布情况。通过改变导电橡胶的渗入成分可控制电阻的大小。例如渗入石墨可加大导电橡胶的电阻，而渗碳或渗镍则可减小导电橡胶的电阻。通过合理选材和精密加工，即可制成如图5－32所示的高密度分布式压觉传感器。这种传感器可以测量细微的压力分布及其变化，堪称优良的“人工皮肤”[241]。

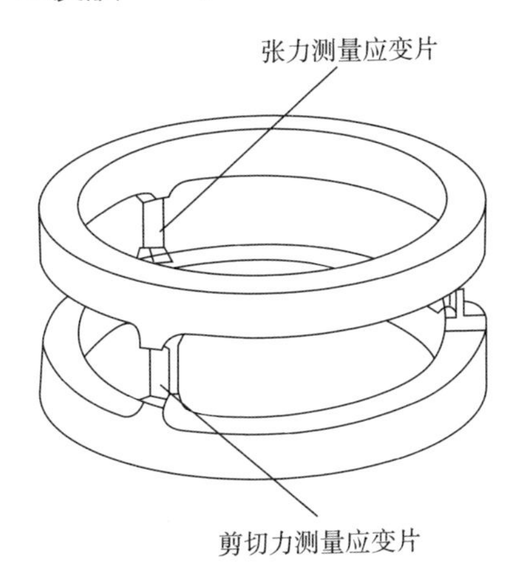


图5－31 竖梁式6自由度力觉传感器结构简图

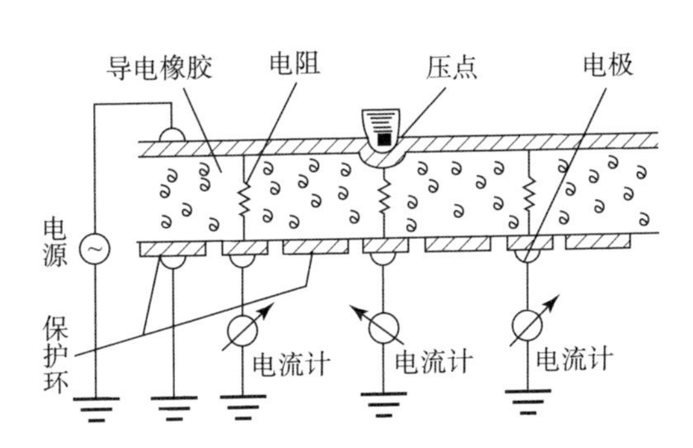


图5－32 高密度分布式压觉传感器工作原理图

**4. 滑觉传感器**

滑觉传感器可用于判断和测量机器人抓握或搬运物体时物体产生的滑移现象[242]。它实际上是一种位移传感器。按有无滑动方向检测功能，该传感器可分为无方向性、单方向性和全方向性三类，下面分别予以介绍。

（1）无方向性滑觉传感器。该类型传感器主要为探针耳机式，主要由蓝宝石探针、金属缓冲器、压电罗谢尔盐晶体和橡胶缓冲器组成。当滑动产生时探针产生振动，由罗谢尔盐晶体将其转换为相应的电信号。缓冲器的作用是减小噪声的干扰。

（2）单方向性滑觉传感器。该类型传感器主要为滚筒光电式。工作时，被抓物体的滑移会使滚筒转动，导致光敏二极管接收到透过码盘（装在滚筒的圆面上）射入的光信号，通过滚筒的转角信号（对应着射入的光信号）而测出物体的滑动。

（3）全方向性滑觉传感器。该类型传感器采用了表面包有绝缘材料并构成经纬分布的导电与不导电区的金属球（见图5－33）。当传感器接触物体并产生滑动时，这个金属球就会发生转动，使球面上的导电与不导电区交替接触电极，从而产生通断信号，通过对通断信号的计数和判断即可测出滑移的大小和方向。

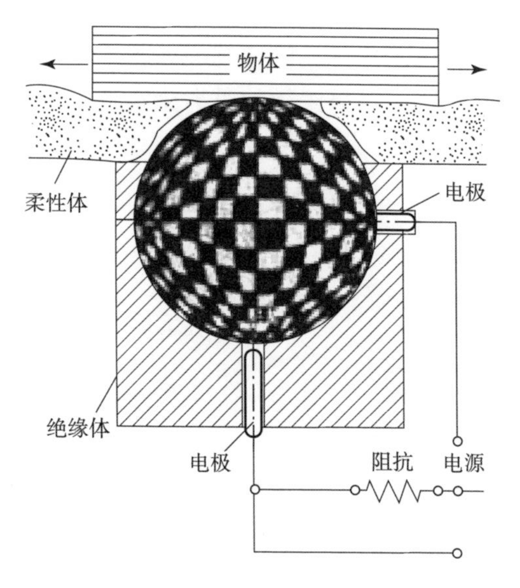


图 5－33　球式滑觉传感器工作原理

## 5.6　我的运动平衡——姿态传感器

### 5.6.1　姿态传感器的分类

图 5－34　姿态传感器实物图

姿态传感器（见图 5－34）在机器人的传感探测系统中经常会占有一席之地，它是机器人实现对自身姿态进行精确控制而必不可少的器件之一，地位不可小觑。目前，机器人技术领域使用的姿态传感器是一种基于 MEMS（微机电系统）技术的高性能三维运动姿态测量系统。它包含三轴陀螺仪、三轴加速度计、三轴电子罗盘、MPU6050 等运动传感器，通过内嵌的低功耗 ARM 处理器得到经过温度补偿的三维姿态与方位等数据[243]。利用基于四元数的三维算法和特殊的数据融合技术，实时输出以四元数、欧拉角表示的零漂移三维姿态方位数据。姿态传感器可广泛嵌入到航模、无人机、机器人、机械云台、车辆船舶、地面及水下设备、虚拟现实装备，以及人体运动分析等需要自主测量三维姿态与方位的产品或设备中。

## 5.6.2 姿态传感器的工作原理

要了解姿态传感器的工作原理，就应当先了解陀螺仪、加速度计等的结构特性与工作原理。

**1. 三轴陀螺仪**

在一定的初始条件和一定的外在力矩作用下，陀螺会在不停自转的同时，环绕着另一个固定的转轴不停地旋转，这就是陀螺的旋进，又称为回转效应。陀螺旋进是日常生活中司空见惯的现象，人们耳熟能详的陀螺就是例子。人们利用陀螺的力学性质所制成的各种功能的陀螺装置称为陀螺仪（Gyroscope），它在国民经济建设各个领域都有着广泛的应用。

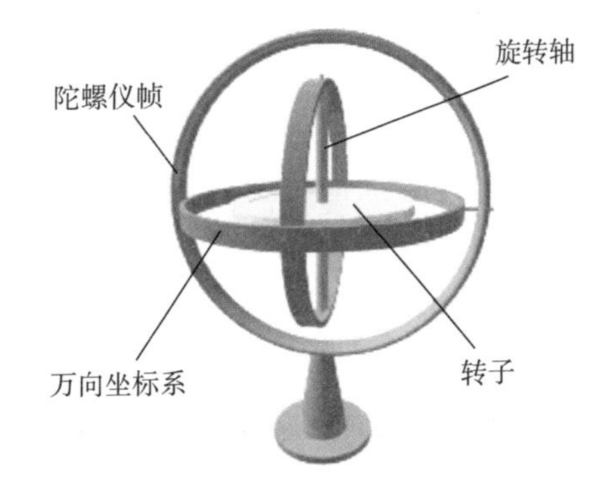

图 5－35 三轴陀螺仪

陀螺仪（见图 5－35）是用高速回转体的动量矩来感受壳体相对惯性空间绕正交于自转轴的一个或两个轴的角运动检测装置[244]。利用其他原理制成的能起同样功能作用的角运动检测装置也称陀螺仪。三轴陀螺仪可同时测定物体在 6 个方向上的位置、移动轨迹和加速度，单轴陀螺仪只能测量两个方向的量。也就是说，一个 6 自由度系统的测量需要用到 3 个单轴陀螺仪，而一个三轴陀螺仪就能替代 3 个单轴陀螺仪。三轴陀螺仪的体积小、重量轻、结构简单、可靠性好，在许多应用场合都能见到它的身影。

**2. 三轴加速度计**

加速度传感器是一种能够测量加速力的电子设备[245]。加速力就是物体在加速过程中作用在物体上的力，好比地球的引力。加速力可以是常量，也可以是变量。加速度计有两种：一种是角加速度计，是由陀螺仪（角速度传感器）改进的；另一种是线加速度计。加速度计种类繁多，其中有一种是三轴加速度计（见图 5－36），它同样是基于加速力的基本原理去实现测量工作的。

图 5－36 三轴加速度计

加速度是个空间矢量，了解物体运动时的加速度情况对控制物体的精确运动十分重要。但要准确了解物体的运动状态，就必须测得其在三个坐标轴上的加速度分量。另一方面，在预先不知道物体运动方向的情况下，只有应用三轴加速度计来检测加速度信号，才有可能帮助人们破解物体如何运动之谜。通过测量由于重力引起的加速度，人们可以计算出所用设备相对于水平面的倾斜角度；通过分析动态加速度，人们可以分析出所用设备移动的方式。加速度计可以帮助机器人了解它身处的环境和实时的状态，是在爬山？还是在下坡？摔倒了没有？对于飞行机器人来说，加速度计在改善其飞行姿态的控制效果方面也至为重要。

目前的三轴加速度计大多采用压阻式、压电式和电容式工作原理，产生的加速度正比于电阻、电压和电容的变化，通过相应的放大和滤波电路进行采集。这个和普通的加速度计是基于同样的工作原理的，所以经过一定的技术加工，三个单轴加速度计就可以集成为一个三轴加速度计。

两轴加速度计已能满足多数应用设备的需求，但有些方面的应用还离不开三轴加速度计，例如在移动机器人和飞行机器人的姿态控制中，三轴加速度计能够起到不可或缺的作用，这是单轴或两轴加速度计所望尘莫及的。

**3. MPU6050**

MPU6050 是美国 INVENSENCE 公司推出的一款组合有多种测量功能的传感器，具有低成本、低能耗和高性能的特点。该传感器首次集成了三轴陀螺仪和三轴加速度计，拥有数字运动处理单元（DMP），可直接融合陀螺仪和加速度计采集的数据[246]。其集成的陀螺仪最大能检测 ±2 000°/s，其集成的加速度计最大能检测 ±16$g$，最大能承受 10 000$g$ 的外部冲击。MPU6050 采用 IIC 协议与主控芯片 STM32 进行通信，工作效率很高，其电路设计如图 5－37 所示。

图 5－37　MPU6050 的电路图

## 5.7 我的嘴巴和耳朵

### 5.7.1 我的嘴巴——语音芯片

**1. 语音芯片简介**

语音芯片是一种可以用来存储、控制和播放语音的芯片，它是集成电路（Integrated Circuit，IC）的载体，由晶圆分割而成（见图 5－38）。语音芯片将语音信号通过采样转化为数字信号，存储在IC的ROM中，再通过电路将ROM中的数字信号还原成语音信号。

图5-38 语音芯片

根据输出方式的不同，语音芯片可以分为两类：一类是基于PWM（脉宽调制）输出方式的，另一类是基于DAC（Digital Analog Change，DAC，即数模转换）输出方式的[247]。PWM输出方式的芯片其声音不是连续可调的，不能接普通功放，目前市面上大多数语音芯片是采用PWM输出方式的。基于DAC的语音芯片其声音连续可调，经内部EQ（均衡器）放大，该芯片可数字控制调节，还可外接功放。

普通语音芯片的放音实际上是一个DAC过程，而ADC（模数转换）过程的相关资料是由电脑完成的，其中包括对语音信号的采样、压缩、EQ等处理。

语音芯片的录音包括ADC和DAC两个过程，都是由芯片本身完成的，包括语音数据的采集、分析、压缩、存储、播放等步骤。

语音芯片音质的优劣取决于ADC和DAC位数的多少。根据IC本身物理结构中的通道数量，语音芯片可分为多种类型。

(1) 单通道语音芯片。单通道语音芯片是一种最基本、最常见的语音芯片，亦称单音片。它在同一单位时间内只能发出一种语音，其电子声音文件是只有一个通道的.mid后缀文件。一定时间内音符输出的多少决定了单通道语音芯片的效果。单通道语音芯片有64音符和128音符的，音符越多，音效越好。单通道语音芯片价格低廉、应用广泛。许多带音效的生日贺卡就装有单通道语音芯片。

(2) 两通道语音芯片。两通道语音芯片俗称双音片。顾名思义，它是在同一单位时间内两个通道都可以发出声音的语音芯片，其电子声音文件是有两个通道的.mid后缀文件。有的高级圣诞贺卡就装有两通道语音芯片。市面上有一种叫melody的语音芯片，它比单通道语音芯片的效果要好，但比和弦音乐芯片（三通道以上的语音芯片）的效果要差，所以双音片也有被叫成是melody音乐芯片的。从结构来看，melody应该是一种更高级的单音片，或者说是二倍效果的单音片。

（3）四通道、八通道或以上的语音芯片。三通道以上的语音芯片又称为和弦语音芯片。常说的4和弦语音芯片就是指四通道语音芯片。一般多通道语音芯片都是同时支持音乐IC（Music IC）和语音IC（Speech IC）功能的。

**2. 语音芯片的主要参数及技术**

（1）信号的量化表示。

一般来讲，可用采样率（$f$）、位数（$n$）、波特率（$T$）来对语音芯片的信号进行量化描述。其中，采样是指将语音模拟信号转化成数字信号；采样率是指每秒采样的个数（Byte）；波特率是指每秒钟采样的位数（bit）。波特率直接决定着语音芯片的音质。

采样位数是指在二进制条件下的位数。一般在没有特别说明的情况下，声音的采样位数指8位，即00H～FFH，静音定为80 H。

（2）采样率。

根据奈奎斯特采样定理（Nyquist Law）可知：要从采样信号中无失真地恢复原信号，采样频率应大于2倍频谱最高频率[248]。采样频率小于2倍频谱最高频率时，信号的频谱有混叠。采样频率大于2倍频谱最高频率时，信号频谱无混叠现象。

人们嗓音的频带宽度为20 Hz～20 kHz，普通的声音大概在3 kHz以下。一般CD取的音质为44.1 kHz和16bit。如果碰到某些特别的声音，如乐器，音质也有用48 kHz和24 bit的情况，但不是主流。

一般在处理普通语音芯片时，采样率最高达到16 kHz就够了，说话声通常取8 kHz（如电话音质）或6 kHz左右。低于6 kHz效果会较差。而DKC系列的语音芯片采样率最高可以做到22 kHz。

在应用单片机时，采样率越高，定时器中断速度就越快，会影响到其他信号的监控和检测，所以要综合考虑采样率问题。

（3）语音压缩技术。

由于语音数据量庞大，对语音数据进行有效压缩是十分必要的，这能够在有限的ROM空间里录入更多的语音内容。语音压缩有以下几种方式：

①语音分段。将语音中可以重复的部分截取出来，通过排列组合将内容再完整地回放出来。

②语音采样。通常人们使用的喇叭频响曲线在中频部分，较少用到高频。

所以在喇叭音质可以接受的情况下，适当降低采样频率，达到压缩效果。但这种过程是不可逆的，无法恢复原貌，因而叫有损压缩。

③数学压缩。主要是针对采样位数进行压缩，这种方式也是有损压缩。例如，人们经常采用的 ADPCM 压缩格式是将语音数据从 16 bit 压缩到 4 bit，压缩率是 4 倍。MP3 是对数据流进行压缩，涉及数据预测问题，它的波特率压缩倍率为 10 倍左右。

通常，以上几种压缩方式是综合起来使用的。

（4）常用语音格式。

①PCM（Pulse Code Modulation）格式。它是将声音模拟信号采样后进行处理得到量化后的语音数据，即脉冲编码调制，是最基本和最原始的一种语音格式。同它极为类似的还有 RAW 格式和 SND 格式，它们都是纯语音格式。

②WAV（Wave Audio Files）格式。它是微软公司开发的一种声音文件格式，也叫波形声音文件，被 Windows 平台及其应用程序广泛支持。WAV 格式支持许多压缩算法，也支持多种音频位数、采样频率和声道，但 WAV 格式对存储空间需求太大，不便于交流和传播[249]。WAV 文件里面存放的每一块数据都有自己独立的标识，通过这些标识可以告诉用户究竟这是什么数据，这些数据包括采样频率和位数，单声道（mono）还是立体声（stero）等。

③ADPCM 格式。它是利用对过去的几个抽样值来预测当前输入的样值，并使其具有自适应的预测功能与实际检测值进行比较，随时对测得的差值自动进行量化级差的处理，使之始终保持与信号同步变化。它适用于语音变化率适中的情况，而且声音回放过程简短。其优点是对于人声的处理比较逼真，一般可达 90% 以上，已广泛用于电话通信领域。

④MP3（Moving Picture Experts Group Audio Layer Ⅲ）格式。它是利用 MPEG Audio Layer 3 的技术，采取了名为“感官编码技术”的编码算法，编码时先对音频文件进行频谱分析，然后用过滤器滤掉噪声电平，接着通过量化方式将剩下的每一位打散排列，最后形成具有较高压缩比的 MP3 文件，并使压缩后的文件在回放时能够达到较接近原音源的声音效果[250]。其实质是 VBR（Variant Bit Vate，可变比特率）可以根据编码的内容动态地选择合适的比特率，因此编码的结果是在保证了音质的同时又照顾了文件的大小。MP3 压缩率可达 10 倍甚至 12 倍，是最初出现的一种高压缩率的语音格式。

⑤Linear Scale 格式。它根据声音的变化率大小，把声音分成若干段，对每段用线性比例进行压缩，但其比例是可变的。

⑥Logpcm 格式。它基本上对整个声音进行线性压缩，将最后若干位去掉。这种压缩方式在硬件上很容易实现，但音质比 Linear Scale 差一些，特别是在音量较小、声音较细腻的情况下效果较差。

⑦mid 格式。它的语音所占的空间比较狭小，该格式的文件每存 1 分钟的音乐只用 5 ~ 10 KB。

**3. 音乐芯片简介**

（1）音乐的通道与音色。

有必要先了解一下何为包络（envelope）、方波（patch）、通道（channel）、PCT 和 FULL WAVE 等。

①包络：合成音色的一部分，指单位时间内音符输出的变化，常见有“ADSR”。

②方波：合成音色的一部分，指单位时间内音符方波电流的变化。

③通道：指在同一时间内，芯片输出的音符个数，即“单音乐器”的个数。

④PCT：模拟音色的一种，通过采样 256 个点的乐器声音来模拟出各个音符的音高（音色十分柔和，占空间小，但不够真实）。

⑤FULL WAVE。通过采集一种乐器声音来模拟各个音符的音高（乐器声真实，但占用空间大，且采集音色音质要求高）。

（2）音乐的压缩。

由于音乐数据量庞大，对音乐数据进行有效压缩非常必要，这能够使人们在有限的 ROM 空间里录入更多的音乐内容。音乐压缩有以下几种方式：

①音乐分段。它是将音乐中可以重复的部分截取出来，通过排列组合将内容完整地回放出来。

②音色。根据音乐的丰满程度、需求程度，来确定 FULL WAVE、PCT、dual tone 的选择，各个音色占用空间不同，音色质量也不同。

③数学压缩。它主要是针对采样的音色（FULL WAVE）进行压缩，这种方式也是有损压缩，对于要采集的音色进行降采样、处理等减小采集音色的大小（同语音类的修音）。

机器人的嘴巴和耳朵分别对应着语音合成和语音识别技术。从本质上看，语音合成和语音识别技术是一种人机语言通信技术，属于计算机智能接口技术[251]。多媒体技术也主要是利用计算机语音处理和图像处理的能力为人们提供一种更加方便、更加直观的人机界面。机器人技术和语音技术的结合就成了一项新的技术课题——智能语音机器人。一直以来，人们对自由交流方式的本能渴望正是语音识别技术不断前行的发展动力。工业革命使各种机械化设备参与生产，提高了劳动生产率，创造了巨大的物质财富，但人们在面对它们时却不得不放弃最习惯、最自然的沟通方式——自然语言。因此，人们就从来没有放弃过让机器与人之间也能像人与人之间一样进行自由、畅快交流的梦想，而促成这一梦想实现的关键技术之一就是语音识别与合成技术。

语音控制的基础就是语音识别技术。语音识别可分为孤立词识别、连接词识别，以及大词汇量的连续词识别。对于智能机器人这类嵌入式应用案例来说，语音可以提供直接可靠的交互方式，故而语音识别技术的实用价值和应用前景也就不言自明了。

## 5.7.2 我的耳朵——语音识别

语音识别技术也可称为自动语音识别（Automatic Speech Recognition，ASR）技术，其目标是将人类语音中的词汇内容转换为计算机可读的输入，例如按键、二进制编码或字符序列[252]。与说话人识别及说话人确认不同，后者尝试识别或确认发出语音的说话人而非其中所包含的词汇内容，如图5－39所示。

图5－39 语音识别

语音识别技术的应用包括语音拨号、语音导航、室内设备控制、语音文档检索、简单的听写数据录入等。语音识别技术与其他自然语言处理技术如机器翻译及语音合成技术相结合，可以构建出更加复杂的应用，例如语音到语音的翻译[253]。

语音识别技术所涉及的领域包括信号处理、模式识别、概率论和信息论、发声机理和听觉机理、人工智能，等等。

**1. 语音识别的历史**

早在计算机发明之前，自动语音识别的设想就已经被人们提上了议事日程，早期的声码器可以被视作语音识别及合成的雏形。而1920年生产的“Radio Rex”玩具狗可能是最早的语音识别器，当人们呼唤这只狗的名字时，它能够从底座上弹出来。最早的基于电子计算机的语音识别系统是由AT&T贝尔实验室开发的，这个被称为Audrey的语音识别系统能够识别10个英文数字，其识别方法是跟踪语音中的共振峰。该系统的正确识别率达到98%。到20世纪50年代末期，伦敦学院（College of London）的Denes已经将语法概率加入语音识别中。20世纪60年代，人工神经网络被引入语音识别领域。这一时代的两大突破是线性预测编码（Linear Predictive Coding，LPC）技术和动态时间规整（Dynamic Time Wrap，DTW）技术。语音识别技术的最重大突破是隐马尔科夫模型（Hidden Markov Model，HMM）的应用。从Baum提出相关数学推理模型开始，经过Labiner等人的研究，李开复最终实现了第一个基于隐马尔科夫模型的非特定人大词汇量连续语音识别系统Sphinx。自此以后，严格来说语音识别技术并没有脱离HMM框架。

**2. 语音识别的模型**

目前，主流的大词汇量语音识别系统多采用统计模式识别技术。典型的基于统计模式识别方法的语音识别系统由以下几个基本模块构成。

（1）信号处理及特征提取模块。

该模块的主要任务是从输入信号中提取特征，供声学模型处理。同时，它一般也包括了一些信号处理技术，以尽可能降低环境噪声、信道、说话人等因素对特征造成的影响。

（2）统计声学模型。

典型系统多采用基于一阶隐马尔科夫模型进行建模。

（3）发音词典。

发音词典包含系统所能处理的词汇集及其发音。发音词典实际提供了声学模型建模单元与语言模型建模单元间的映射。

（4）语言模型。

语言模型对系统所针对的语言进行建模。理论上，包括正则语言，上下文无关文法在内的各种语言模型都可以作为语言模型，但目前各种系统普遍采用的还是基于统计的 $N$ 元文法及其变体。

（5）解码器。

解码器是语音识别系统的核心之一，其任务是对输入的信号，根据声学、语言模型及词典，寻找能够以最大概率输出该信号的词串。

**3. 语音识别的原理**

语音识别系统提示客户在新的场合使用新的口令密码，这样使用者不需要记住固定的口令，系统也不会被录音所欺骗。文本相关的声音识别方法可以分为动态时间伸缩或隐马尔科夫模型方法。文本无关的声音识别已经被研究有很长时间了，但不一致的环境条件会造成语音识别性能的下降，这在语音识别技术的应用中是一个很大的麻烦。

**4. 语音识别的基本方法**

语音识别的方法有三种：一是基于声道模型和语音知识的方法；二是模板匹配的方法；三是利用人工神经网络的方法。

基于语音学和声学的方法起步较早，在语音识别技术的初创期就开展了这方面的研究，但由于其模型及语音知识过于复杂，现今都还没有达到实用的阶段[254]。

通常认为常用语言中不同的语音基元数量是有限的，而且可以通过其语音信号的频域或时域特性来区分[255]。这样该方法分为两步实现：第一步是分段和标号，即把语音信号按时间分成离散的段，每段对应一个或几个语音基元的声学特性。然后根据相应声学特性对每个分段给出相近的语音标号。第二步是得到词序列，即根据第一步所得语音标号序列得到一个语音基元网格，从词典得到有效的词序列，也可结合句子的文法和语义同时进行。

模板匹配的方法发展比较成熟，目前已进入了实用阶段。在模板匹配方法中，要经过特征提取、模板训练、模板分类、判决等四个步骤。常用的技术有三种：动态时间规整技术、隐马尔科夫理论和矢量量化（Vector Quantization，VQ）技术。

利用人工神经网络的方法是在20世纪80年代末期提出的，它是一种新的语音识别方法。人工神经网络（ANN）本质上是一个自适应非线性动力学系统，模拟了人类神经活动的原理，具有自适应性、并行性、鲁棒性、容错性和学习特性，其较强的分类能力和输入－输出映射能力在语音识别中都很有吸引力。但由于存在训练、识别时间太长的缺点，目前仍处于实验探索阶段。

由于ANN不能很好地描述语音信号的时间动态特性，所以常把ANN与传统识别方法结合，利用各自的优点来进行语音识别。

## 5.8 提高篇：语音识别技术的应用

### 5.8.1 采用DSP实现语音识别

孤立词的语音识别一般采用动态时间规整（DTW）算法，连续语音识别一般采用隐马尔科夫（HMM）模型或者HMM与人工神经网络（ANN）的结合[256]。

为了能实时控制机器人，首先需要考虑的是能够实现实时地语音识别。考虑到采用连续隐马尔科夫（CHMM）模型进行语音识别而带来的巨大计算量和高昂的计算成本，可采用数据处理能力强大、成本较低的定点数字信号处理器（Digital Signal Processor，DSP）。但定点DSP要能准确、实时地实现语音识别，还必须仔细考虑并妥善解决精度和实时性问题。

在解决精度问题方面，有人提出可采用动态指数定标方法。这种方法类似于科学计数法，它使用了2个32 b单元，一个单元表示指数部分Export，另一个单元表示小数部分Frac。首先将待计算的数据按照指数定标格式归一化，再进行运算。这样当数据进行运算时，仍然是定点进行，从而避开浮点算法，可使精度达到要求。

对于解决实时性问题则是这样处理的，通常语音的频率范围是300～3 400 Hz，因而在实验中确定采样率取为8 kHz，16 bit量化。考虑到语音识别的准确实现，必须将语音进行分帧处理。研究结果表明，在 10 ~ 30 ms 内，人的发音模型是相对稳定的，所以取 32 ms 为一帧，16 ms 为帧移的时间间隔。解决实时性问题必须充分利用 DSP 芯片的片上资源。利用 EDMA（EDMA 是 DSP 中用于进行快速数据交换的重要技术，具有独立于 CPU 的后台批量数据传输的能力，能够满足实时语音识别处理中高速数据传输的要求。实验结果表明，通过灵活控制 EDMA，人们不仅能够提高语音信号的传输效率，而且还能够充分发挥 DSP 的高速性能）进行音频数据的搬移，提高了 CPU 的利用率。采用 PING - PANG 缓冲区进行数据的缓存，以保证不丢失数据。CHMM 训练的模板则放于外部存储器，由于外部存储器较片内存储器的速度更慢，因此可开启高速缓冲存储器（Cache)，建立 DSP/BIOS 任务，充分利用 BIOS 进行任务之间的调度，实时处理新到的语音数据，检测语音的起止点，当有语音数据时再进入下一任务进行特征提取及识别。将识别结果用扬声器播放，并送入到机器人的控制模块。采用如图 5 - 40 所示的程序架构。

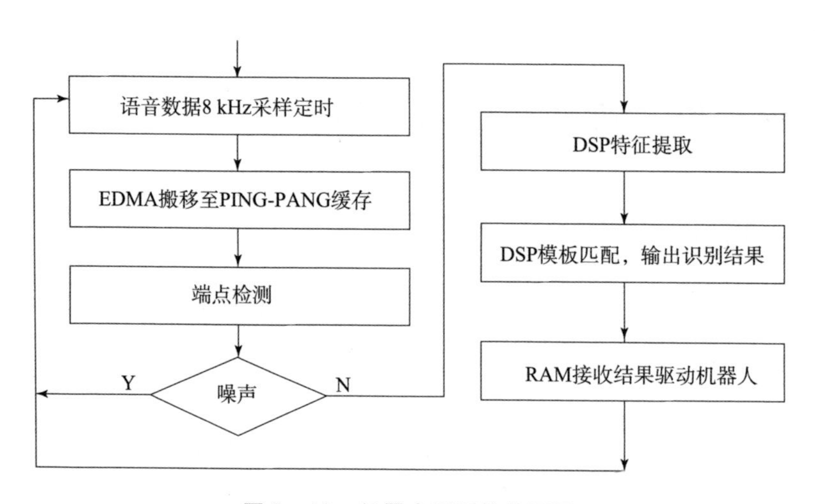


图 5 - 40　机器人识别软件框图

## 5. 8. 2　语音控制机器人

机器人由自然条件下的语句进行控制。这些语句描述了机器人动作的方向，以及动作的幅度。为了简单起见，让机器人只执行简单命令。由手机进行遥控，DSP 模块识别出语音命令，发送控制命令到 ARM 模块，驱动机器人的左右机械轮执行相应动作。

**1. 硬件结构**

机器人的硬件结构如图 5 - 41 所示。

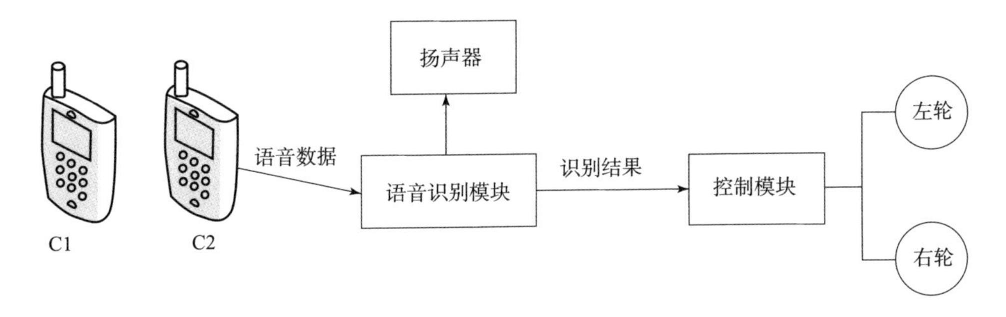


图 5－41 机器人硬件结构

由图可知，机器人主要有两大模块：一个是基于 DSP 的语音识别模块；另一个是基于 ARM 的控制模块。其机械足为两个滑轮。由语音识别模块识别语音，由控制模块控制机器人的动作。

**2. 语音控制**

首先根据需要，设置了如下几个简单命令：前、后、左、右。机器人各状态之间的转移关系如图 5－42 所示。其中，等待状态为默认状态，当每次执行前后走或左右转命令后停止，即回到等待状态，此时为静止状态。

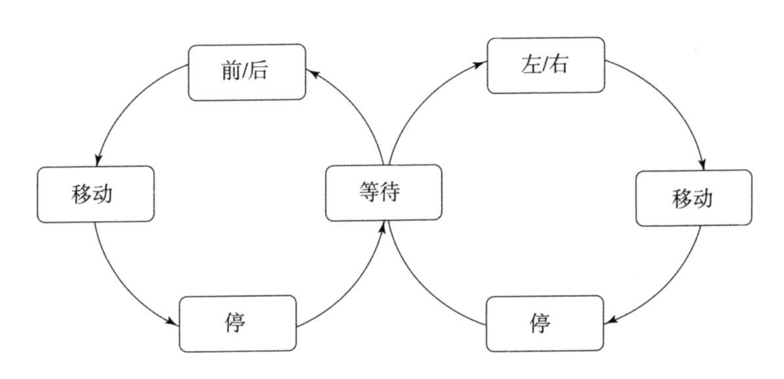


图 5－42 机器人状态

语音的训练模板库由 4 个命令加 10 个阿拉伯数字共 14 个组成，如下所示。

命令："前""后""左""右"；

数字：0～9。

命令代表动作的方向，数字代表动作的幅度。当机器人执行前后行走的命令时，数字的单位为 dm，执行左右转弯的命令时，数字的单位为角度单位 20°。每句命令的句法形式为命令＋数字。例如，语音"左 2"表示的含义为向左转弯 40°，"前 4"表示向前直行 4 dm。

工作中，成功地将 CHMM 模型应用于定点 DSP 上，并实现了对机器人运动状态的语音控制，解决了 CHMM 模型计算量巨大及精度与实时性之间的矛盾，提出了一种新的端点检测算法，对于对抗短时或较低能量的环境噪声具有明显效果。同时需要指出，当语音识别指令增多时，则需要定义更多的句法，并且识别率也可能会相应降低，计算量也会相应变大。

# 第 6 章 快把我制作出来吧

仿人机器人的研究目前仍是国内外仿生机器人研究领域中的热点与难点，其研究内容从类人冗余自由度机械臂设计、双臂机械臂研究，到液压驱动式全尺寸仿人机器人研发、可穿戴式外骨骼器械。内涵十分丰富，影响特别巨大。本书所述的小型仿人机器人，将设计的重心放在重教育、重启发、重引导、重参与，易制作、易组装、易控制、易推广等方面，强调的是低成本、低投入，争取的是启智性、互动性、趣味性，力图为广大青少年学生营造一种动脑与动手结合、理论与实践结合、知识与技能结合、继承与创新结合的舞台，让广大青少年学生在这个舞台上展示自己的学习能力和创新能力。由于在前述几章中已经对机器人结构设计思路、零件加工方法等进行了详细介绍，因此本章将重点讲述小型仿人机器人的加工与装配过程。

## 6.1 如何把我制作出来

本书所设计的小型仿人机器人自由度配置为 10 个，其中双臂各有 2 个自由度、双腿各有 3 个自由度。这样的自由度配置在保证该仿人机器人具有足够的行走能力和完成各类动作能力的基础上，也兼顾了机器人的经济性与性能水平。自由度的增多将使机器人的体积和重量增大，从而需要性能更好、价格更高的驱动舵机，导致机器人制作成本骤升。此外，自由度的增加还将提高控制程序的编写难度，不利于对小型仿人机器人开展循序渐进的设计研制。

基于上述考虑与安排，本书所设计的 10 自由度仿人机器人其躯干、四肢与整机的三维模型如图 6 –1、图 6 –2 和图 6 –3 所示。

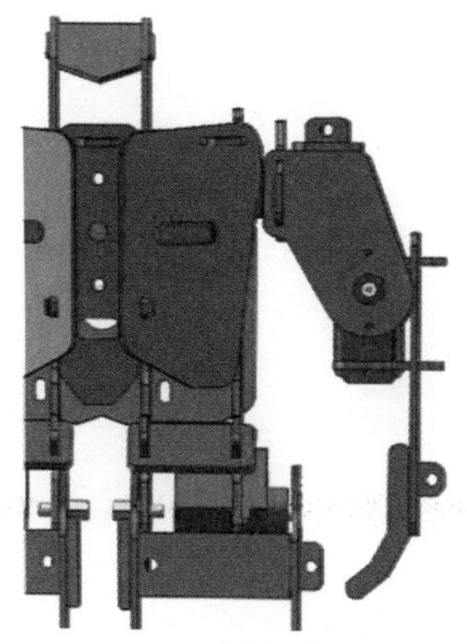

图 6 –1　小型仿人机器人躯干与上肢的三维模型

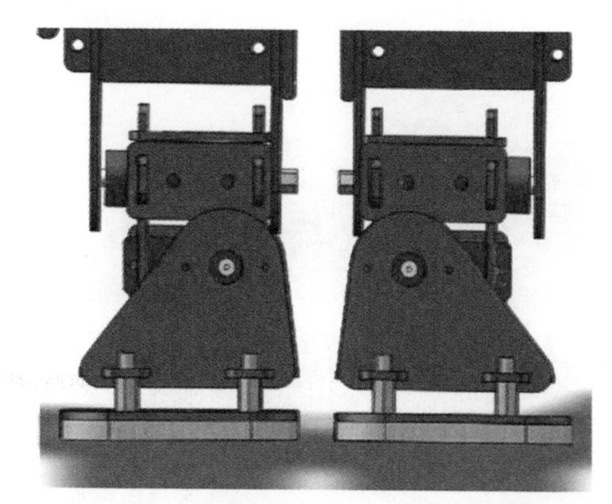

图 6 –2　小型仿人机器人足部的三维模型

图 6 –3　小型仿人机器人的三维模型

完成小型仿人机器人的结构设计后，可以参照前述章节中讲述的加工方法，完成该仿人机器人的零件加工。经过激光切割，得到如图 6 –4 所示的全部零件，零件编号以及数量对应情况如表 6 –1 所示。

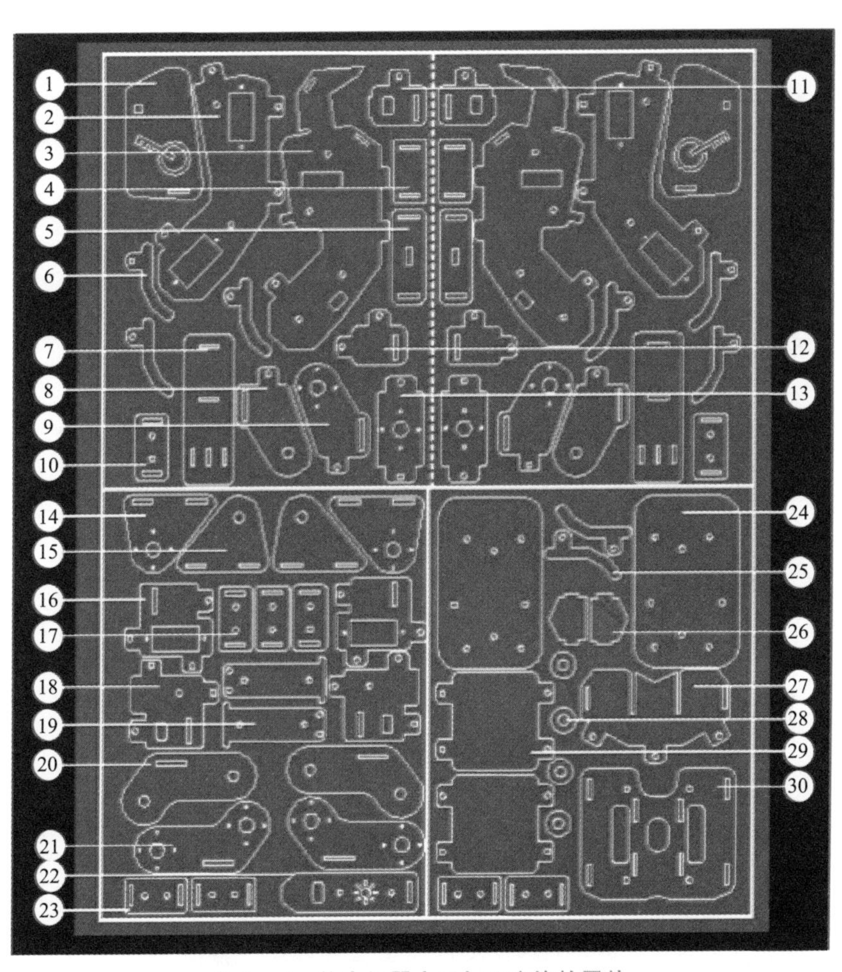


图 6－4 仿人机器人已加工完毕的零件

表 6－1 小型仿人机器人零件编号以及数量对应表

| 编号 | 数量 | 编号 | 数量 | 编号 | 数量 |
|---|---|---|---|---|---|
| 1 | 2 | 11 | 2 | 21 | 2 |
| 2 | 2 | 12 | 2 | 22 | 1 |
| 3 | 2 | 13 | 2 | 23 | 4 |
| 4 | 2 | 14 | 2 | 24 | 2 |
| 5 | 2 | 15 | 2 | 25 | 2 |
| 6 | 6 | 16 | 2 | 26 | 2 |
| 7 | 2 | 17 | 3 | 27 | 1 |
| 8 | 2 | 18 | 2 | 28 | 4 |
| 9 | 2 | 19 | 2 | 29 | 2 |
| 10 | 2 | 20 | 2 | 30 | 1 |

## 6.2 组装我的躯干

为了方便该仿人机器人的装配工作，在切割零件时，就对其零件布局进行过深入考虑，分别按上半身部件和下半身部件进行了分片切割，其切割结果如图 6－5 所示。这样在后续装配时方便按片取件组装。

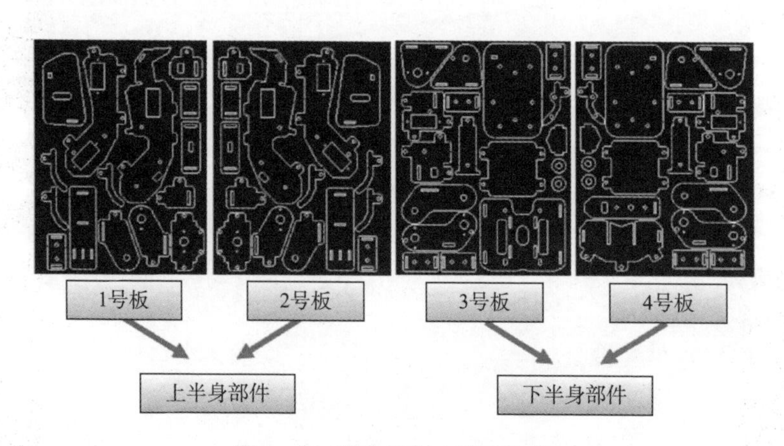


图 6－5　零件切割布局对应图

**1. 躯干主体结构的装配**

（1）首先从图 6－5 所示零件板中取出所需零件，如图 6－6 所示。

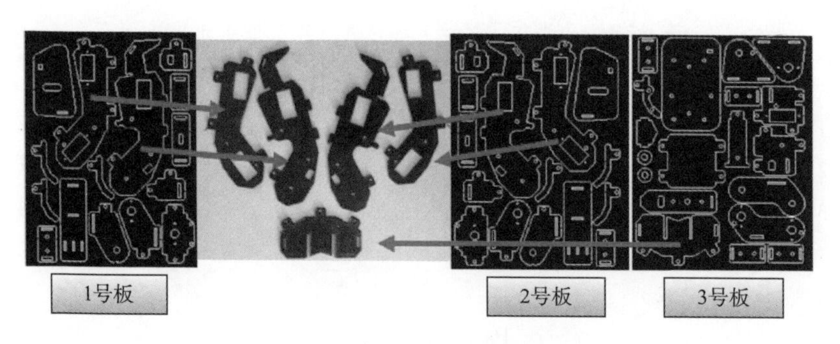


图 6－6　躯干主体结构装配步骤一

（2）取出的上述 5 个零件临时编号，其编号情况如图 6－7 所示。

（3）将 1 号零件、长铜柱、小螺母取出，按照图 6－8 所示方式安装。

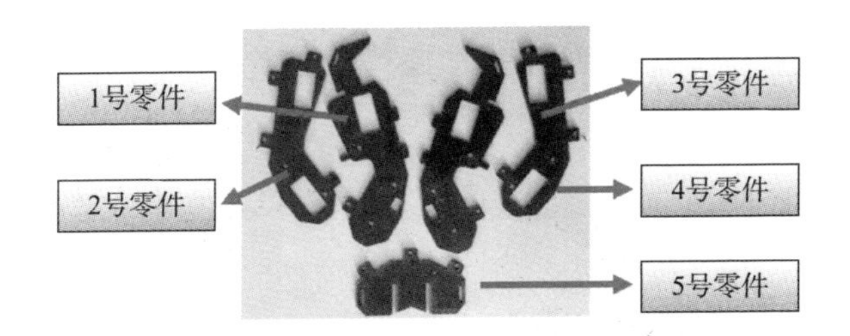


图6－7　躯干主体结构装配步骤二

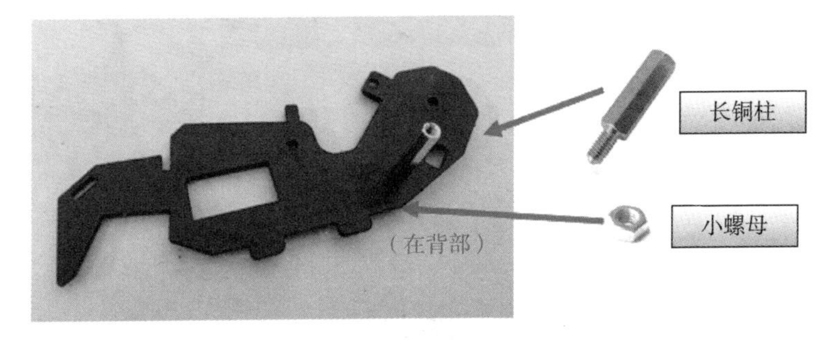


图6－8　躯干主体结构装配步骤三

（4）将短铜柱和小螺丝取出，按照图6－9所示方式安装。

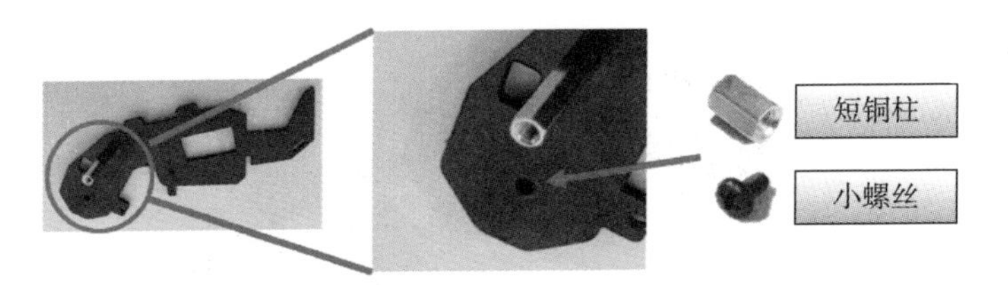


图6－9　躯干主体结构装配步骤四

（5）按图6－10所示方式继续安装，其安装结果如图6－11所示。这时可仔细检查一下长、短铜柱的朝向是否正确。

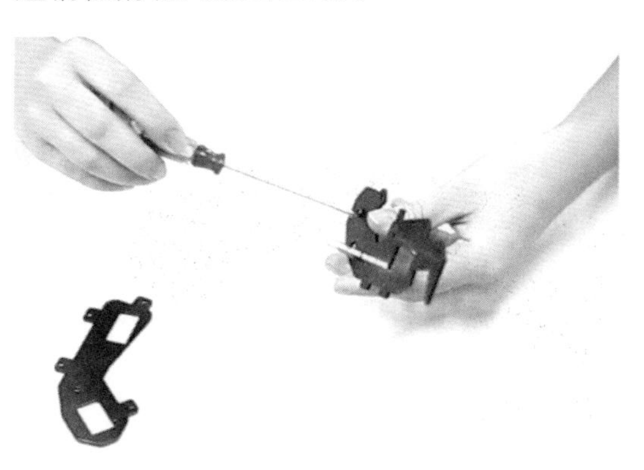

图6－10　躯干主体结构装配步骤五

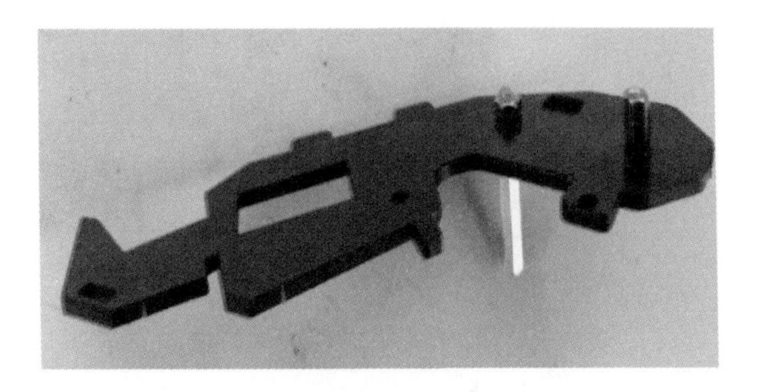

图 6-11　躯干主体结构装配步骤六

（6）采用同样的方法安装 3 号零件，注意这是与 1 号零件的对称安装，安装完成后所得结果如图 6-12 所示。

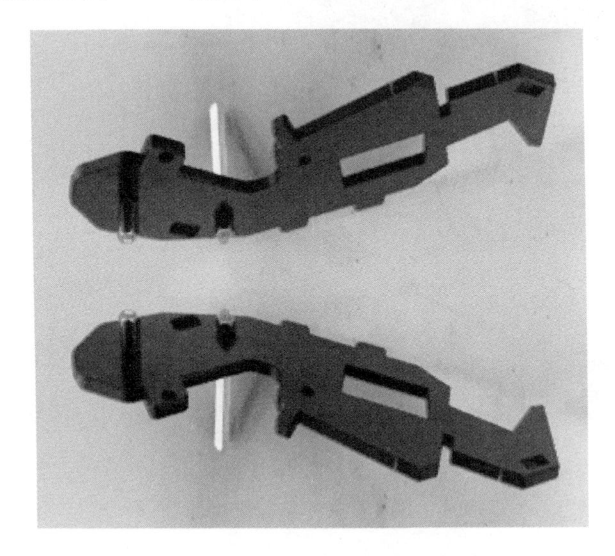

图 6-12　躯干主体结构装配步骤七

（7）取出图 6-12 中的一个零件，为其安装上长铜柱，其情形可见图 6-13。

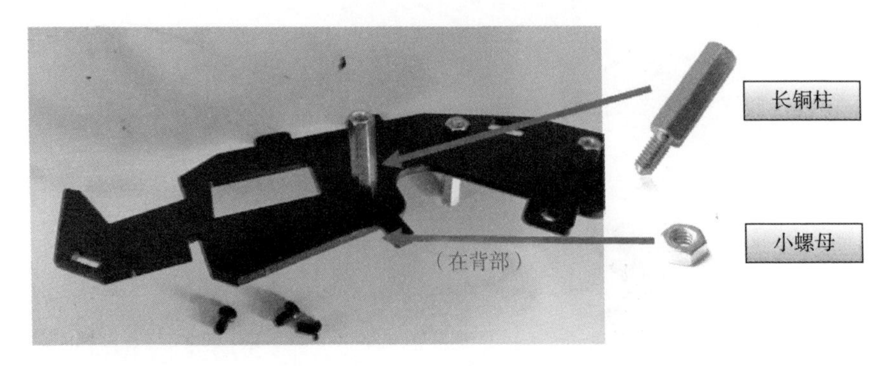


图 6-13　躯干主体结构装配步骤八

（8）将 3 号零件和 1 号零件安装在一起，其情形如图 6－14 所示。

（9）接着取出 5 号零件，与 1、3 号零件连接，其情形如图 6－15 所示，安装结果则如图 6－16 所示。

图 6－14　躯干主体结构装配步骤九　　图 6－15　躯干主体结构装配步骤十

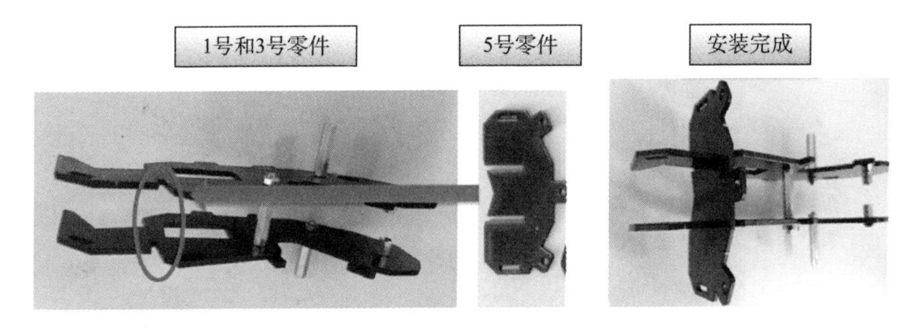


图 6－16　躯干 1、3、5 号零件组装结果

（10）取出 2 号、4 号零件（见图 6－17）与四个舵机，然后以 2 号零件和两个舵机先行装配。这时可将一个舵机的导线按图 6－18 所示方向由 2 号零件的舵机口位穿出，此时需要注意舵机的安装方向，务必使舵机的输出轴朝向零件顶端，如图 6－19 所示，然后将舵机固定，其情形可见图 6－20。

图 6－17　躯干 2 号、4 号零件

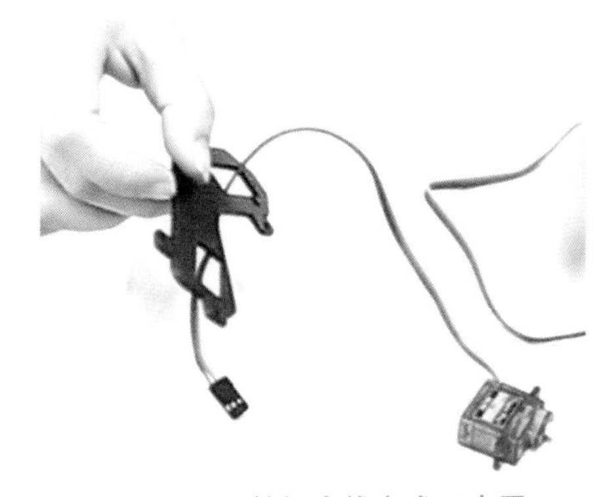

图 6－18　舵机穿线方式示意图

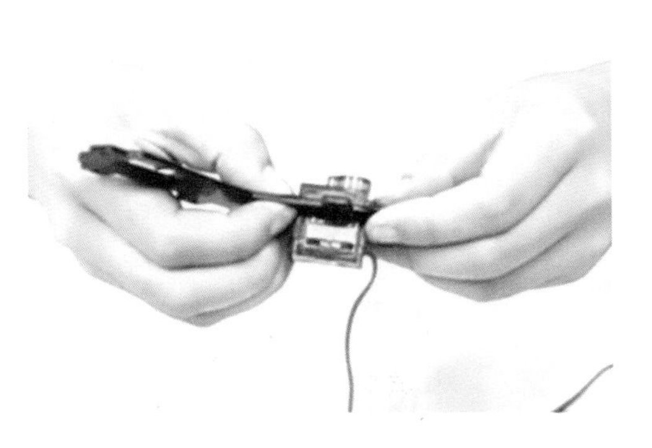

图 6-19 舵机输出轴朝向示意图

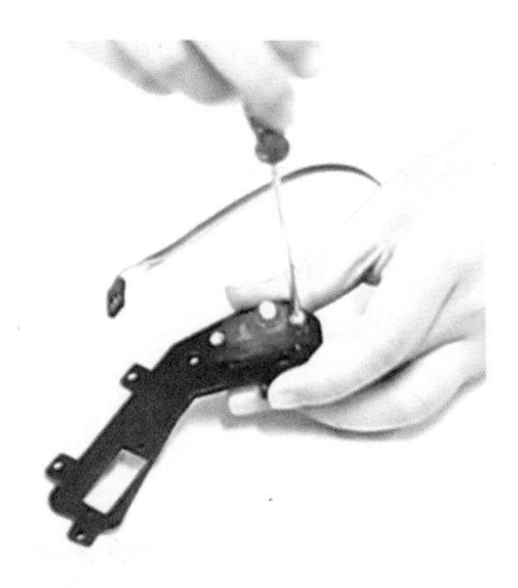

图 6-20 舵机固定示意图

（11）第二个舵机安装在 2 号零件板的另一面上，输出轴靠近零件顶端一侧，此时需注意输出轴的朝向，防止弄错，然后用自攻螺钉将舵机固定在卡口上，其情形可见图 6-21。

图 6-21 躯干主体结构装配步骤十一

（12）4 号零件与 2 号零件的安装方向对称，方法相同，安装完成的效果如图 6-22 所示。

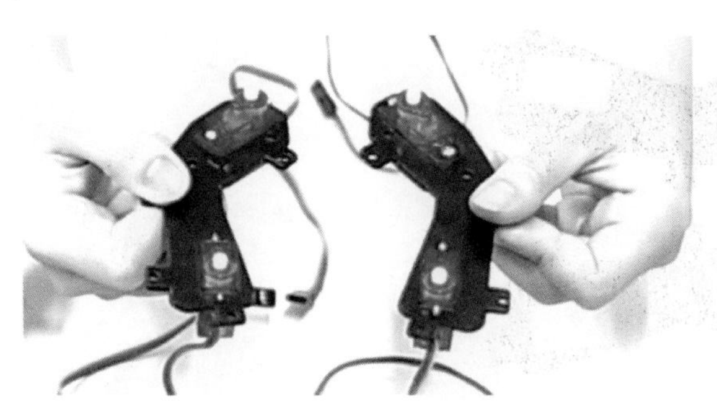

图 6-22 躯干主体结构装配步骤十二

（13）将安装好舵机的2号和4号零件连接到1号和3号零件上，使用小螺母、小螺丝和长铜柱进行连接，舵机输出轴全部朝向躯体外侧，安装连接时注意2号、4号零件的方向。其情形可见图6－23。

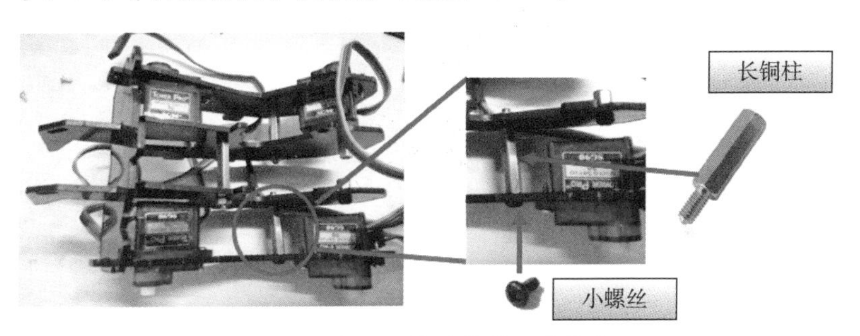


图6－23　躯干主体结构装配步骤十三

（14）至此，仿人机器人躯干主体的组装工作顺利完成，看看你自己装的仿人机器人跟图6－24所示效果是不是一样的？

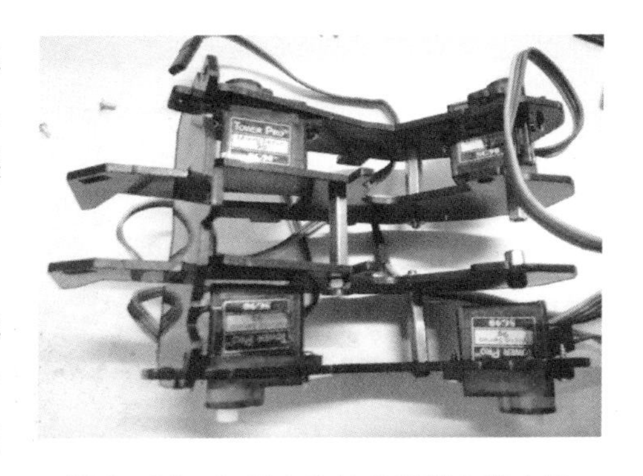

图6－24　躯干主体结构装配步骤十四

**2. 躯干其余结构的装配**

（1）首先从图6－25所示切割零件布局板中取出7个零件，并将这7个零件进行临时编号，其情形如图6－26所示。

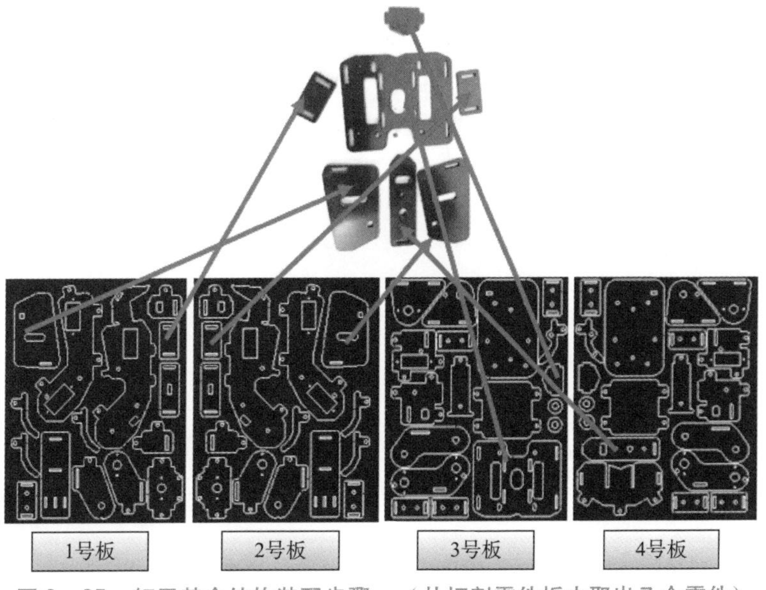


图6－25　躯干其余结构装配步骤一（从切割零件板中取出7个零件）

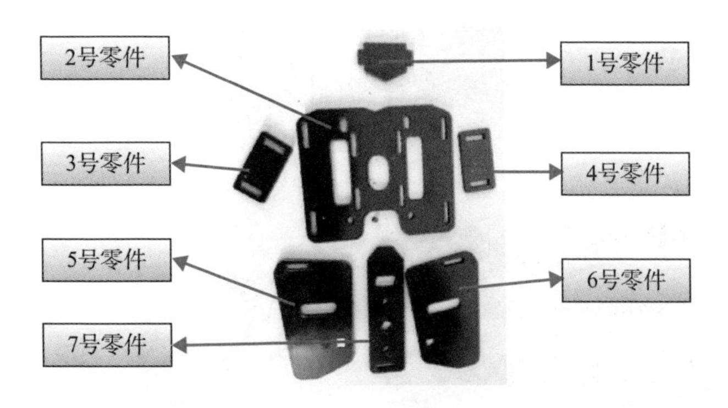


图6－26　躯干其余结构装配步骤二（对7个零件进行编号）

（2）从图6－25上部所示7个零件中先取出1号和7号零件，然后将1号零件安装在上一步已经组装好的机器人头部位置，再将7号零件安装在机器人胸前位置，卡入卡口，所得装配结果可见图6－27。

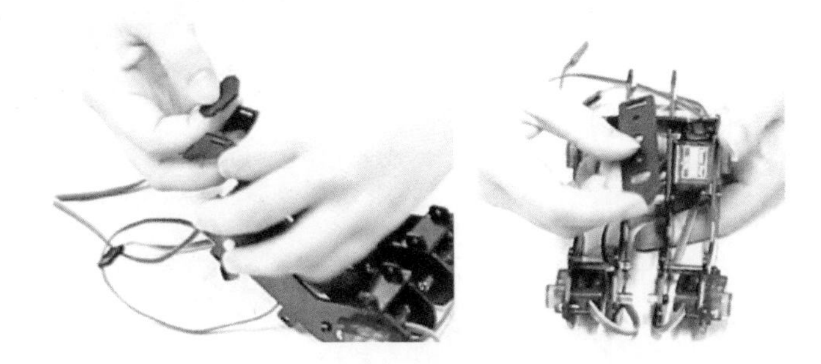

图6－27　躯干其余结构装配步骤三

（3）接着从图6－25上部所示7个零件中取出5号和6号零件，按图6－28所示方法将其安装在仿人机器人的前胸部位。先将中间卡口卡住，然后向后推入上部卡位，如图6－29所示。6号零件与5号零件安装方法相同，方向对称。最后安装效果可见图6－30。

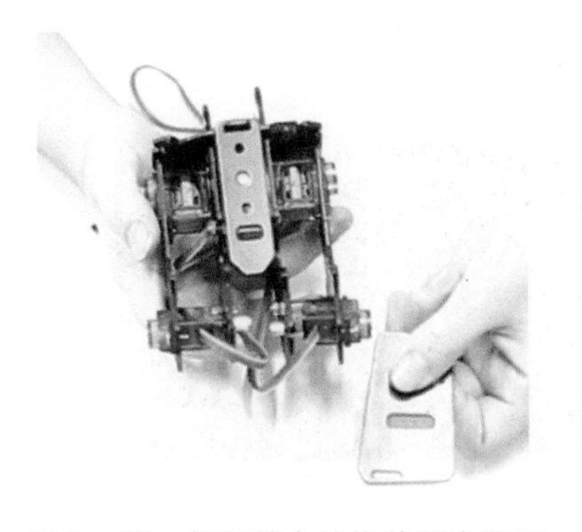

图6－28　躯干其余结构装配步骤四

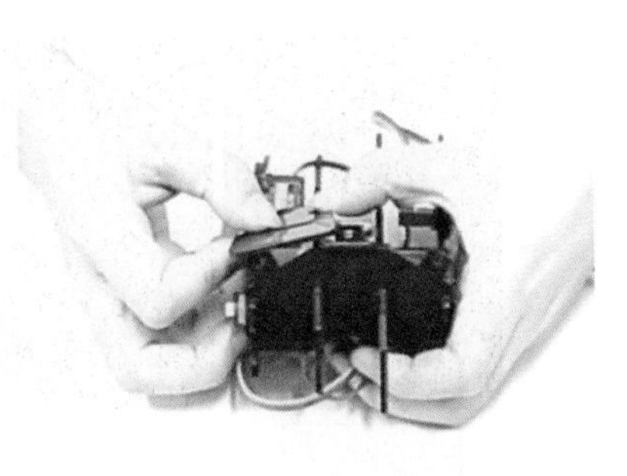

图6－29　躯干其余结构装配步骤五

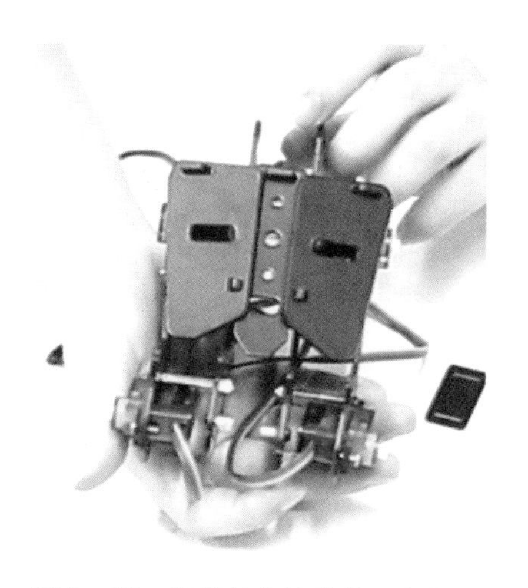

图 6－30　躯干其余结构装配步骤六

（4）随后安装 3 号和 4 号零件，这两个零件完全相同，安装在大腿部位，如图 6－31 和图 6－32 所示。

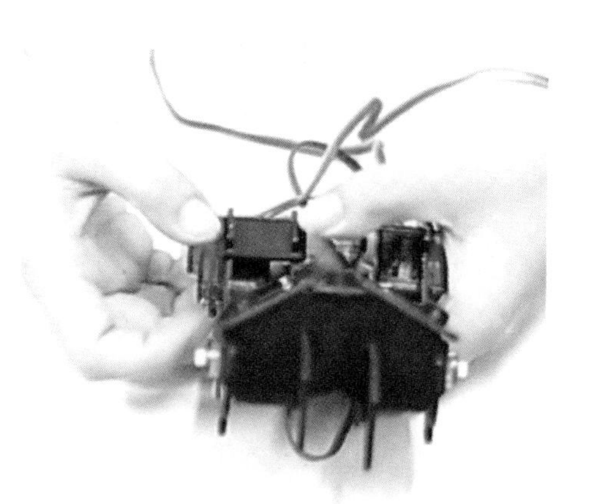

图 6－31　躯干其余结构装配步骤七

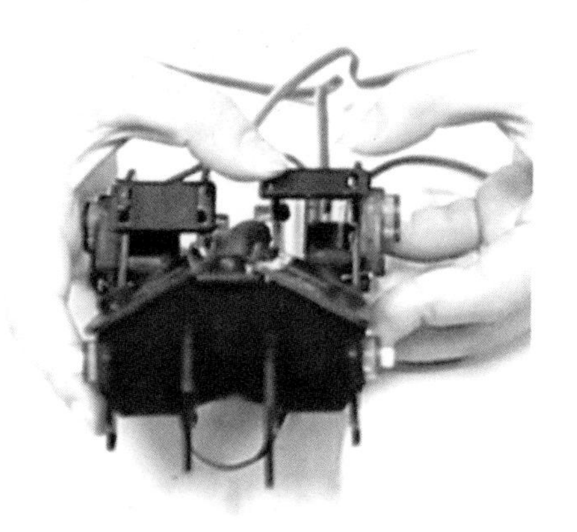

图 6－32　躯干其余结构装配步骤八

（5）最后安装背板。首先取出 4 个短铜柱和 4 个小螺丝，将它们如图 6－33 所示安装在 2 号零件的背板上，并用小螺丝在另一面上将短铜柱固定住。

（6）然后将 2 号零件扣在仿人机器人背部预留的四个卡位上（见图 6－34），并用小螺丝将其固定，安装结果如图 6－35 所示：

至此，我们已成功完成了仿人机器人躯干部件的组装。为了让该仿人机器人能够进行一些剧烈的运动而不会散架，我们还可以在锁定的地方添加螺钉螺母，保证仿人机器人在踢球、跑步、格斗等运动中有更加优异的表现。

图 6－33 躯干其余结构装配步骤九

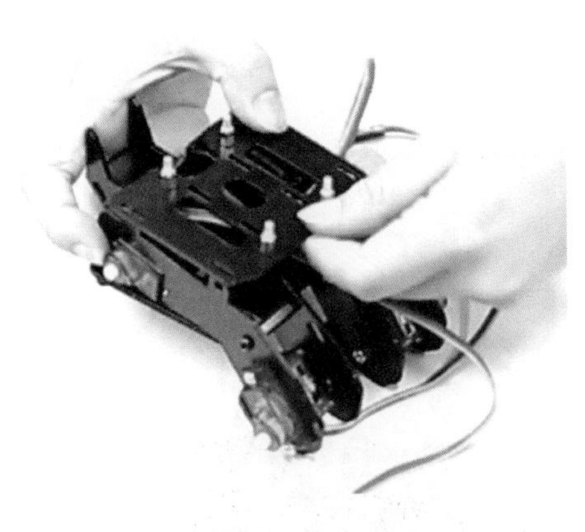

图 6－34 躯干其余结构装配步骤十

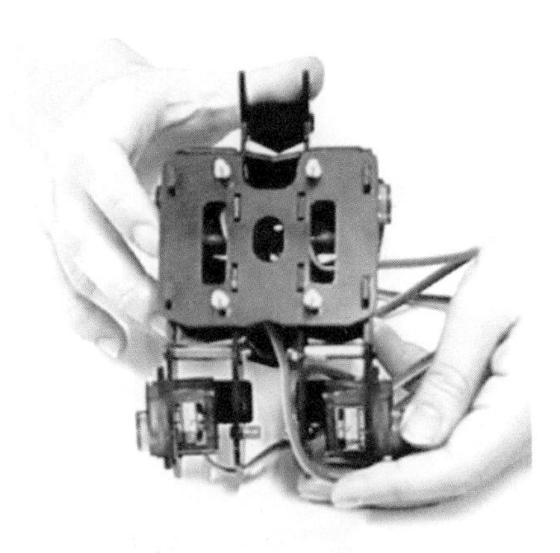

图 6－35 躯干其余结构装配步骤十一

## 6.3 组装我的上肢

当仿人机器人躯体部分的装配工作完成之后，我们就可以开始组装机器人的四肢了，本节将主要介绍机器人上肢结构的装配过程。

**1. 大臂的装配**

（1）首先从切割零件板中找出如图 6－36 所示的 8 个零件，并按图 6－37 进行临时编号。

（2）然后取出一字形舵盘，将其装入 1 号零件安装孔中，其情形可见图 6－38。

（3）用两枚自攻螺钉将一字形舵盘固定在 1 号零件上，其情形如图 6－39 所示，2 号零件也同样处置。

图6－36 大臂安装步骤一

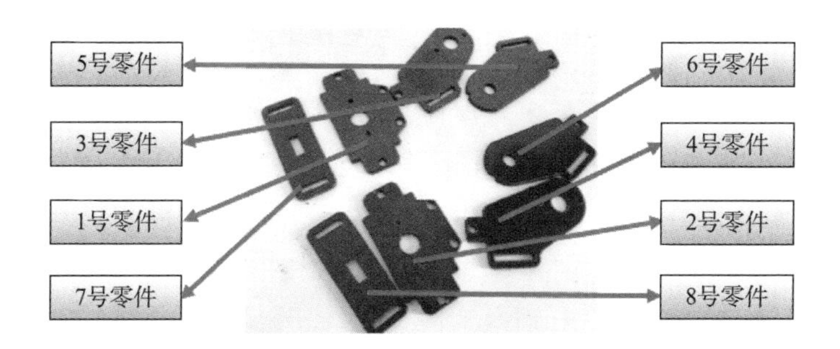


图6－37 大臂安装步骤二

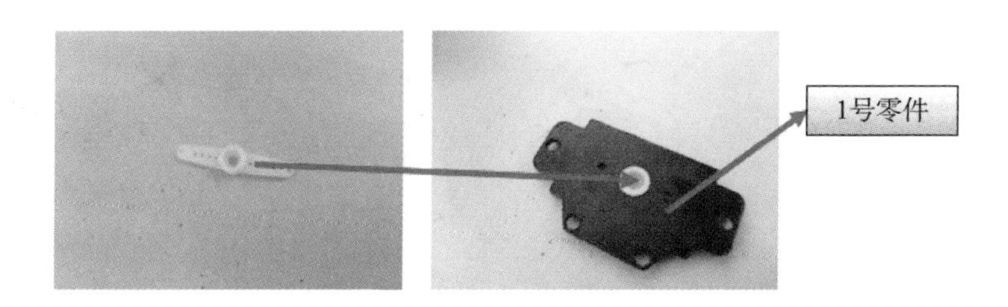


图6－38 大臂安装步骤三

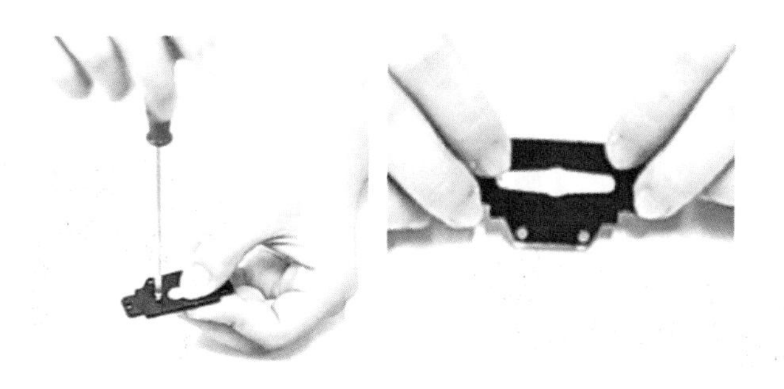

图6－39 大臂安装步骤四

（4）取出半一字形舵盘和3号零件，将半一字形舵盘装入3号零件，其情形如图6－40所示，然后使用自攻螺钉将其固定。4号零件与3号零件采用相同方法对称安装。

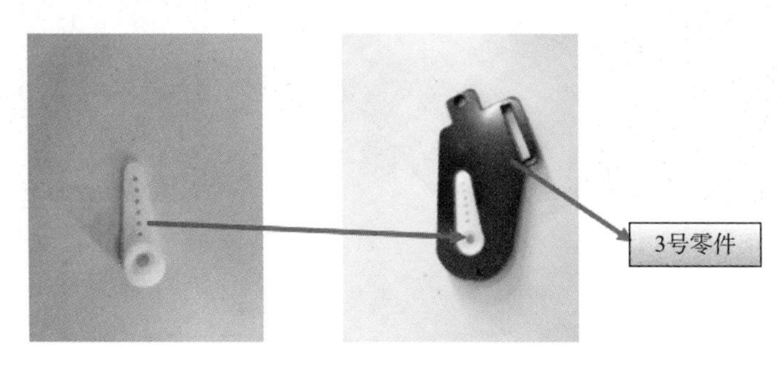


图6－40　大臂安装步骤五

（5）接下来将1号零件与3号零件、2号零件与4号零件组合安装，需要注意：安装时应使3号零件和4号零件有舵盘的一侧朝外，效果如图6－41和图6－42所示。

图6－41　大臂安装步骤六

图6－42　大臂安装步骤七

（6）安装5号零件和6号零件时，应注意其安装方位，务必使其与3号和4号零件形成对称关系，如图6－43和图6－44所示。

图6－43　大臂安装步骤八

图6－44　大臂安装步骤九

**2. 小臂与手部的装配**

（1）从切割零件板中找出如图6－45所示的14个零件。

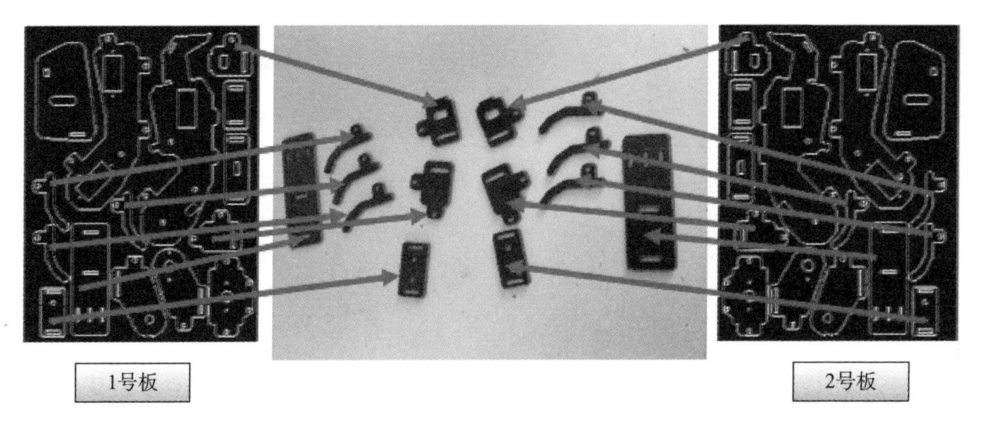


图6－45 小臂与手部安装步骤一

（2）将上述14个零件按图6－46进行临时编号，其中9号和10号零件各有3个。

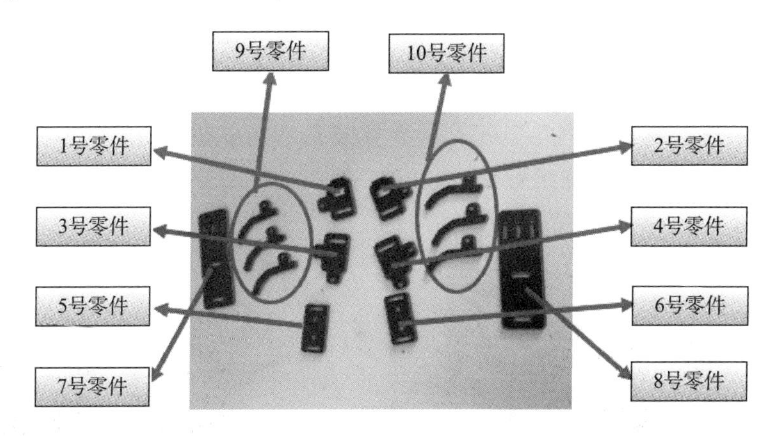


图6－46 小臂与手部安装步骤二

（3）从上述14个零件中取出1号和2号零件以及2个舵机，将舵机的导线按图6－47所示方法由零件孔中穿出，再将舵机侧面定位翼板插入定位孔，按图6－48所示方式进行固定。

（4）取出3号和4号零件，按图6－49所示方式安装在舵机的另一侧。

图6－47 小臂与手部安装步骤三

图 6－48　小臂与手部安装步骤四

图 6－49　小臂与手部安装步骤五

（5）取出 5 号和 6 号零件，分别在其安装孔上安装小螺丝和短铜柱，其安装结果可见图 6－50 所示。

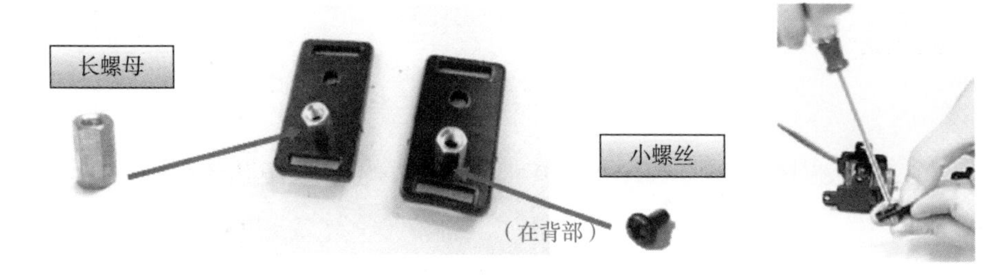


图 6－50　小臂与手部安装步骤六

（6）将加装好螺母的 5 号和 6 号零件分别装到舵机上，如图 6－51 所示。应当强调的是：螺母的轴线与舵机输出轴轴线共线，螺母朝向外侧，其安装结果可见图 6－52。

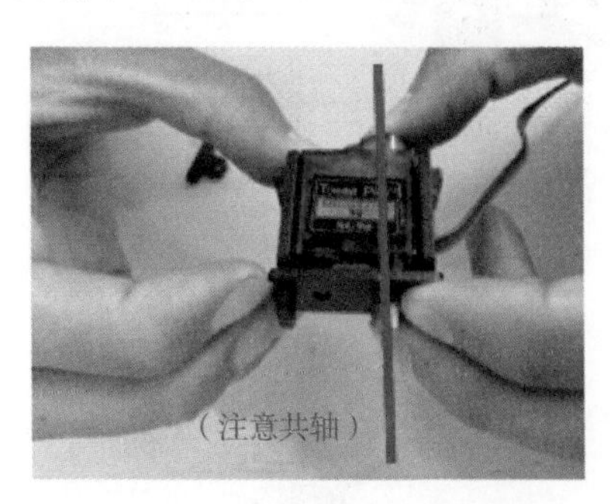


图 6－51　小臂与手部安装步骤七

图 6－52　舵机安装效果

（7）将 7 号和 8 号零件（小臂板）按图 6－53 所示方式安装在舵机块上，并将螺丝拧入预留孔位予以固定，其安装效果参见图 6－54。

（8）将各有 3 个的 9 号和 10 号零件（手掌部件）按图 6－55 所示方式分别插入 7 号和 8 号零件（小臂板）的 3 个并排孔位中。

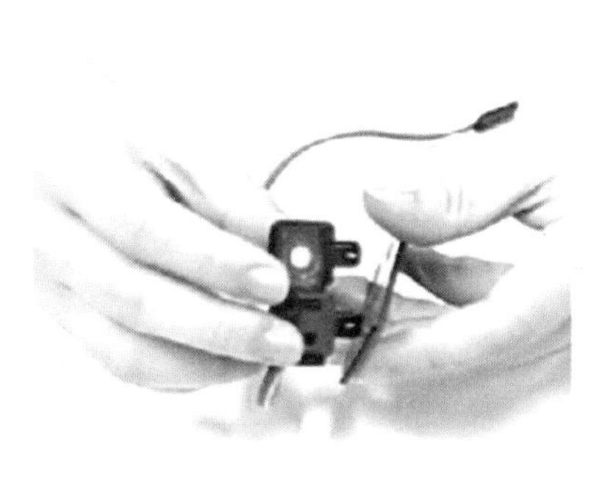

图 6－53　小臂与手部安装步骤八

图 6－54　小臂板与舵机配合安装效果

图 6－55　小臂与手部安装步骤九

（9）至此，可将小臂部分与大臂部分组合（见图 6－56），注意安装方向，须使小臂舵机输出轴对准大臂的半一字形舵盘，另一端螺母卡入孔洞，同时小臂舵机朝向大臂一字形舵盘方向。安装效果如图 6－57 所示。

图 6－56　小臂与手部安装步骤十

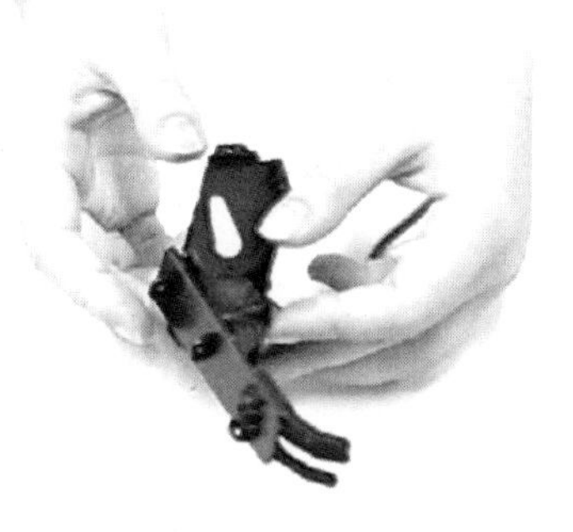

图 6－57　小臂与大臂组合效果

（10）大臂与小臂的组合连接完成后，还需要将舵机线从大臂上的穿线孔中穿过，其情形如图 6－58 所示。

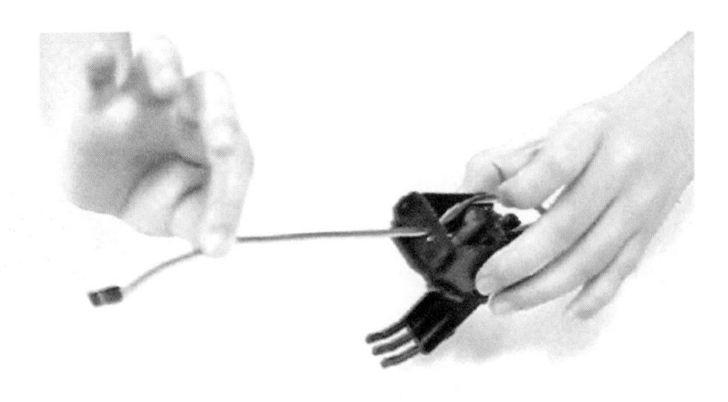

图 6-58　小臂与手部安装步骤十一

完成了上肢的装配后，即可将装配好的上肢安装到仿人机器人的躯干上，如图 6-59 所示。需要注意的是：两只手臂须对称安装，躯干部分的舵机输出轴装入大臂的一字形舵盘。小型仿人机器人上半身的装配效果参见图 6-60。

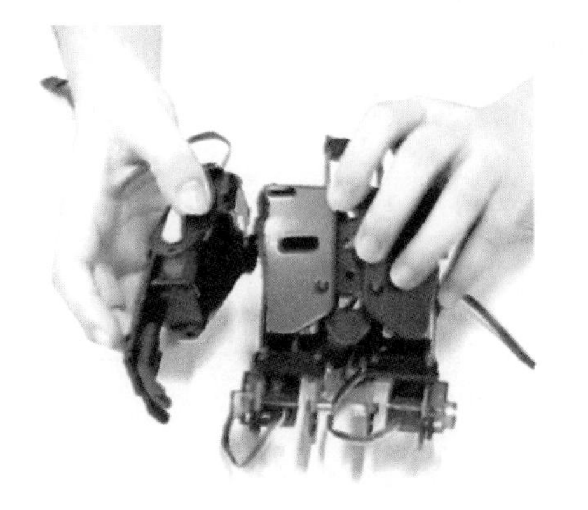

图 6-59　臂与手部安装步骤十二

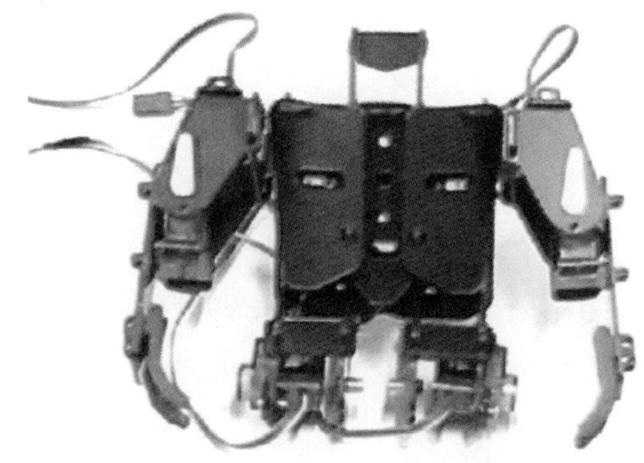

图 6-60　机器人上半身装配效果

## 6.4 组装我的腿部

小型仿人机器人像人类一样，能够使用双腿完成站立、行走、奔跑、转弯等动作，本节中，将完成仿人机器人的重要结构——双腿的装配。

**1. 大腿和膝关节的装配**

(1) 从切割好的零件板中，找出如图 6-61 所示的 6 个大腿和膝关节的组成零件。

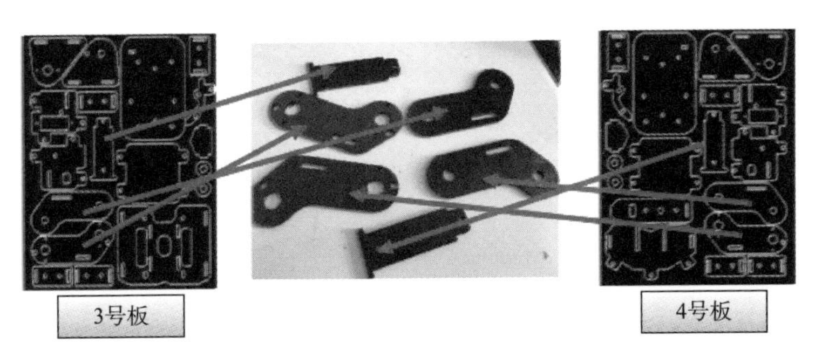


图6-61 大腿和膝关节安装步骤一

（2）将上述6个零件按图6-62所示进行临时编号。需要注意1、2号零件开槽长度与5、6号零件不同，5、6号零件的槽口更长。

图6-62 大腿和膝关节安装步骤二

（3）取4个十字形舵盘，将其分别用自攻螺钉固定在1号和2号零件上，其情形如图6-63所示。

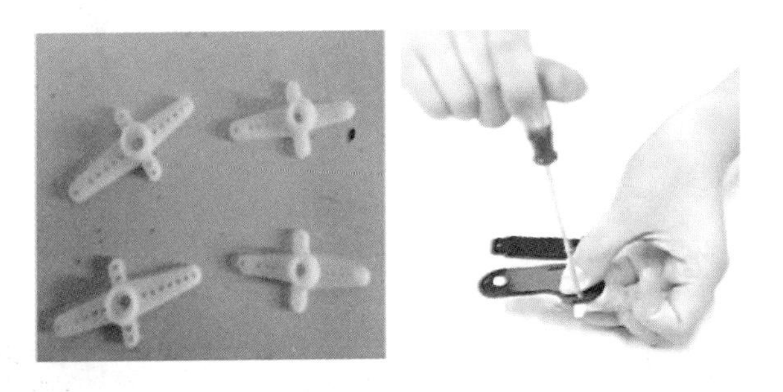

图6-63 大腿和膝关节安装步骤三

（4）取3号和5号零件，将3号零件从5号零件的槽中贯穿过去，4号和6号零件的安装方法相同，而方向对称，其情形可见图6-64。

（5）分别使用螺丝和螺母将3号、4号零件固定，避免脱落。其过程参见图6-65。

（6）至此，可将1号和2号零件进行组装（参见图6-66），此时需要注意舵盘的安装方向朝外。最后大腿和膝关节的装配效果如图6-67所示。

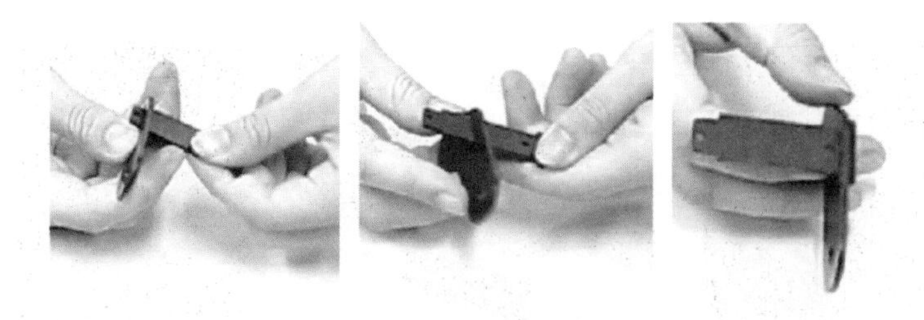

图 6－64　大腿和膝关节安装步骤四

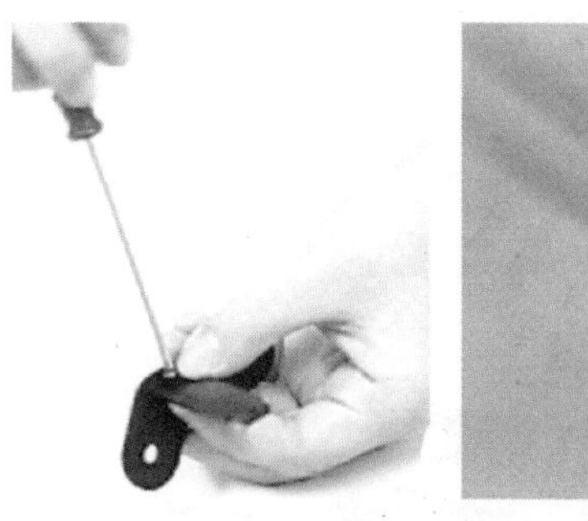

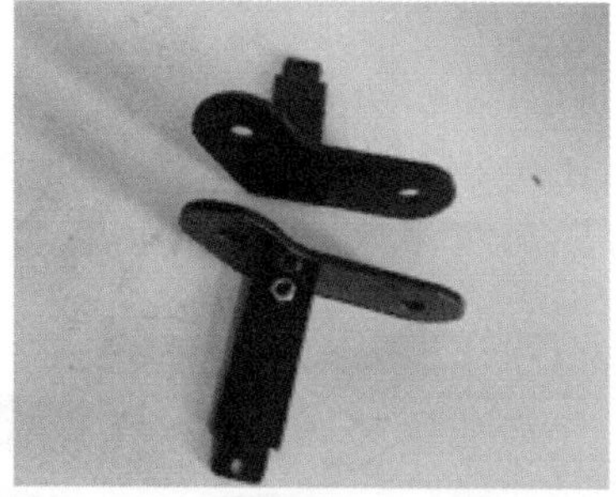

图 6－65　大腿和膝关节安装步骤五

图 6－66　大腿和膝关节安装步骤六

图 6－67　大腿和膝关节装配效果

**2. 小腿的装配**

（1）从切割好的零件板中，找出如图 6－68 所示的 12 个小腿组成零件。

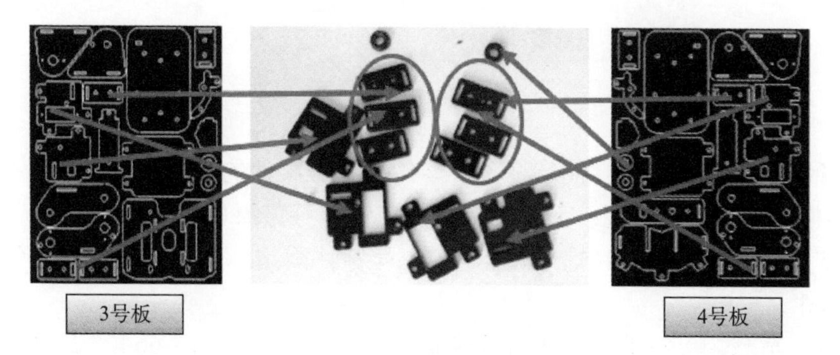


图 6－68　小腿安装步骤一

（2）将上述 12 个零件按图 6－69 所示进行临时编号，相同的零件取相同编号。

图 6－69　小腿安装步骤二

（3）取 1 号和 2 号零件以及两个舵机，并将 2 个舵机按图 6－70 所示方式插入 1 号和 2 号零件中，此时须注意舵机输出轴的安装方向。

（4）使用自攻螺钉分别固定两个舵机，其情形参见图 6－71。

图 6－70　小腿安装步骤三

图 6－71　小腿安装步骤四

（5）取出 3 号和 4 号零件，在两零件上安装长螺母，并用小螺丝在背部拧紧。其情形参见图 6－72。

图 6－72　小腿安装步骤五

（6）取 3 号和 4 号零件以及两个黑色红标金属齿舵机，将舵机导线由 3 号和 4 号零件对应孔中穿出（参见图 6－73），并将舵机固定翼板插入固定槽，如图 6－74 所示。

图 6-73　小腿安装步骤六

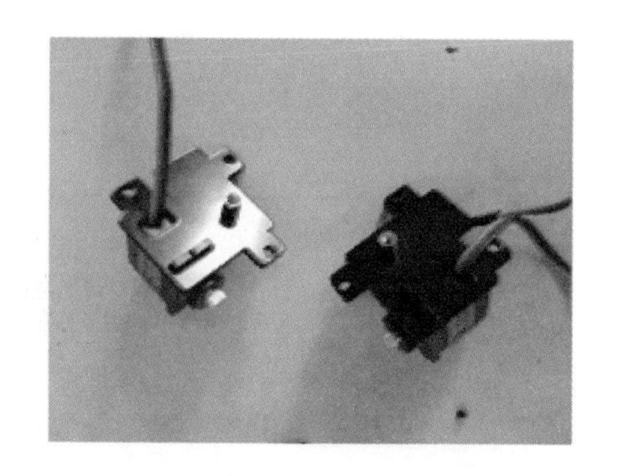

图 6-74　小腿安装步骤七

（7）取 5 号零件、短铜柱、垫片和长螺母各两个（参见图 6-75），然后将垫片套在螺柱上，用长螺母拧紧，其情形如图 6-76 所示。

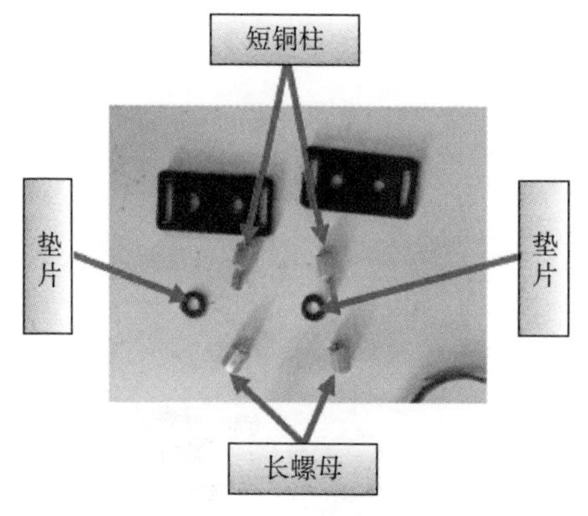


图 6-75　小腿安装步骤八

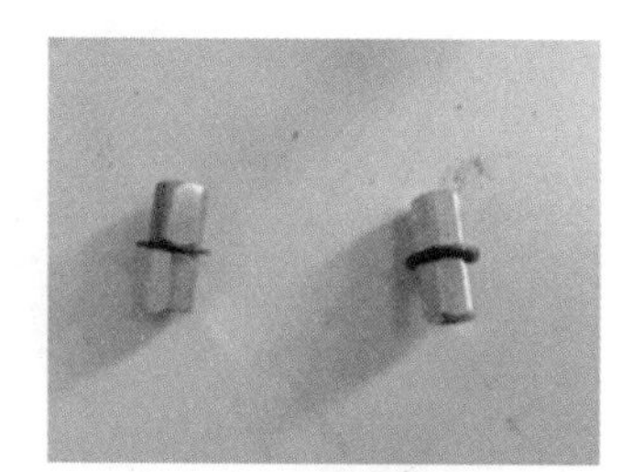

图 6-76　小腿安装步骤九

（8）将组装好的螺母铜柱组合体按图 6-77 所示方式用小螺丝固定在 5 号零件上（制作 2 份），然后将其安装在黑色舵机的侧面。接着在 5 号零件两端的开槽中插入与蓝色舵机、黑色舵机相连的螺钉固定板。需要注意的是：方向朝外的螺柱与舵机输出轴共轴，蓝色舵机的输出轴与黑色舵机的输出轴相互垂直。其情形参见图 6-78。

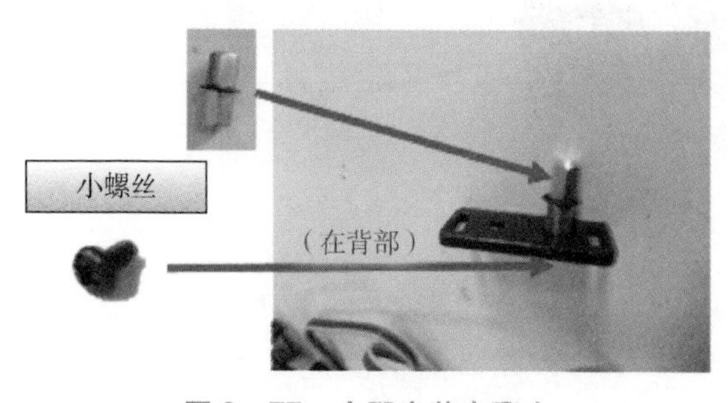


图 6-77　小腿安装步骤十

图 6-78　小腿安装步骤十一

(9) 另取4个5号零件分别装在上述两舵机组合体的其余空位上，然后用螺钉固定组合体，即可得到如图6-79所示的小腿部件。

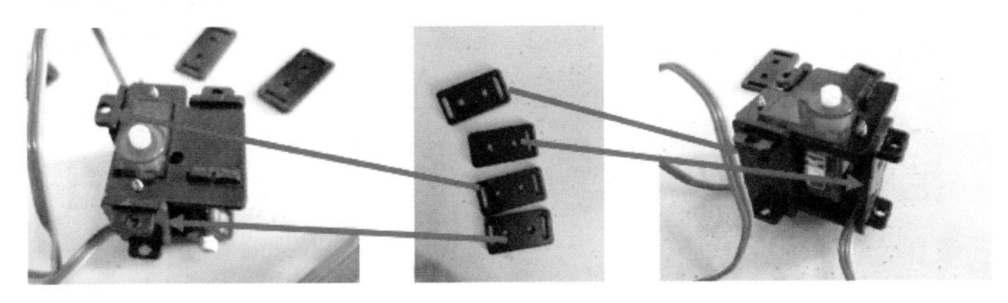

图6-79 小腿安装步骤十二

(10) 至此，可将小腿部件与大腿部件连接起来。首先将蓝色舵机的输出轴连接到大腿部件的舵盘上，另一端则将6号零件分别套在长螺母上，然后穿入大腿膝关节组件预留的安装孔中，其情形参见图6-80。

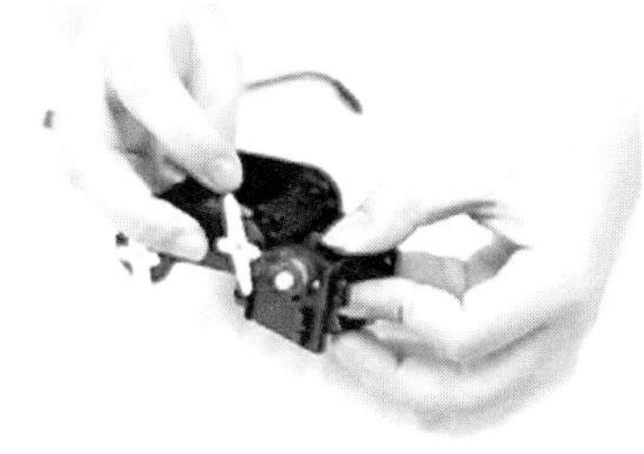

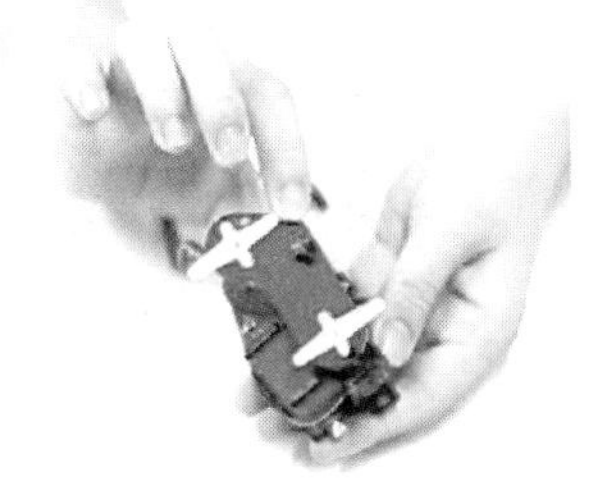

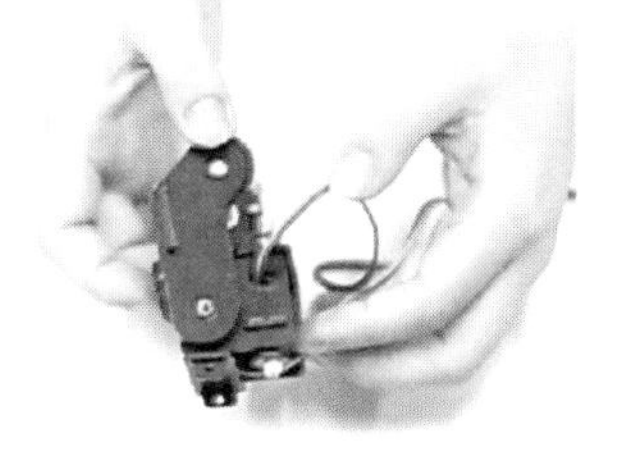

图6-80 小腿安装步骤十三

(11) 调整配合孔位，理顺接线，即可完成仿人机器人小腿组件的整体装配，其效果如图6-81所示。

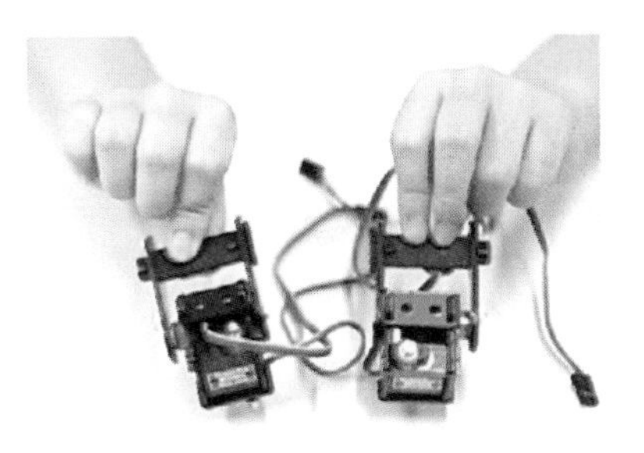

图6-81 小腿组件的整体安装效果

**3. 足部的装配**

(1) 从切割好的零件板中，找出如图6-82所示的8个足部组成零件。

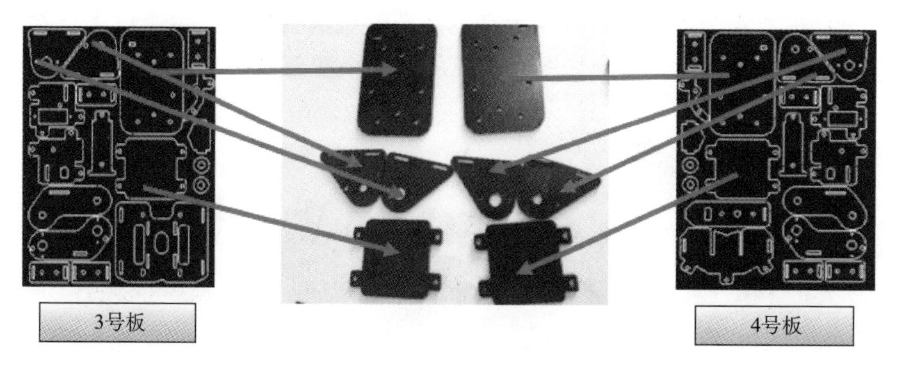


图 6－82　足部安装步骤一

（2）将上述 8 个零件按图 6－83 所示进行临时编号。

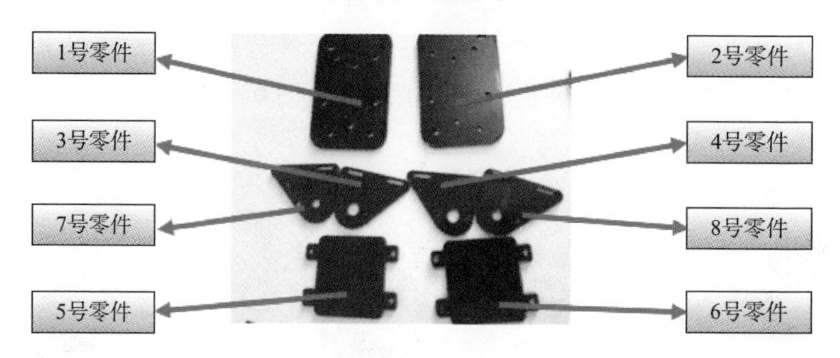


图 6－83　足部安装步骤二

（3）取 1 号和 2 号零件以及长螺母和小螺丝各 8 个，并将螺钉螺母按图 6－84 所示方式配对拧紧在 1 号和 2 号零件边角的 4 个孔中。

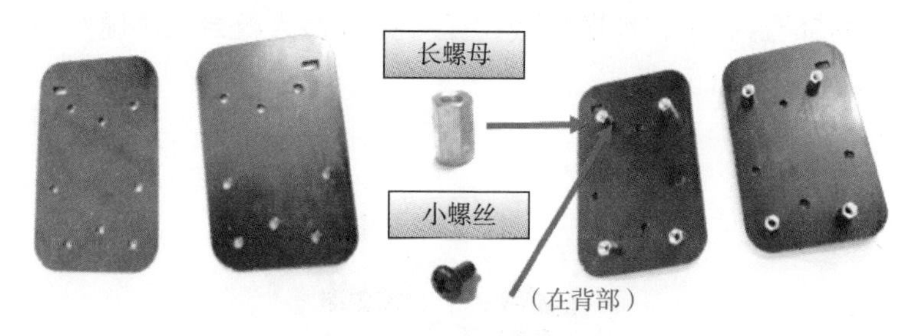


图 6－84　足部安装步骤三

（4）取 1 号、2 号零件和 8 个小螺丝以及两个足部底板（木板，另行制备），底板在下与 1 号、2 号零件重叠在一起，再用小螺丝在足部板上的 4 个对应孔中拧紧，使两者固定在一起，如图 6－85 所示。

（5）取 2 个黑色舵盘、4 个自攻螺钉，以及 3 号和 4 号零件，按图 6－86 所示方式分别将舵盘安装在 3 号和 4 号零件上。

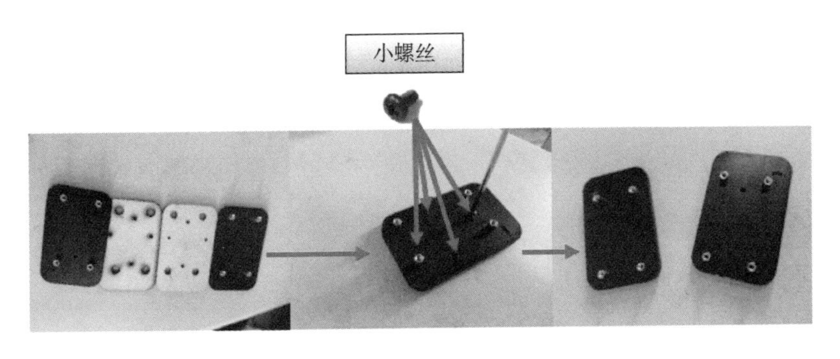


图 6－85　足部安装步骤四

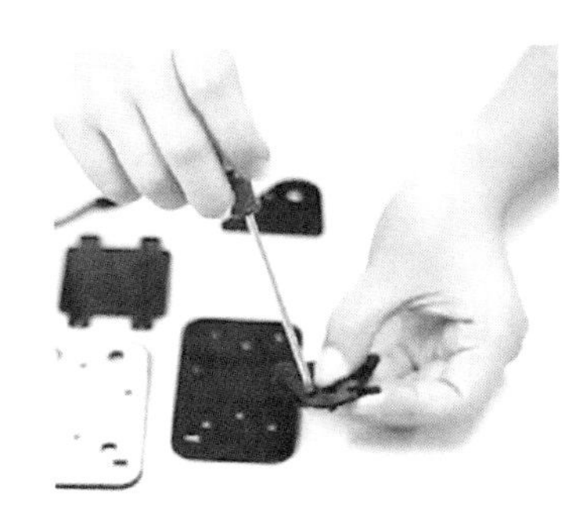

图 6－86　足部安装步骤五

（6）将 3 号、4 号、5 号、6 号、7 号、8 号零件如图 6－87 所示对称组装。

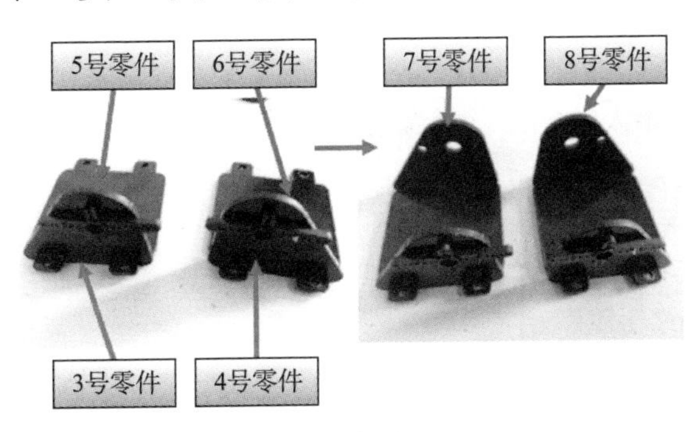


图 6－87　足部安装步骤六

（7）此时，可取 8 个小螺丝将上一步骤组装完成的组合体如图 6－88 所示方式安装在足部板上，即可完成足部板的组装。其情形参见图 6－89。

足部组件的装配工作完成以后，还需要将足部组件安装到机器人的小腿上。这时可将黑色红标金属齿舵机的输出轴对准足部舵盘，舵机对面的铜柱对准足部的安装孔（参见图 6－90），并需要注意左右足部方向保持对称关系（参见图 6－91）。

图 6－88　足部安装步骤七

图 6－89　足部安装效果

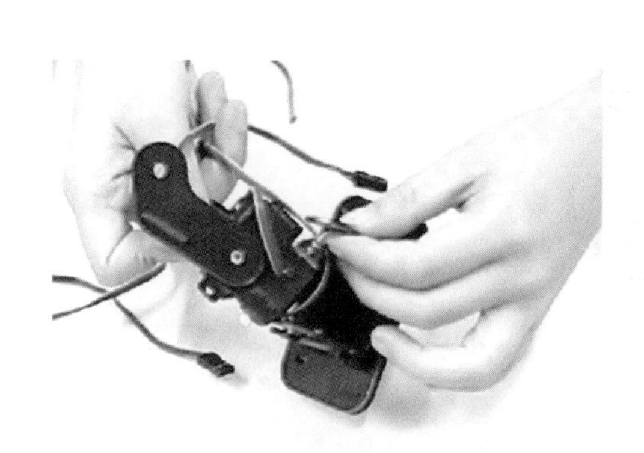

图 6－90　足部组件与小腿安装步骤一

图 6－91　足部组件与小腿安装步骤二

至此，仿人机器人的腿部已经全部装配完毕。

## 6.5 拼到一起看一看

**1. 整体结构的装配**

完成仿人机器人各零部件的组装工作以后，即可开始机器人整体装配工作。待装配的仿人机器人各零部件如图 6－92 所示。

由于机器人的手部已经与躯干实现连接，现在仅需要将机器人的双腿与躯干进行连接。具体步骤如下：

（1）将大腿组件中的 3 号和 4 号零件朝向前面，再将髋关节舵机的输出轴与大腿组件里的舵机的舵盘相啮合，其情形如图 6－93 所示。

（2）将对侧的长螺母插入大腿组件的安装孔位，并进行固定，其情形参见图 6－94。

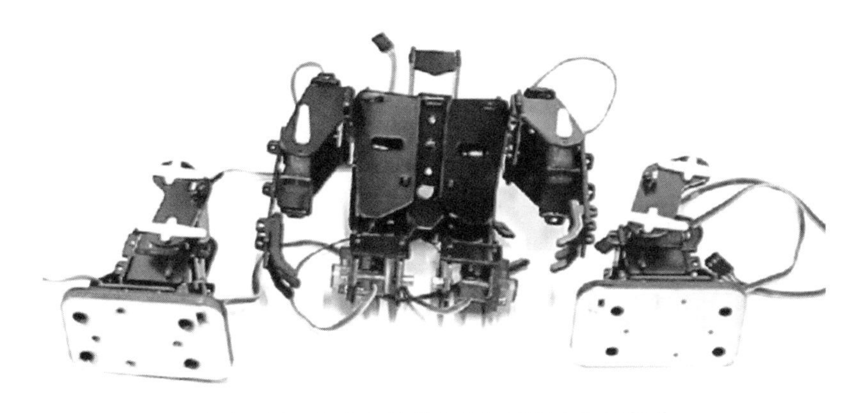

图6－92　待整体装配的双足机器人各零部件

图6－93　机器人整体装配步骤一

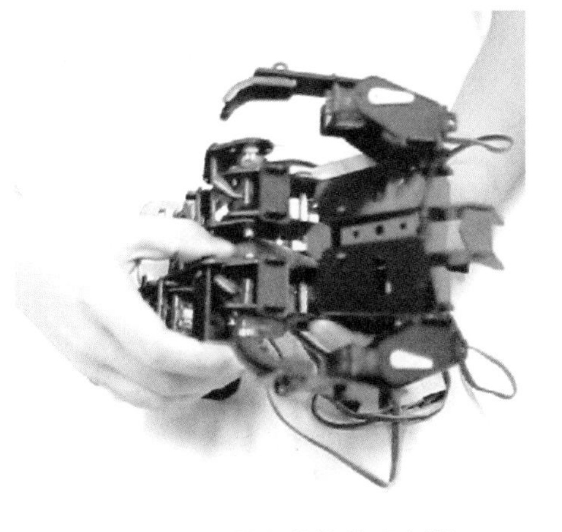

图6－94　机器人整体装配步骤二

终于，属于自己的仿人机器人制作成功了，其整体效果如图6－95所示。接下来给它安装上“大脑”，使它能够恣意奔跑、尽情舞蹈吧！

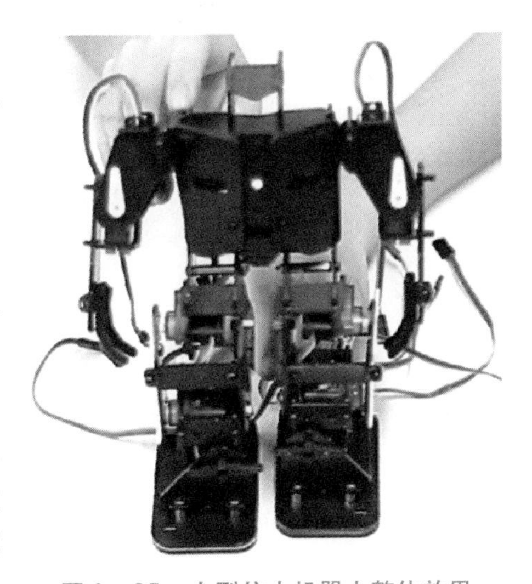

图6－95　小型仿人机器人整体效果

**2. 主控制器安装与接线**

只有将主控器通过连线和机器人身体的各个部分进行连接，主控器才能真正起到控制机器人运动的作用。这些连线就像机器人的神经，通过主控器即机器人“大脑”接收所传输过来的信号，进而控制机器人身体各部位的相应运动。对于人类而言，脉络通畅才能保证身体健康、活力十足；对于仿人机器人而言，与主控制器正确相连则是机器人能够正常运动的基本保障。相应的连线步骤如下：

（1）在为仿人机器人接线之前，首先需要将连线从各个设计好的穿线孔中穿出，如图 6－96 所示。当此步骤完成之后，才能将控制器安装到机器人身上。安装控制器时应使电源开关朝向向上。其情形参见图 6－97。

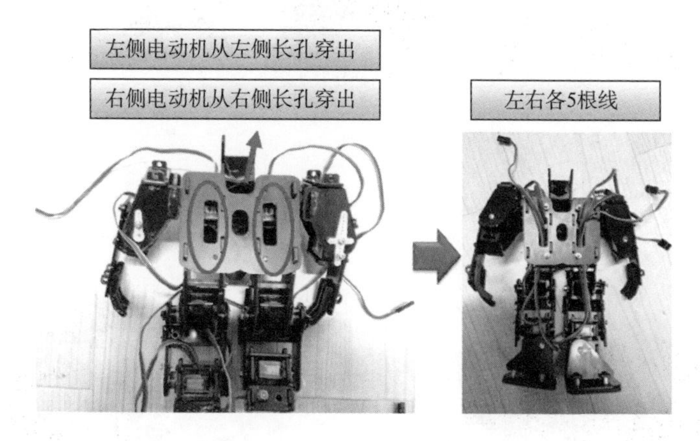


图 6－96　机器人连线步骤一

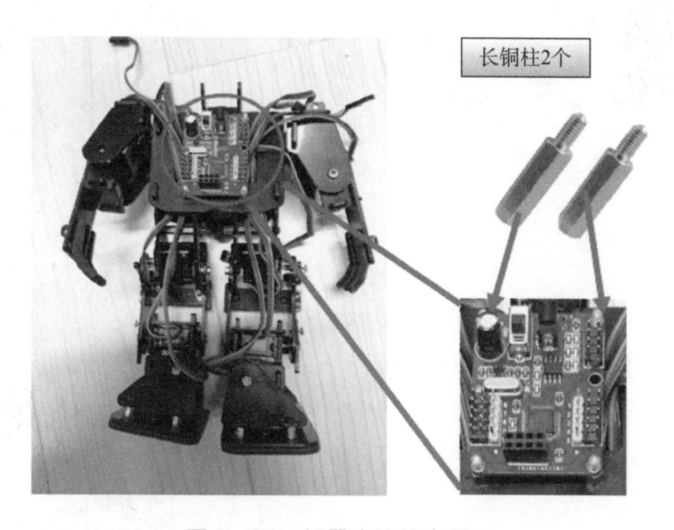


图 6－97　机器人连线步骤二

（2）开始接线工作。机器人的每一个舵机都有三根线，分别用橙色、红色和棕色进行标识。接线时，要求电线前段的插口对应的橙色线插到控制器的黄色接线端子上，如图 6－98 所示：

（3）按照图 6－99 所示舵机与控制器接口的对应关系，对号入座地将对应位置的舵机连接起来。

图6－98　机器人连线步骤三

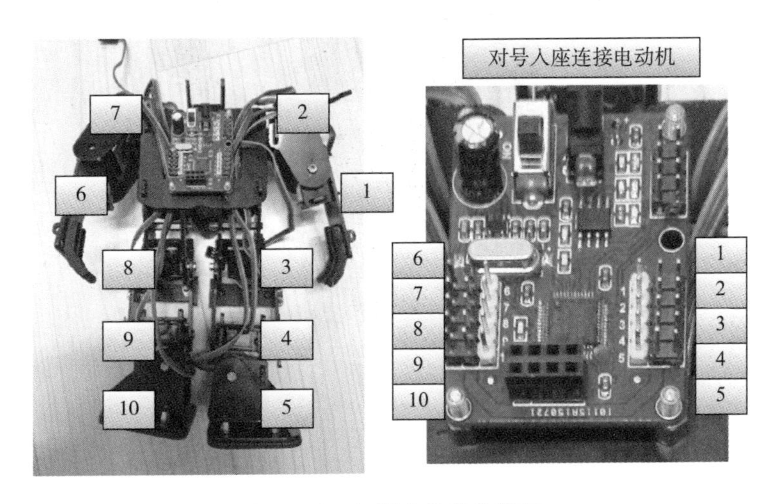


图6－99　机器人连线步骤四

最后，将天线模块与控制器相连，接上电池，打开开关（参见图6－100），于是一个憨态可掬、楚楚动人、可与你互动的、听话的、能跑能跳的、灵巧善舞的仿人机器人出现在你的面前（参见图6－101）。

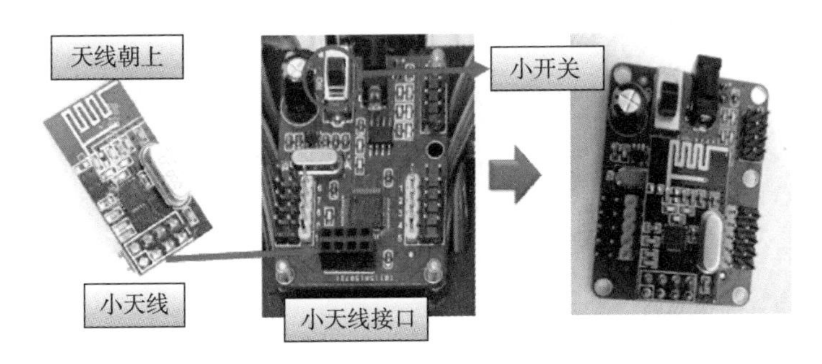


图6－100　机器人连线步骤五

图6-101　小型仿人机器人行走靓照

## 6.6 提高篇：机器人软件编程

伴随着机器人的发展，机器人编程语言也得到了发展和完善，已经成为机器人技术的一个重要组成部分。机器人的功能除了依靠机器人的硬件支撑以外，相当一部分是依靠机器人编程语言来完成的。早期的机器人由于功能单一，动作简单，可采用固定程序或者示教方式来控制机器人的运动[257]。随着机器人作业动作的多样化和作业环境的复杂化，依靠固定程序或示教方式已经满足不了人们赋予机器人的新要求，必须依靠能适应作业和环境随时变化的机器人编程语言来保障机器人顺利完成预期工作。

### 6.6.1　机器人软件编译环境

Keil C51 是美国 Keil Software 公司出品的 51 系列兼容单片机 C 语言软件开发系统，与汇编语言相比，C 语言在功能、结构性、可读性、可维护性上有明显的优势，因而易学易用。Keil 提供了包括 C 编译器、宏汇编、链接器、库管理和一个功能强大的仿真调试器等在内的完整开发方案，通过一个集成开发环境（μVision）将这些部分组合在一起[258]。运行 Keil 软件需要 WIN98、NT、WIN2000、WINXP 等操作系统。如果你使用 C 语言编程，那么 Keil 几乎就是你的不二之选，即使不使用 C 语言而仅用汇编语言编程，其方便易用的集成环境、强大的软件仿真调试工具也会令你事半功倍。

Keil 公司是一家业界领先的微控制器（MCU）软件开发工具的独立供应商，它制造和销售种类广泛的开发工具，包括 ANSI C 编译器、宏汇编程序、调试器、连接器、库管理器、固件和实时操作系统核心（real - time kernel）。有超过 10 万名微控制器开发人员在使用这种得到业界认可的解决方案[259]。Keil C51 编译器自 1988 年引入市场以来成为行业标准，并支持超过 500 种 8051 变种控制器。

Keil 公司在 2005 年被 ARM 公司收购。公司首席执行官 Reinhard Keil 表示："作为 ARM Connected Community 中的一员，Keil 和 ARM 保持着长期的良好关系。通过这次收购，我们将能更好地向高速发展的 32 位微控制器市场提供完整的解决方案，同时继续在 μVision 环境下支持我们的 8051 和 C16x 编译器。"

此后，ARM Keil 推出了基于 μVision 界面，用于调试 ARM7、ARM9、Cortex - M 内核的 MDK - ARM 开发工具，支持控制领域的开发工作[260]。

Keil μVision2 是美国 Keil Software 公司出品的 51 系列兼容单片机 C 语言软件开发系统，使用接近于传统 C 语言的语法来开发，与汇编语言相比，C 语言易学易用，而且大大提高了工作效率和缩短了项目开发周期，它还能嵌入汇编，你可以在关键的位置嵌入，使程序达到接近于汇编的工作效率[261]。Keil C51 标准 C 编译器为 8051 微控制器的软件开发提供了 C 语言环境，同时保留了汇编代码高效、快速的特点。C51 编译器的功能不断增强，使你可以更加贴近 CPU 本身及其他的衍生产品。C51 已被完全集成到 μVision2 的集成开发环境中，这个集成开发环境包含：编译器、汇编器、实时操作系统、项目管理器、调试器。μVision2 IDE 可为它们提供单一而灵活的开发环境。

**1. 基础**

（1）Keil C51 开发系统基本知识

Keil C51 软件提供丰富的库函数和功能强大的集成开发调试工具，采用全 Windows 界面。人们只要看一下编译后生成的汇编代码，就能体会到 Keil 的优势。下面介绍 Keil C51 开发系统各部分的功能和使用要点。首先启动 MDK。启动后的 MDK 界面如图 6 - 102 所示。

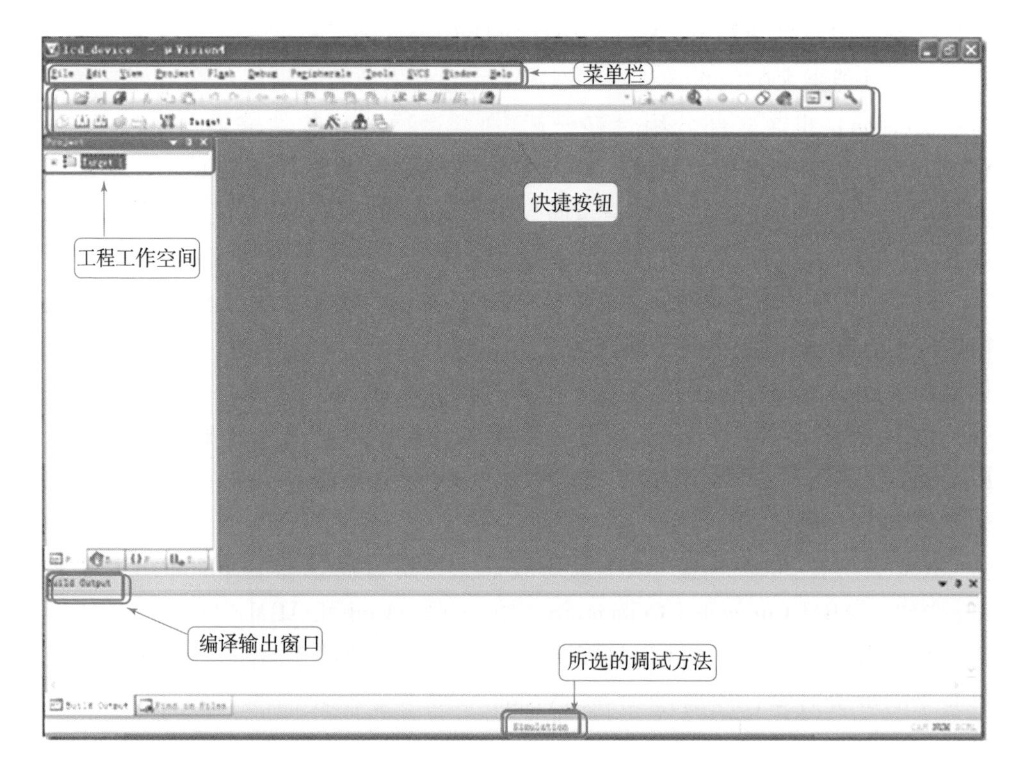


图 6－102 MDK 界面

**2. Keil C51 单片机软件开发系统的整体结构**

μVision 与 Ishell 分别是 C51 for Windows 和 for Dos 的集成开发环境（IDE），可以完成编辑、编译、连接、调试、仿真等整个开发流程。开发人员可用 IDE 本身或其他编辑器编辑 C 或汇编源文件。然后分别由 C51 及 C51 编译器编译生成目标文件（. obj）。目标文件可由 LIB51 创建生成库文件，也可以与库文件一起经 L51 连接定位生成绝对目标文件（. abs）。abs 文件由 OH51 转换成标准的 hex 文件，以供调试器 dScope51 或 tScope51 使用进行源代码级调试，也可由仿真器使用直接对目标板进行调试，也可以直接写入程序存储器如 EPROM 中。

使用独立的 Keil 仿真器时，注意事项如下：

（1）仿真器标配 11. 059 2 MHz 的晶振，但用户可以在仿真器上的晶振插孔中替换其他频率的晶振。

（2）仿真器上的复位按钮只复位仿真芯片，不复位目标系统。

仿真芯片的 31 引脚（/EA）已接至高电平，所以仿真时只能使用片内 ROM，不能使用片外 ROM；但仿真器外引插针中的 31 引脚并不与仿真芯片的 31 引脚相连，故该仿真器仍可插入到扩展有外部 ROM（其 CPU 的/EA 引脚接至低电平）的目标系统中使用。

**2. Keil C51 单片机软件开发系统的使用教程**

为了让初学者快速入门，笔者利用 Keil 提供的 AGSI 接口开发了两块仿真实验板。这两块仿真板将枯燥无味的数字用形象的图形表达出来，可以使初学者在没有硬件时就能感受到真实的学习环境，降低单片机的入门门槛。图 6－103 所示为键盘和 LED 构成的实验仿真板，从中可以看出，该板比较简单，在 P1 口接有 8 个发光二极管，在 P3 口接有 4 个按钮，图 6－103 的右边给出了原理图。

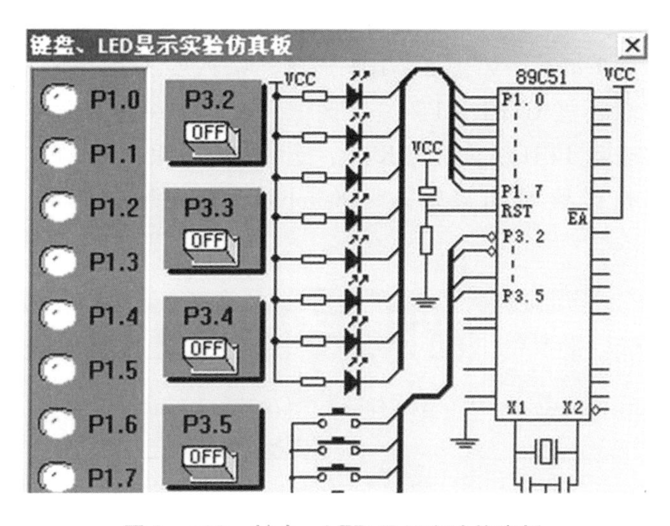


图 6－103　键盘、LED 显示实验仿真板

图 6－104 是另一个较为复杂的实验仿真板。在该板上有 8 个数码管，16 个按键（接成 4×4 的矩阵式），另外还有 P1 口接的 8 个发光二极管，两个外部中断按钮，一个带有计数器的脉冲发生器等资源，显然，这块板可以完成更多的实验。

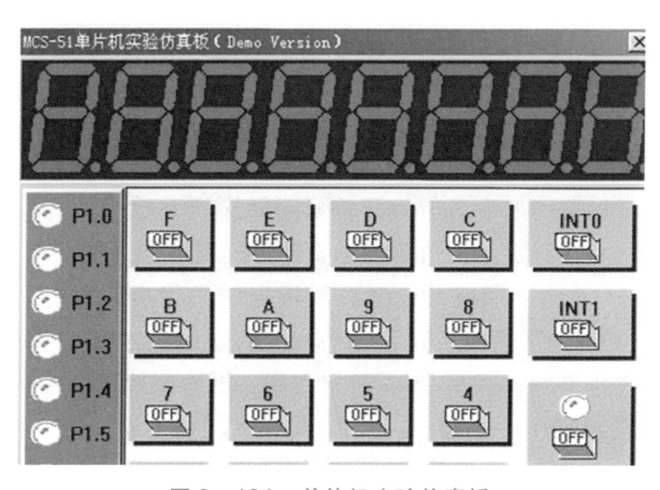


图 6－104　单片机实验仿真板

（1）实验仿真板的安装。

上述两块实验仿真板其实是两个 dll 文件，即 ledkey. dll 和 simboard. dll，安装时根据需要将这两个或某一个文件拷贝到 Keil 软件的 C51 \ bin 文件夹中即可。

（2）实验仿真板的使用。

要使用仿真板，必须先对其进行设置，设置的方法是单击 Project -> Option for Target 'Target1'打开对话框，然后选中 Debug 标签页，在 Dialog：Parameter：后的编辑框中输入 - d 文件名。例如要用 ledkey. dll（即第一块仿真板）进行调试，就输入 - dledkey，如图 6 - 105 所示，输入完毕后点击确定退出。编译、连接完成后再按 CTRL + F5 进入调试。此时，单击菜单 Peripherals，即会多出一项"键盘 LED 仿真板（K）"，选中该项，即会出现如图 6 - 103 的界面，同样，在设置时如果输入 - dsimboard 则能够调出如图 6 - 104 的界面[262]。

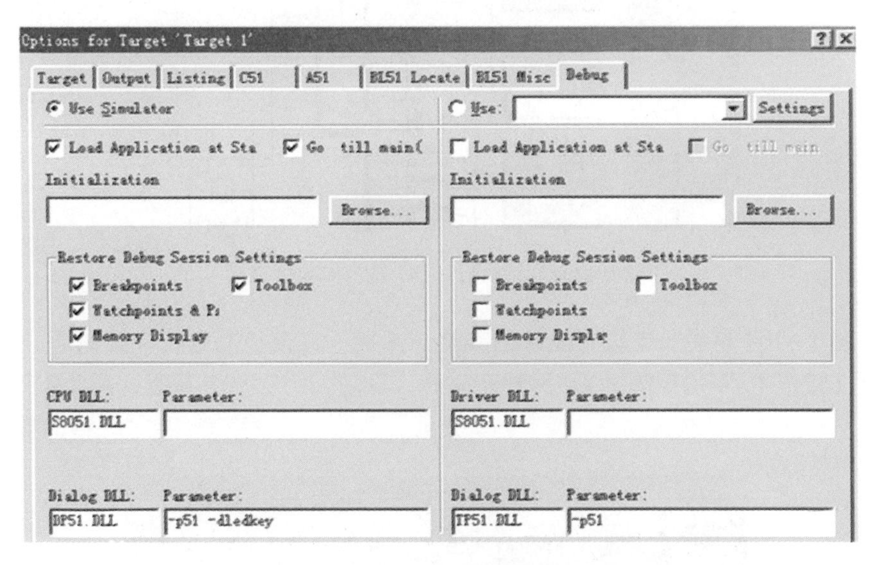


图 6 – 105　实验仿真板的设置

第一块仿真板的硬件电路十分简单（电路图已在板上），第二块板实现的功能稍稍复杂一点，其键盘和数码显示管部分的电路原理图如图 6 – 106 所示。图 6 – 107 给出了常用字形码，读者可以根据图中的接线自行写出其他如 A、B、C、D、E、F 等的字形码。除了键盘和数码管以外，P1 口同样也接有 8 个发光二极管，连接方式与图 6 – 103 所示相同；键盘旁的两个按钮 INT0 和 INT1 分别接到 P3 口的 INT0 和 INT1 即 P3. 2 和 P3. 3 引脚，脉冲发生器接入 T0，即 P3. 4 引脚。

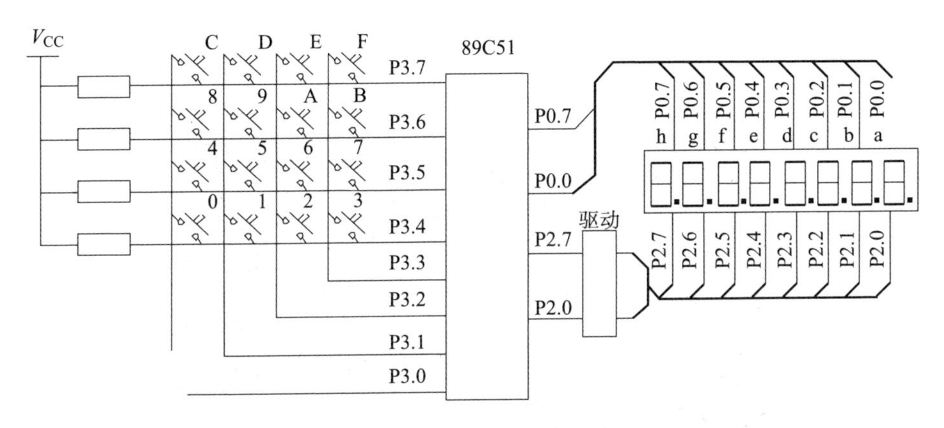


图6－106 实验仿真板2数码管和键盘部分的电路图

| 0c0h | 0f9h | 0a4h | 0b0h | 99h | 92h | 82h | 0f8h | 80h | 90h | 0FFH |
|---|---|---|---|---|---|---|---|---|---|---|
| 0 | 1 | 2 | 3 | 4 | 5 | 6 | 7 | 8 | 9 | 消隐 |

图6－107 常用字形码

（3）实例调试。

现以一个稍稍复杂的程序为例，说明键盘、LED实验仿真板的使用方法。该程序实现的是可控流水灯，接P3.2的键为开始键，按此键则灯开始流动（由上而下），接P3.3的键为停止键，按此键则停止流动，所有灯暗，接P3.4的键为向上键，按此键则灯由上向下流动，接P3.6的键为向下键，按此键则灯由下向上流动。

## 6.6.2 C语言

C语言是一门面向过程、抽象化的通用程序设计语言，广泛用于底层开发。C语言能以简易的方式编译、处理低级存储器。C语言是不需要任何运行环境支持便能运行的高效率程序设计语言。尽管C语言提供了许多低级处理的功能，但仍然保持着跨平台的特性，以一个标准规格写出的C语言程序可在包括一些类似嵌入式处理器以及超级计算机等作业平台的许多计算机平台上进行编译。

**1. 基本简介**

与C++、Java等面向对象编程语言有所不同，C语言的设计目标是提供一种能以简易的方式编译、处理低级存储器、仅产生少量的机器码以及不需要任何运行环境支持便能运行的编程语言，如图6－108所示[263]。C语言描述问题比汇编语言迅速，工作量小，可读性好，易于调试、修改和移植，而代码质量与汇编语言相当。一般 C 语言比汇编语言代码生成的目标程序效率低 10% ~ 20%。因此，C 语言可以编写系统软件[264]。

图 6 –108　C 语言程序

20 世纪 80 年代，美国国家标准局为了避免各开发厂商用的 C 语言语法产生差异性，给 C 语言制定了一套完整的美国国家标准语法，称为 ANSI C，并将其作为 C 语言最初的标准。2011 年 12 月 8 日，国际标准化组织（ISO）和国际电工委员会（IEC）发布的 C11 标准是 C 语言的第三个官方标准，也是 C 语言的最新标准，该标准更好地支持了汉字函数名和汉字标识符，在一定程度上实现了汉字编程。

C 语言编译器普遍存在于各种不同的操作系统中，例如 Microsoft Windows，Mac OS X，Linux，Unix 等。C 语言的设计影响了众多编程语言，例如 C ++、Objective – C、Java、C#等。

**2. 第一个程序**

下面是一个在标准输出设备（stdout）上印出“Hello，world!”字符串的简单程序[265]。类似的程序通常作为初学编程语言时的第一个程序：

```
1#include <stdio.h>
2 int main()
3{
4printf("Hello,World!\n");
5 return 0;
6}
```

下面对上述语句进行解释。

（1）程序的第一行#include < stdio. h > 是预处理器指令，告诉 C 编译器在实际编译之前要包含 stdio. h 文件。

（2）第二行 int main( ) 是主函数，程序从这里开始执行。

（3）下一行 printf(...) 是 C 中另一个可用的函数，会在屏幕上显示消息“Hello，World!。”

（4）下一行 return 0；终止 main() 函数，并返回值 0。

**3. 基本特性**

（1）高级语言。它是把高级语言的基本结构和语句与低级语言的实用性结合起来的工作单元。

（2）结构式语言。结构式语言的显著特点是代码及数据的分隔化，即程序的各个部分除了必要的信息交流外彼此独立。这种结构化方式可使程序层次清晰，便于使用、维护以及调试。C 语言是以函数形式提供给用户的，这些函数可方便地调用，并具有多种循环、条件语句控制程序，从而使程序完全结构化[266]。

（3）代码级别的跨平台。由于标准的存在，使得几乎同样的 C 代码可用于多种操作系统，如 Windows、DOS、UNIX，等等；也适用于多种机型。C 语言对编写需要进行硬件操作的场合，优于其他高级语言。

（4）使用指针。可以直接进行靠近硬件的操作，但是 C 的指针操作无保护，也给它带来了很多不安全的因素。C ++ 在这方面做了改进，在保留了指针操作的同时又增强了安全性，受到了一些用户的支持。但是，由于这些改进增加了语言的复杂度，也为人所诟病。Java 则吸取了 C ++ 的教训，取消了指针操作，也取消了 C ++ 改进中一些备受争议的地方，在安全性和适合性方面均取得良好的效果，但其本身只是在虚拟机中运行，运行效率低于 C ++/C。一般而言，C，C ++，java 被视为同一系的语言，它们长期占据着程序使用榜的前几名。

**4. 语法结构**

（1）顺序结构。

顺序结构的程序设计是最简单的，只要按照解决问题的顺序写出相应语句就行，它的执行顺序是自上而下，依次执行。

例如：a = 3，b = 5，现交换 a，b 的值，该问题就好像交换两个杯子里装的水，这当然要用到第三个杯子，假如第三个杯子是 c，那么正确的程序为：c = a；a = b；b = c；执行结果是 a = 5，b = c = 3，如果改变其顺序，写成：a = b；c = a；b = c；则执行结果就变成 a = b = c = 5，不能达到预期的目的。初学者最容易犯这种错误。顺序结构可以独立使用构成一个简单的完整程序，常见的输入、计算、输出三步曲的程序就是顺序结构，例如计算圆的面积，其程序的语句顺序就是输入圆的半径 r，计算 s = 3.141 59 × r × r，输出圆的面积 s。不过大多数情况下顺序结构都是作为程序的一部分，与其他结构一起构成一个复杂的程序，例如分支结构中的复合语句、循环结构中的循环体等。

(2) 选择结构。

顺序结构的程序虽然能解决计算、输出等问题，但不能做判断再选择。对于要先做判断再作选择的问题就要使用选择结构。选择结构的执行是依据一定的条件选择执行路径，而不是严格按照语句出现的物理顺序。选择结构的程序设计方法的关键在于构造合适的分支条件和分析程序流程，根据不同的程序流程选择适当的选择语句。选择结构适合于带有逻辑或关系比较等条件判断的计算，设计这类程序时往往都要先绘制其程序流程图，然后根据程序流程写出源程序，这样做把程序设计分析与语言分开，使得问题简单化，易于理解。程序流程图是根据设计分析所绘制的程序执行流程图。

(3) 循环结构。

循环结构可以减少源程序重复书写的工作量，可以用来描述重复执行某段算法的问题，这是程序设计中最能发挥计算机特长的程序结构。C 语言中提供了四种循环，即 goto 循环、while 循环、do while 循环和 for 循环。四种循环可以用来处理同一问题，一般情况下它们可以互相替换，但一般不提倡用 goto 循环，因为强制改变程序的顺序经常会给程序的运行带来不可预料的错误。

特别要注意在循环体内应包含趋于结束的语句（即循环变量值的改变），否则就可能形成了一个死循环，这是初学者的一个常见错误。

三个循环的异同点：用 while 和 do... while 循环时，循环变量的初始化操作应在循环体之前，而 for 循环一般在语句 1 中进行的；while 循环和 for 循环都是先判断表达式，后执行循环体，而 do... while 循环是先执行循环体后判断表达式，也就是说 do... while 的循环体最少被执行一次，而 while 循环和 for 循环就可能一次都不执行。另外还要注意的是这三种循环都可以用 break 语句跳出循环，用 continue 语句结束本次循环，而 go to 语句与 if 构成的循环，是不能用 break 和 continue 语句进行控制的。

顺序结构、分支结构和循环结构并不是彼此孤立的，在循环中可以有分支、顺序结构，分支中也可以有循环、顺序结构，其实不管哪种结构，均可广义地把它们看成一个语句。在实际编程过程中常将这三种结构相互结合以实现各种算法，设计出相应程序，但是要解决的问题较大，编写出的程序就往往很长、结构重复多，造成可读性差，难以理解，解决这个问题的方法是将 C 程序设计成模块化结构。

# 第 7 章 请你教我思考

控制系统是指由控制主体、控制客体等组成的具有自身目标和功能的管理系统。控制系统可以按照人们所希望的方式保持和改变机器、机构或其他设备内任何感兴趣的量或可变的量。同时，控制系统是为了使被控对象达到预定的理想状态而工作的。控制系统可以使被控对象趋于某种需要的稳定状态。控制系统已被广泛应用于人类社会的各个领域，例如在工业方面，对于冶金、化工、机械制造等生产过程中遇到的各种物理量，包括温度、流量、压力、厚度、张力、速度、位置、频率、相位等，都有相应的控制系统[267]。在此基础上，人们还通过采用计算机技术建立起了控制性能更好和自动化程度更高的数字控制系统，以及具有控制与管理双重功能的过程控制系统。具体到小型仿生机器人的控制方面，当机器人控制系统接收到控制信号之后，会利用控制系统输出 PWM 信号，控制机器人各关节舵机的转角，进而控制机器人使之产生协调运动。为了能让小型仿生机器人按需实现自如运动，本章将对机器人的控制系统进行分析与叙述，并对单片机等控制芯片的工作原理进行介绍。

# 7.1 我的大脑运行原理

机器人的控制系统是机器人的重要组成部分，其作用就相当于人的大脑，它负责接收外界的信息与命令，并据此形成控制指令，控制机器人做出反应。对于机器人来说，控制系统包含对机器人本体工作过程进行控制的控制器、机器人专用的传感器，以及机器人运动伺服驱动系统等。

## 7.1.1 机器人控制系统的基本组成

机器人控制系统主要由控制器、执行器、被控对象和检测变送单元四部分组成[42]。各部分的功能如下：

（1）控制器用于将检测变送单元的输出信号与设定值信号进行比较，按一定的控制规律对其偏差信号进行运算，并将运算结果输出到执行器。控制器可以用来模拟仪表的控制器，或用来模拟由微处理器组成的数字控制器。小型仿人机器人的控制器就是选用数字控制器式的单片机进行控制的。

（2）执行器是控制系统环路中的最终元件，它直接用于操纵变量变化。执行器接收控制器的输出信号，改变操纵变量。执行器可以是气动薄膜控制阀、带电气阀门定位器的电动控制阀，也可以是变频调速电机等。在本书所描述的小型仿人机器人身上选用了较为高级的芯片，其输出的 PWM 信号可以直接控制舵机转动，故本控制系统的执行器内嵌在控制器中了。

（3）被控对象是需要进行控制的设备，在小型仿人机器人中，被控对象就是机器人各关节的舵机。

（4）检测变送单元用于检测被控变量，并将检测到的信号转换为标准信号输出。例如小型仿人机器人控制系统中，检测变送单元用来检测舵机转动的角度，以便做出适时调整。

上述四部分的关系参见图 7－1。

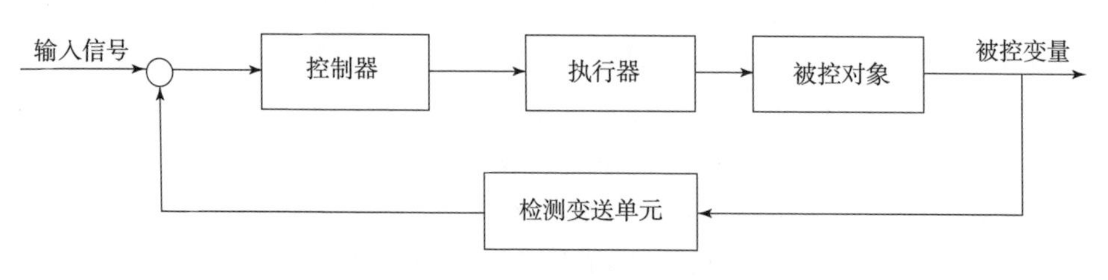


图 7－1　控制系统组成示意图

### 7.1.2 机器人控制系统的工作机理

机器人控制系统的工作机理决定了机器人的控制方式，也就是决定了机器人将通过何种方式进行运动[43]。常见的控制方式有以下五种。

**1. 点位式**

这种控制方式适合于要求机器人能够准确控制末端执行器位姿的应用场合，与路径无关，主要应用实例有焊接机器人。对于焊接机器人来说，只需其控制系统能够识别末端焊缝即可，而无须关心机器人的其他位姿。

**2. 轨迹式**

这种控制方式要求机器人按示教的轨迹和速度进行运动，主要用于示教机器人。

**3. 程序控制系统**

这种控制系统给机器人的每一个自由度施加一定规律的控制作用，机器人就可实现要求的空间轨迹。这种控制系统较为常用，小型仿人机器人的控制系统就是通过预先编程，然后将编好的程序下载到单片机上，再通过遥控器调取程序进行控制的。

**4. 自适应控制系统**

当外界条件变化时，为了满足机器人所要求的控制品质，或为了随着经验的积累而自行改善机器人的控制品质，就可采用自适应控制系统[268]。该系统的控制过程是基于操作机的状态和伺服误差的观察，再调整非线性模型的参数，一直到误差消失为止。这种系统的结构和参数能随时间和条件自动改变，具有一定的智能性。

**5. 人工智能控制系统**

对于那些事先无法编制运动控制程序，但又要求在机器人运动过程中能够根据所获得的周围状态信息，实时确定机器人的控制作用的应用场合，就可采用人工智能控制系统。这种控制系统比较复杂，主要应用在大型复杂系统的智能决策中。

机器人控制系统的基本原理是：检测被控变量的实际值，将输出量的实际值与给定输入值进行比较得出偏差，然后使用偏差值产生控制调节作用以消除偏差，使得输出量能够维持期望的输出。在本书介绍的小型仿人机器人控制系统中，由遥控器发出移动至目标位置的命令，经控制系统后输出 PWM 信号，驱动机器人关节转动，再由检测系统检测关节转角，进行调整。当命令连续时，机器人的关节就可持续转动了。

### 7.1.3 机器人控制系统的主要作用

机器人除了需要具备以上功能外，还需要具备一些其他功能，以方便机器人开展人机交互和读取系统的参数信息[44-47]。

**1. 记忆功能**

在小型仿人机器人控制系统中，设置有SD卡，可以存储机器人关节的各种运动信息、位置姿态信息以及控制系统运行信息。

**2. 示教功能**

本书为小型仿人机器人控制系统配有示教装置，如图7-2所示。通过示教寻找机器人最优的姿态。

图7-2 机器人示教系统

**3. 与外围设备联系功能**

这些联系功能主要通过输入和输出接口、通信接口予以实现。

**4. 传感器接口**

小型仿人机器人传感系统中包含有位置检测传感器、视觉传感器、触觉传感器和力觉传感器，等等。这些传感器随时都在采集机器人的内外部信息，并将其传送到控制系统中，这些工作都需要传感器接口来完成。

**5. 位置伺服功能**

机器人的多轴联动、运动控制、速度和加速度控制等工作都与机器人位置的伺服功能相关。这些都是在程序中实现的。

**6. 故障诊断安全保护功能**

机器人的控制系统时时刻刻监视着机器人的运行状态，并完成故障状态下的安全保护。本系统在程序中时刻检测着机器人的运行状态，一旦机器人发生故障，就停止其工作，以保护机器人。

由此可知，机器人控制系统之所以能够完成这么复杂的控制任务，主要归功于控制器，而控制器的核心即是控制芯片。例如，单片机、DSP、ARM等嵌入式控制芯片。

## 7.2 大脑的神经元——单片机

### 7.2.1 单片机的工作原理

单片机（Microcontroller）是一种集成电路芯片，是采用超大规模集成电路技术把具有数据处理能力的中央处理器CPU、随机存储器RAM、只读存储器ROM、多种I/O口和中断系统、定时器/计数器等功能（可能还包括显示驱动电路、脉宽调制电路、模拟多路转换器、A/D 转换器等电路）集成到一块硅片上构成的一个小巧而完善的微型计算机系统，在控制领域应用十分广泛[269-270]。

单片机自动完成赋予其任务的过程就是单片机执行程序的过程，即执行具体一条条指令的过程[271]。所谓指令就是把要求单片机执行的各种操作用命令的形式写下来，这是在设计人员赋予它的指令系统时所决定的。一条指令对应着一种基本操作。单片机所能执行的全部指令就是该单片机的指令系统。不同种类的单片机其指令系统亦不同。为了使单片机能够自动完成某一特定任务，必须把要解决的问题编成一系列指令（这些指令必须是单片机能够识别和执行的指令），这一系列指令的集合就称为程序。程序需要预先存放在具有存储功能的部件——存储器中。存储器由许多存储单元（最小的存储单位）组成，就像摩天大楼是由许多房间组成一样，指令就存放在这些单元里。众所周知，摩天大楼的每个房间都被分配了唯一的一个房号，同样，存储器的每一个存储单元也必须被分配唯一的地址号，该地址号称为存储单元的地址。只要知道了存储单元的地址，就可以找到这个存储单元，其中存储的指令就可以十分方便地被取出，然后再被执行。程序通常是按顺序执行的，所以程序中的指令也是一条条顺序存放的。单片机在执行程序时要能把这些指令一条条取出并加以执行，必须有一个部件能追踪指令所在的地址，这一部件就是程序计数器 PC（包含在 CPU 中）。在开始执行程序时，给 PC 赋以程序中第一条指令所在的地址，然后取得每一条要执行的命令，PC 中的内容就会自动增加，增加量由本条指令长度决定，可能是 1、2 或 3，以指向下一条指令的起始地址，保证指令能够顺序执行。

### 7.2.2 单片机系统与计算机的区别

将微处理器（CPU）、存储器、I/O 接口电路和相应的实时控制器件集成在一块芯片上所形成的系统称为单片微型计算机，简称单片机。单片机在一块芯片上集成了 ROM、RAM、FLASH 存储器，外部只需要加电源、复位、时钟电路，就可以成为一个简单的系统。其与计算机的主要区别在于：

（1）计算机的 CPU 主要进行数据处理，其发展途径主要围绕数据处理功能、计算速度和精度的进一步提高而展开。单片机主要进行控制，控制中的数据类型及数据处理相对简单，所以单片机的数据处理功能比通用微机相对要弱一些，计算速度和精度也相对要低一些。

（2）计算机中存储器组织结构主要针对增大存储容量和 CPU 对数据的存取速度。单片机中存储器的组织结构比较简单，存储器芯片直接挂接在单片机的总线上，CPU 对存储器的读写按直接物理地址来寻址存储器单元，存储器的寻址空间一般都为 64KB。

（3）计算机中 I/O 接口主要考虑标准外设，如 CRT、标准键盘、鼠标、打印机、硬盘、光盘等。单片机的 I/O 接口实际上是向用户提供的与外设连接的物理界面，用户对外设的连接要设计具体的接口电路，需有熟练的接口电路设计技术。

简单而言，单片机就是由一个集成芯片外加辅助电路构成的一个系统。由微型计算机配以相应的外围设备（如打印机）及其他专用电路、电源、面板、机架以及足够的软件就可构成计算机系统。

### 7.2.3 单片机的驱动外设

单片机的驱动外设一般包括串口控制模块、SPI 模块、$I^2C$ 模块、A/D 模块、PWM 模块、CAN 模块、EEPROM 和比较器模块，等等，它们都集成在单片机内部，有相对应的内部控制寄存器，可通过单片机指令直接控制。有了上述功能，控制器就可以不依赖复杂编程和外围电路而实现某些功能。

使用数字 I/O 端口可以进行跑马灯实验，通过将单片机的 I/O 引脚位进行置位或清零，可用来点亮或关闭 LED 灯；串口接口的使用是非常重要的，通过这个接口，可以使单片机与 PC 机之间交换信息；使用串口接口也有助于掌握目前最为常用的通信协议；也可以通过计算机的串口调试软件来监视单片机实验板的数据；利用 $I^2C$、SPI 通信接口进行扩展外设是最常用的方法，也是非常重要的方法，这两个通信接口都是串行通信接口，典型的基础实验就是 $I^2C$ 的 EEPROM 实验与 SPI 的 SD 卡读写实验；单片机目前基本都自带多通道 A/D 模数转换器，通过这些 A/D 转换器可以利用单片机获取模拟量，用于检测电压、电流等信号。使用者要分清模拟地与数字地、参考电压、采样时间、转换速率、转换误差等重要概念。目前主流的通信协议包括：USB 协议——下位机与上位机高速通信接口；TCP/IP——万能的互联网使用的通信协议；工业总线——诸如 Modbus，CANOpen 等各个工业控制模块之间通信的协议。

### 7.2.4 单片机的编程语言

如前所述，为了使单片机能够自动完成某一特定任务，必须把要解决的问题编成一系列指令，这一系列指令的集合就是程序。好的程序可以提高单片机的工作效率。单片机使用的程序是用专门的编程语言编制的，常用的编程语言有机器语言、汇编语言和高级语言。

**1. 机器语言**

单片机是一种大规模的数字集成电路，它只能识别0和1这样的二进制代码。以前在单片机开发过程中，人们用二进制代码编写程序，然后再把所编写的二进制代码程序写入单片机，单片机执行这些代码程序就可以完成相应的程序任务。

用二进制代码编写的程序称为机器语言程序。在用机器语言编程时，不同的指令用不同的二进制代码代表，这种二进制代码构成的指令就是机器指令。在用机器语言编写程序时，由于需要记住大量的二进制代码指令以及这些代码代表的功能，十分不便且容易出错，现在已经很少有人采用机器语言对单片机进行编程了。

**2. 汇编语言**

由于机器语言编程极为不便，人们使用一些富有意义且容易记忆的符号来表示不同的二进制代码指令，这些符号称为助记符。用助记符表示的指令称为汇编语言指令，用助记符编写出来的程序称为汇编语言程序，例如下面两行程序的功能是一样的，都是将二进制数据00000010送到累加器A中，但它们的书写形式不同：

```
01110100 00000010(机器语言)
MOV A,#02H(汇编语言)
```

从上可以看出，机器语言程序要比汇编语言程序难写，并且很容易出错。

单片机只能识别机器语言，所以汇编语言程序要翻译成机器语言程序，再写入单片机中。一般都是用汇编软件自动将汇编语言翻译成机器指令。

**3. 高级语言**

高级语言是依据数学语言设计的，在用高级语言编程时不用过多地考虑单片机的内部结构[272]。与汇编语言相比，高级语言易学易懂，而且通用性很强，因此得到人们的喜爱与重视。高级语言的种类很多，如：B语言、Pascal语言、C语言和Java语言等。单片机常用C语言作为高级编程语言。

单片机不能直接识别高级语言书写的程序，因此也需要用编译器将高级语言程序翻译成机器语言程序后再写入单片机。

在上面三种编程语言中，高级语言编程较为方便，但实现相同的功能，汇编语言代码较少，运行效率较高。另外对于初学单片机的人员，学习汇编语言编程有利于更好地理解单片机的结构与原理，也能为以后学习高级语言编程打下扎实的基础。

## 7.3 大脑的左半球——DSP 控制技术

人的大脑可以分为两个部分：左脑和右脑。左脑专管对语言的处理、语法表达、逻辑思维和分析思维。而空间技巧与右半球相关，如对三维形状的感知、音乐欣赏及歌唱。可以认为左半球是科学性的，而右半球是艺术性的。同理，机器人的大脑与此类似。左半球——DSP 控制技术，主要负责计算、数据处理。右半球——ARM 控制技术，主要负责事务的管理。

### 7.3.1 DSP 简介

图 7-3 DSP 处理器

数字信号处理器（Digital Signal Processor，DSP，见图 7-3）是一种独特的微处理器，它采用数字信号来处理大量信息[273-274]。工作时，它先将接收到的模拟信号转换为 0 或 1 的数字信号，再对数字信号进行修改、删除、强化，并在其他系统芯片中把数字数据解译回模拟数据或实际环境格式。DSP 不仅具有可编程性，而且其实时运行速度极快，可达每秒数以千万条复杂指令程序，远远超过通用微处理器的运行速度，是数字化电子世界中重要性日益增加的电脑芯片。强大的数据处理能力和超高的运行速度是其最值得称道的两大特色。超大规模集成电路工艺和高性能数字信号处理器技术的飞速发展使得机器人技术如虎添翼。

### 7.3.2 DSP 的特点

DSP 的内部采用程序和数据分开的哈佛结构，具有专门的硬件乘法器，广泛采用流水线操作模式，提供特殊的 DSP 指令，可以用来快速实现各种数字信号处理算法[275]。根据数字信号处理的相关要求，DSP 芯片一般具有如下特点：

（1）在一个指令周期内可完成一次乘法和一次加法；

（2）程序和数据空间分开，可以同时访问指令和数据；

（3）片内具有快速 RAM，通常可通过独立的数据总线在两块中同时访问；

（4）具有低开销或无开销循环及跳转的硬件支持；

（5）具有快速中断处理和硬件 I/O 支持功能；

（6）具有在单周期内操作的多个硬件地址产生器；

（7）可以并行执行多个操作；

（8）支持流水线操作，取指、译码和执行等操作可以重叠进行。

### 7.3.3 DSP 的驱动外设

DSP 使用外设的方法与典型的微处理器有所不同，微处理器主要用于控制，而 DSP 则主要用于实时数据的处理[276]。它通过提供采样数据的持续流迅速地从外设移至 DSP 核心实现优化，从而形成了与微处理器在架构方面的差异。

目前，TI（德州仪器）公司出产的 DSP 应用十分广泛，并且随着 DSP 功能越来越强、性能越来越好，其片上外设的种类及应用也日趋复杂[277]。DSP 程序开发包含两方面内容：一是配置、控制、中断等管理 DSP 片内外设和接口的硬件相关程序；二是基于应用的算法程序。在 DSP 这样的系统结构下，应用程序与硬件相关程序结合在一起，限制了程序的可移植性和通用性。但通过建立硬件驱动程序的合理开发模式，可使上述现象得到改善。硬件驱动程序最终以函数库的形式被封装起来，应用程序则无须关心其底层硬件外设的具体操作，只需通过调用底层程序，驱动相关标准的 API 与不同外设接口进行操作即可。

### 7.3.4 DSP 的编程语言

DSP 本质上是一个非常复杂的单片机，使用机器语言和汇编语言进行编程的难度很大，开发周期也比较漫长，所以一般选用高级语言为 DSP 编程。一般而言，C 语言是人们的首选。为编译 C 代码，芯片公司推出了各自的开发平台以供开发者使用。例如 TI 公司出产的 DSP 采用 CCS 开发平台（图 7－4），ADI 公司出产的 DSP 则采用了 VDSP++ 开发平台（图 7－5）[278]。

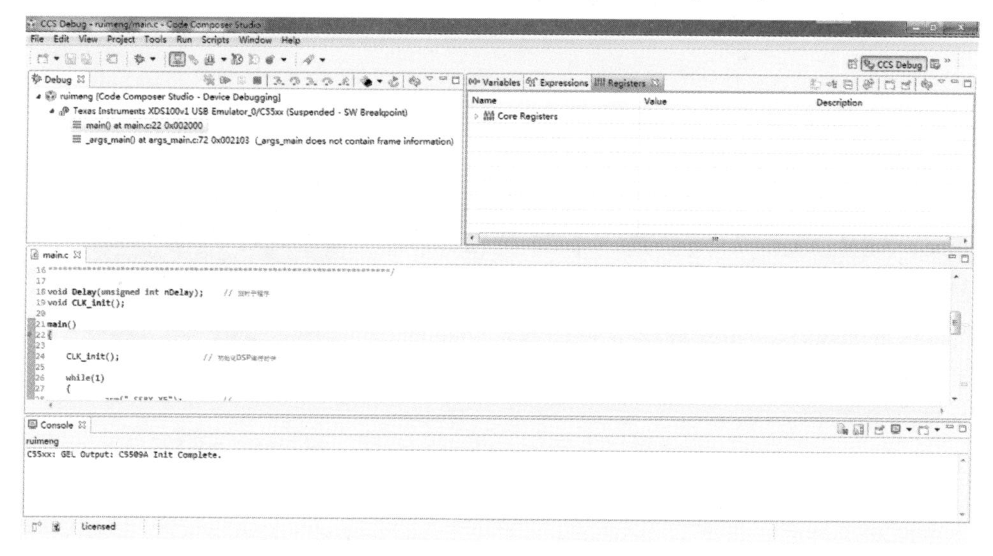


图 7－4 CCS 开发平台

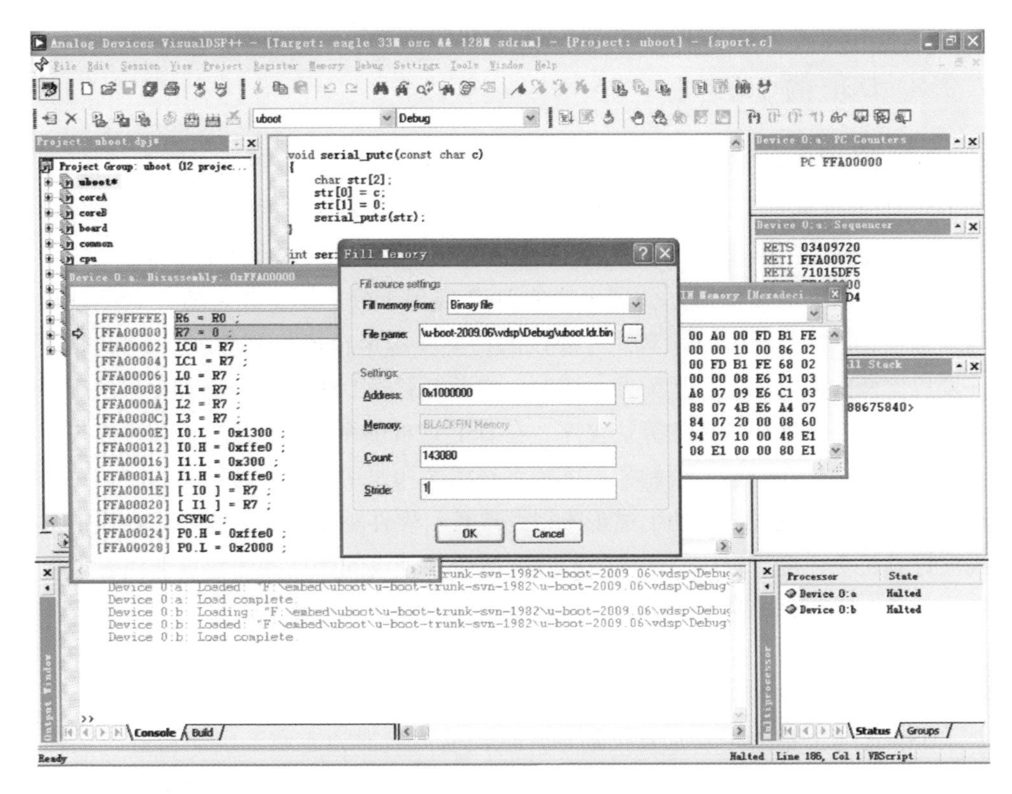


图 7－5　VDSP＋＋开发平台

## 7.4　大脑的右半球——ARM 控制技术

### 7.4.1　ARM 简介

图 7－6　STM32F103

高级精简指令集机器（Advanced RISC Machine，ARM，见图 7－6）是一个 32 位精简指令集（RISC）的处理器架构[279－280]，广泛用于嵌入式系统设计。ARM 开发板根据其内核可以分为 ARM7、ARM9、ARM11、Cortex－M 系列、Cortex－R 系列、Cortex－A 系列，等等。其中，Cortex 是 ARM 公司出产的最新架构，占据了很大的市场份额。Cortex－M 是面向微处理器用途的；Cortex－R 系列是针对实时系统用途的；Cortex－A 系列是面向尖端的基于虚拟内存的操作系统和用户应用的。由于 ARM 公司只对外提供 ARM 内核，各大厂商在授权付费使用 ARM 内核的基础上研发生产各自的芯片，形成了嵌入式 ARM CPU 的大家庭。提供这些内核芯片的厂商有 Atmel、TI、飞思卡尔、NXP、ST、三星等。本书描述的小型仿人机器人使用的是 ST 公司生产的 Cortex – M3 ARM 处理器 STM32F103。

### 7.4.2 ARM 的特点

ARM 内核采用精简指令集计算机（RISC）体系结构，是一个小门数的计算机，其指令集和相关的译码机制比复杂指令集计算机（CISC）要简单得多，其目标就是设计出一套能在高时钟频率下单周期执行的简单而高效的指令集[281]。RISC 的设计重点在于降低处理器中指令执行部件的硬件复杂度，这是因为软件比硬件更容易提供大的灵活性和高的智能水平。因此 ARM 具备了非常典型的 RISC 结构特性。

（1）具有大量的通用寄存器；

（2）通过装载/保存（load – store）结构使用独立的 load 和 store 指令完成数据在寄存器和外部存储器之间的传送，处理器只处理寄存器中的数据，从而避免多次访问存储器；

（3）寻址方式非常简单，所有装载/保存的地址都只由寄存器内容和指令域决定；

（4）使用统一和固定长度的指令格式。

这些在基本 RISC 结构上增强的特性使 ARM 处理器在高性能、低代码规模、低功耗和小的硅片尺寸方面取得良好的平衡。

### 7.4.3 ARM 的驱动外设

ARM 公司只设计内核，将设计的内核卖给芯片厂商，芯片厂商在内核外自行添加外设。本节重点分析 STM32 的外设。

STM32 是一个性价比很高的处理器，具有丰富的外设资源。它的存储器片上集成着 32 ~ 512 KB 的 Flash 存储器、6 ~ 64 KB 的 SRAM 存储器，足够一般小型系统的使用；还集成着 12 通道的 DMA 控制器，以及 DMA 支持的外设；片上集成的定时器中包含 ADC、DAC、SPI、IIC 和 UART；此外，它还集成着 2 通道 12 位 D/A 转换器，这是属于 STM32F103xC、STM32F103xD 和 STM32F103xE 所独有的；最多可达 11 个定时器，其中有 4 个 16 位定时器，每个定时器有 4 个 IC/OC/PWM 或者脉冲计数器，2 个 16 位的 6 通道高级控制定时器，最多 6 个通道可用于 PWM 输出；2 个 16 位基本定时器用于驱动 DAC；支持多种通信协议：2 个 IIC 接口、5 个 USART 接口、3 个 SPI 接口，两个和 IIS 复用、CAN

接口、USB 2.0 全速接口。

### 7.4.4 ARM 的编程语言

ARM 的体系架构采用第三方 Keil 公司 μVision 的开发工具（目前已被 ARM 公司收购，发展为 MDK－ARM 软件），用 C 语言作为开发语言，利用 GNU 的 ARM－ELF－GCC 等工具作为编译器及链接器，易学易用，它的调试仿真工具也是 Keil 公司开发的 Jlink 仿真器。Keil 的工作界面如图 7－7 所示。

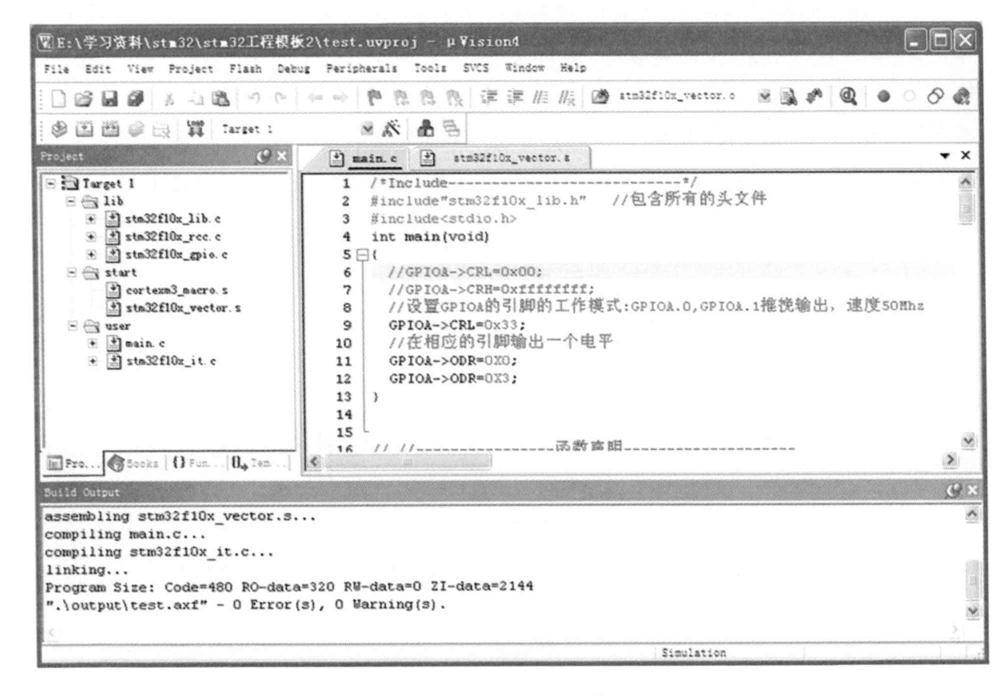

图 7－7　Keil 工作界面

## 7.5 提高篇：设计我的舞蹈动作

### 7.5.1 小型仿人机器人的运动原理

现以人体行走动作（见图 7－8）为例，介绍小型仿人机器人的运动原理。由力学的相关概念可知：人向前行走时腿向后蹬地面，人给地面作用力，地面给人体向前的反向作用力。人体重心向前运动时，当重心过了支持重心的触地脚后，在惯性的作用下，人体重心继续向前，此时已处在重心后边的触地腿通过腿上的肌肉和关节，继续给地面作用力；同时，原来的摆动脚开始触地，支持重心，重复以上的动作，人就不断前行。而机器人模仿人行走，是模仿人的基本动作，那么机器人的动作都由什么组成呢？

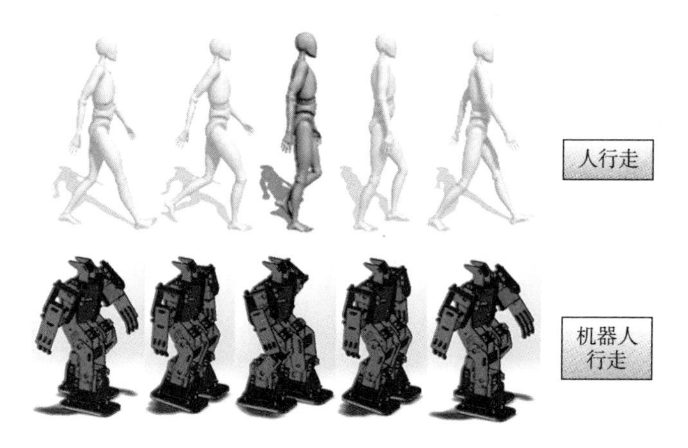


图 7－8 人与机器人行走动作过程示意图

正如图 7－8 所示，任何人体或机器人的动作都可以用动作点来描述，把图 7－8 所示基本动作进行动作点化，就可以把复杂的行走动作简单化，其情形如图 7－9 所示。

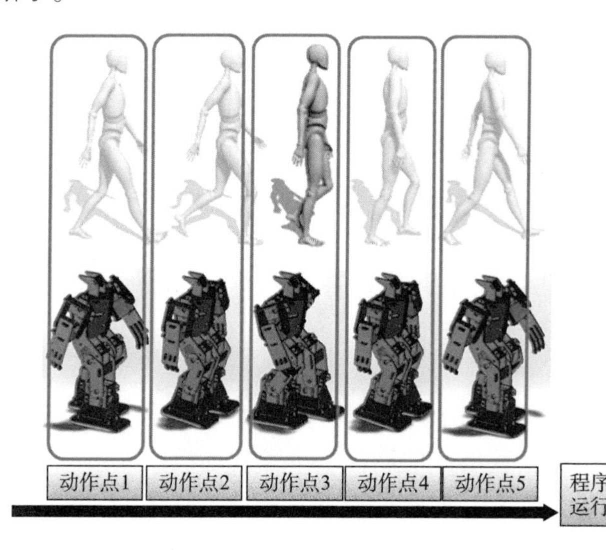


图 7－9 行走动作分解为动作点

因而在仿人机器人的动作程序编写时只需编写各个动作点，程序就会自动把各个动作点连接在一起，机器人的运动编程也就完成了。比如现在编写一个简单的机器人抬手动作，需要进行以下几个步骤，如图 7－10 所示。

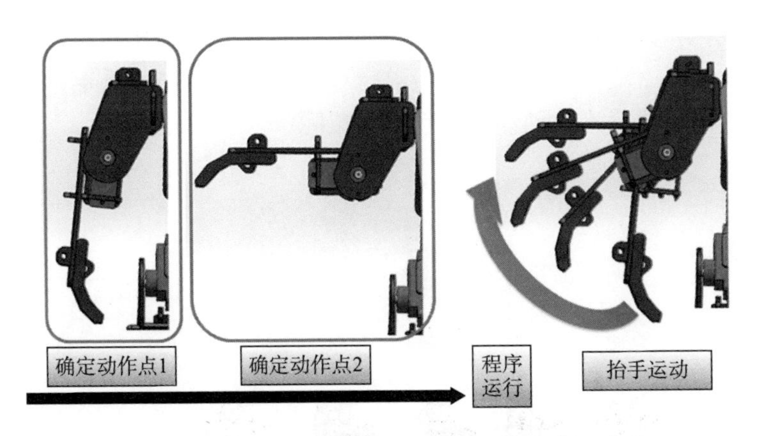


图7－10　机器人抬手动作程序编写过程

（1）确定初始状态。

①确定机器人不抬手的状态（确定动作点1），如图7－10中左图所示（使用遥控器完成）；

②确定机器人抬手的状态（确定动作点2），如图7－10中中图所示（使用遥控器完成）。

（2）保存动作。

运行动作（程序运行动作点1到动作点2的动作），其情形如图7－10中右图所示。

## 7.5.2　小型仿人机器人动作程序的编写

为小型仿人机器人的动作编写程序既是一项遵守规则和严谨求实的工作，又是一种充满想象力和创造力的过程。其中，既需要编写者充分发挥技术方面的优势，也需要编写者充分利用想象力。为此，可依照下述步骤进行机器人动作程序的编写。

**1. 进入编程模式**

（1）首先选择需要编写的动作空间，其情形如图7－11所示。

（2）确定机器人需要编写的动作，小型仿生机器人一共有8个动作空间，分别对应着遥控器上的8个按键。

（3）然后关闭遥控器，如需编写动作3，则按住按键3，打开遥控器开关，等待3秒钟后，再放掉按键3。

小型仿人机器人具有8个（或以上）动作空间（见图7－12），进行编程之前需要对机器人的不同动作进行合理的设计，不同的动作空间中将编制不同的动作程序，而且不同动作空间存储不同的动作，如图7－13所示。

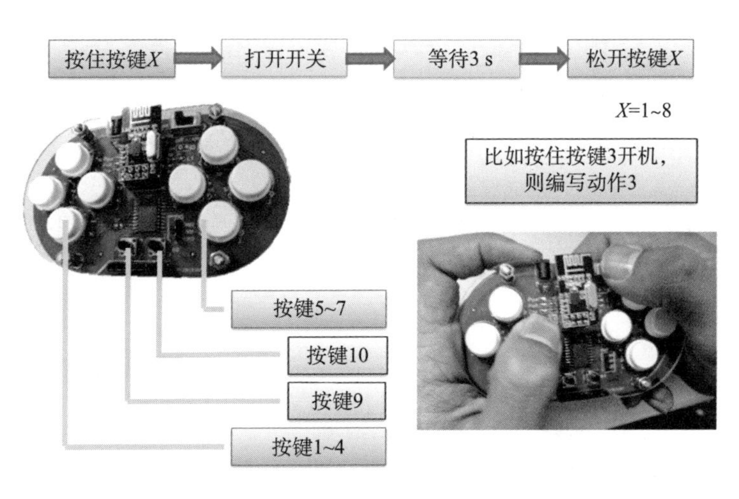


图7－11　进入动作空间编程状态

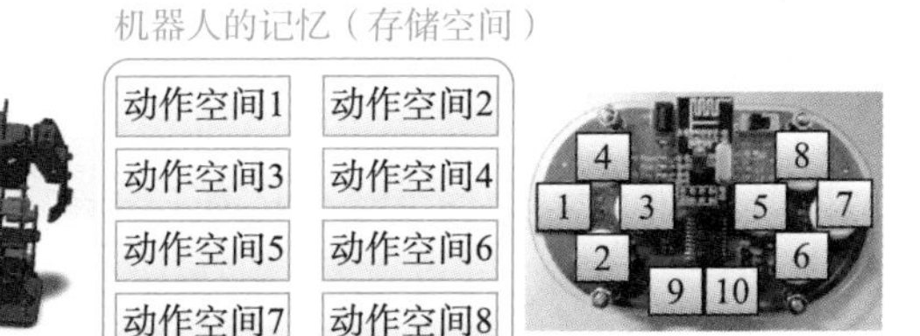


图7－12　机器人的动作空间

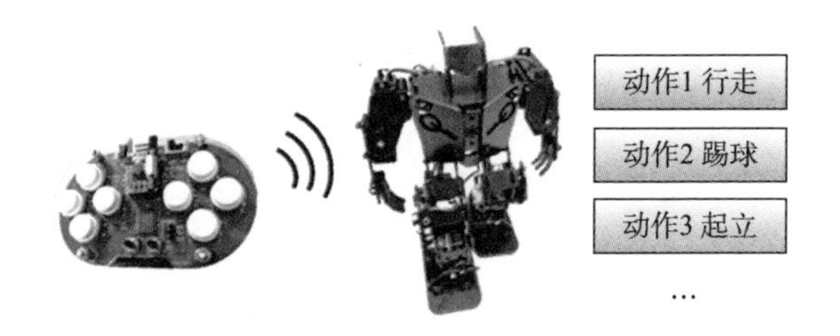


图7－13　不同动作空间存储的不同动作

**2. 编写动作**

进入机器人某一个动作空间的编程状态后，机器人与遥控器处于同步状态，通过遥控器可以直接控制机器人各个关节舵机的运动，进行每一个动作点的设定，不同的动作点连续起来就构成了机器人的整套动作。具体步骤如下：

（1）按下按键1到8，编写机器人的手部动作；

（2）按下按键9切换到机器人的腿部控制，再按下按键1到8，编写机器人的腿部动作；

（3）按下按键9切换到机器人的脚板控制，再按下按键1到8，编写机器人的脚板动作；

（4）按下按键 10（短按），确认保存这个动作点的所有动作；

（5）重复上述步骤，确认好机器人的最后一个动作；

（6）至此，按住按键 10 不放，等待 3 s（长按），保存编写好的机器人最终动作。

利用遥控器对小型仿人机器人编写动作程序的步骤如图 7－14 所示。由图可知，其步骤简单，方法快捷，效果突出，为使用者提供了很好的技术支持和专项服务。

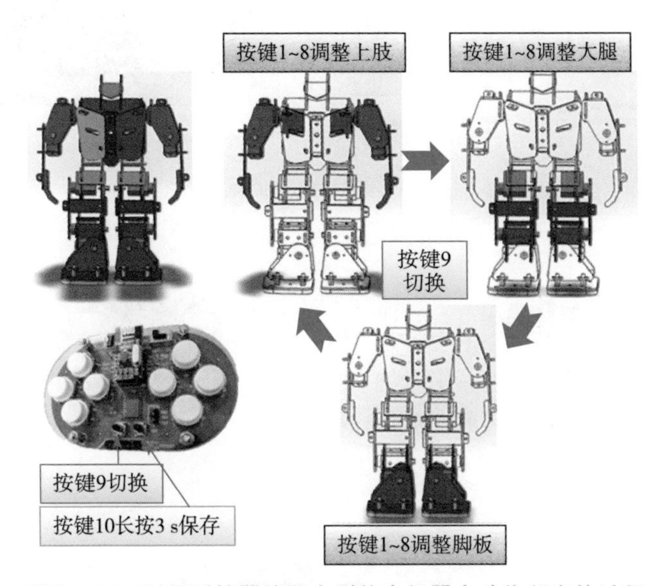


图 7－14　利用遥控器编写小型仿人机器人动作程序的过程

## 7.5.3　调整姿态，让我动起来

在完成小型仿人机器人的动作控制程序编写后，重新打开遥控器和仿人机器人的开关，然后按下遥控器上不同的按键（见图 7－15），这时仿人机器人就将忠实运行对应的动作空间里保存的动作了。图 7－16 至图 7－19 分别展示的是该仿人机器人正在完成鞠躬、倒立、踢球和格斗的动作情景。

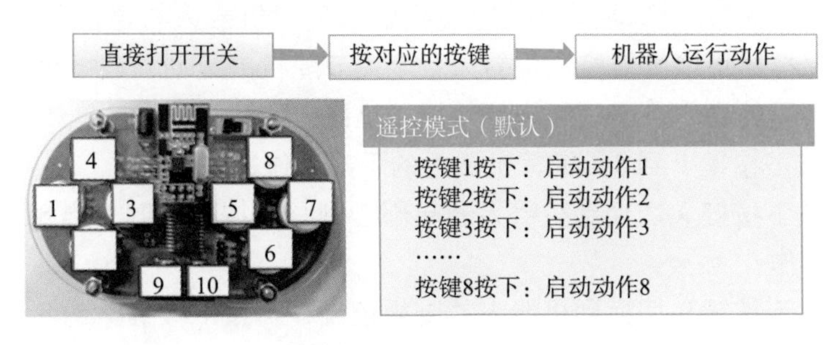


图 7－15　小型仿人机器人动作运行步骤示意图

图7－16　小型仿人机器人鞠躬情景图

图7－17　小型仿人机器人倒立情景图

图7－18　小型仿人机器人踢球情景图

图7－19　小型仿人机器人格斗情景图

至此，属于你自己的小型仿人机器人就可以活灵活现地出现在你的面前，并按照你亲自赋予它的灵魂和动作展示独具魅力的风采。青少年机器人教育也就此结出丰硕的果实，带给你快乐、带给你体验、带给你享受，更带给你创新的触动和领悟。

# 参考文献


[1] 王国彪，陈殿生，陈科位，等．仿生机器人研究现状与发展趋势［J］．机械工程学报，2015，51（13）：27－44.

[2] 沈惠平，马小蒙，孟庆梅，等．仿生机器人研究进展及仿生机构研究［J］．常州大学学报（自然科学版），2015，27（1）：1－10.

[3] 李林．多足仿生机器蟹结构设计及实验研究［D］．哈尔滨：哈尔滨工程大学，2010.

[4] 张春红．人体参数模型在仿真人体模型人性化设计中的应用［D］．成都：四川大学，2007.

[5] 王家宏．基于柴油机轴系扭振的故障诊断理论及其应用研究［D］．上海：上海海运学院，2001.

[6] 朱宝．扑翼飞行机理和仿生扑翼机构的研究［D］．南京：南京航空航天大学，2010.

[7] 方辉．足球仿人机器人的视觉系统的设计与研究［D］．合肥：合肥工业大学，2010.

[8] 吴昊．类人机器人的步态优化［D］．武汉：中国地质大学（武汉），2008.

[9] 叮当，文果．艺术家眼中的机器人——浅述高仿真机器人的研究进展［J］．机器人技术与应用，2008（6）：23－26.

[10] 仝中燕．机器人文化现象及其前景［J］．住宅与房地产，2016（16）.

[11] 郑丽丹．类人足球机器人动作规划与自适应轨迹跟踪算法研究［D］．青岛：中国海洋大学，2009.

[12] 徐磊. 模块化个人机器人结构设计及运动规划的研究 [D]. 上海：上海交通大学，2009.

[13] 佚名. 这个美女机器人一开口就令人震惊：我要毁灭人类！[EB/OL]. https://www.sohu.com/a/65468332_345191. 2016.

[14] 杨赞. 新型两指灵巧手运动轨迹规划与控制研究 [D]. 秦皇岛：燕山大学，2004.

[15] 科技日报. 仿人机器人诞生在学科特区 [EB/OL]. http://www.stdaily.com/gb/gdnews/2006-06/01/content_528558.htm，2006.

[16] 佚名. 谁能想到？两会上外媒最关注的还有……"她"！[EB/OL]. http://www.sohu.com/a/298993188_419351，2019.

[17] 李曙东. 双足步行机器人控制系统研究 [D]. 武汉：华中科技大学，2008.

[18] 毛伟伟，周烽，李军，等. 双足机器人小腿减振研究 [J]. 计算机仿真，2016，33 (2).

[19] 李蔷. 浅谈 Flash 动画运动中的角色行走运动 [J]. 科教导刊：电子版，2015 (12)：118-118.

[20] 陈砚池. 动画视频镜头语言中数字化技术的应用 [D]. 南京：东南大学，2010.

[21] 罗昊. 二维动画中人物运动规律及其作用研究 [J]. 安徽电子信息职业技术学院学报，2013 (5)：16-18.

[22] 陈洪娟. 基于 Flash 制作 2D 动画的理论探讨与技术革新研究 [D]. 济南：山东师范大学，2009.

[23] 向欣. 三维动画中人物动作的关键帧 pose 研究 [J]. 电脑迷，2017 (20).

[24] 陈昱君. 二维动画中人物动作设计的研究与创作 [D]. 南京：东南大学，2014.

[25] 吕长生. 冲击性载荷下足部骨骼的生物力学研究 [D]. 广州：广州与大学，2009.

[26] 李欣. 聚己内酯基骨组织工程支架的制备和性能 [D]. 兰州：兰州大学，2017.

[27] 高勇丽. 羟基磷灰石材料用于骨缺损植入时应力分析的数值模拟研究 [D]. 天津：天津大学，2005.

[28] 原少鹏. 青少年排球运动员掌骨定量 CT 塑形和重建探讨 [D]. 太原：中北大学，2014.

[29] 贾素素. 不同运动方式对腕骨几何形态影响的 CT 图像测量与分析 [D].

太原：中北大学.2010.

[30] 王成焘. 人体骨肌系统生物力学 [M]. 北京：科学出版社，2015.

[31] 胡广. 骨与关节运动损伤 [M]. 北京：人民军医出版社，2007.

[32] 姜礼杰. 普惠性下肢精准康复机器人的设计及实现 [D]. 合肥：合肥工业大学，2017.

[33] 佚名. 你的脚真的适合跑步吗?——跑者必知足弓训练宝典 [EB/OL]. https：//www. jianshu. com/p/5a302180bdfc. 2016.

[34] 刘瑞. 中国古典舞基本功训练与人体运动科学的联系 [J]. 北方音乐，2017 (37)：247.

[35] 杨万鹏. 控制机器臂运动的表面肌电信号变换规律的研究 [D]. 青岛：青岛大学，2011.

[36] 黄晓琳，敖丽娟. 人体运动学 [M]. 第3版. 北京：人民卫生出版社，2018.

[37] 欧阳建军. 动画运动规律的本科教学研究 [D]. 武汉：武汉理工大学，2010.

[38] 丁道红. 人体步态分析的刚体力学模型及动力学仿真 [D]. 北京：中国农业大学，2006.

[39] Marius Albu. Integrated Course of Life，Soul and Mind [M]. United P C Verlag. 2014.

[40] 黄亚婷. 关节固定对人体直立静态稳定性和动态稳定性的影响 [D]. 兰州：兰州大学 2016.

[41] 王雷. 我国部分优秀女子撑竿跳高运动员身体核心力量训练的实验性研究 [D]. 北京：北京体育大学，2011.

[42] 李梦. 皮艇运动专项核心不稳训练研究 [D]. 苏州：苏州大学，2015.

[43] 刘海东. 电机机壳的铸造分析 [J]. 消费电子，2014 (8)：16 – 16.

[44] 刘锋. 关于直流电机基本工作工艺的探讨 [J]. 中国科技财富，2010 (8)：164 – 164.

[45] 秦传明. 汽车雨刮电机传导电磁干扰仿真与抑制研究 [D]. 重庆：重庆大学，2011.

[46] 付凯波. 基于CPLD的伺服电机调速系统的研究 [D]. 武汉：武汉理工大学，2011.

[47] 李飞. 汽车雨刮电机电磁干扰分析及抑制研究 [D]. 重庆：重庆大学，2010.

[48] 金宏义. 小议直流电机的结构与工作原理 [J]. 民营科技，2011 (2)：31 – 31.

[49] 王永康．电动汽车用直流电机驱动控制技术研究［D］．西安：西安理工大学，2013.
[50] 王功翠．基于永磁无刷直流电机电动车控制器的设计与实现［D］．青岛：山东科技大学，2008.
[51] 班莹．基于靶标合作的三维坐标激光测量系统的研究［D］．天津：天津大学，2007.
[52] 袁海涛．电动机自适应 PID 控制［D］．青岛：山东科技大学，2009.
[53] 王璐．四旋翼无人飞行器控制技术研究［D］．哈尔滨：哈尔滨工程大学，2012.
[54] 刘彦荣．基于 BP 网络的无刷直流电机无位置传感器控制［D］．天津：天津大学，2009.
[55] 王季秩．无刷电机的现在与将来［J］．微特电机，1999，27（5）：23－24.
[56] 高春能．基于 DSP 的全方位移动机器人运动小车设计与实现［D］．无锡：江南大学，2006.
[57] 郑雪春．馈能式汽车电动主动悬架的理论及试验研究［D］．上海：上海交通大学，2007.
[58] 刘永．基于 DSP 的稀土永磁无刷直流电机控制系统［D］．南京：东南大学，2005.
[59] 田汉，曹著明．无人机动力系统研究［J］．海峡科技与产业，2017（7）：154－156.
[60] 陈鸽．基于 DSP 的智能型电动执行机构的研制［D］．南京：东南大学，2010.
[61] 张贺．基于 CAN 总线和 CANopen 协议的运动控制系统设计［D］．沈阳：东北大学，2006.
[62] 孙超英．浅谈无刷直流电机在电动工具中的应用［J］．电动工具，2014（5）：1－3.
[63] 刘苏龙．直流无刷电机光伏水泵系统控制研究［D］．南京：南京理工大学，2007.
[64] 李翔．基于 DSP 的网络化直流无刷电机控制系统［D］．天津：天津工业大学，2008.
[65] 韩涛．基于 DSP 的电动汽车用电机控制系统的研究［D］．西安：西北工业大学，2004.
[66] 陈新荣．无刷直流电机无位置传感器控制系统的设计与研究［D］．南京：南京航空航天大学，2007.

[67] 江伟．无刷无位置传感器的电机控制研究［D］．上海：复旦大学，2007.
[68] 基于 DSP 的无刷直流电机矢量控制系统的研究与设计［D］．南京：南京邮电大学，2014.
[69] 倪飞．基于 FPGA 的无刷直流电机控制系统实现［D］．重庆：重庆大学，2013.
[70] 王振．三相 PWM 逆变器新型控制策略研究［D］．天津：天津大学，2009.
[71] 张烨．直流无刷电机的应用与发展前景［J］．中国科技信息，2013（2）：112－112.
[72] 邓冠丰．电动车用无刷直流电机控制器的研究［D］．重庆：西南大学，2010.
[73] 董晓辉，李国宁．基于 CPLD 的步进电机控制［J］．铁路计算机应用，2007，16（4）.
[74] 张明．步进电机的基本原理［J］．科技信息（科学·教研），2007（9）.
[75] 武亚雄．基于 PLC 控制的四相步进电机的电路设计［J］．数字技术与应用，2012（1）：27－28.
[76] 杨清明．基于图像处理的大蒜播种机排序机构设计［D］．南京：南京农业大学，2010.
[77] 聂钊．移送丝网印版的机械手控制系统研究开发［D］．西安：西安理工大学，2013.
[78] 陈公兴．浅谈基于 ARM7 的步进电动机的控制策略［J］．商情，2011（12）：179－179.
[79] 周惠芳，王迎旭．基于 PLC 的步进电机定位控制系统设计［J］．机电一体化，2013，19（4）：73－76.
[80] 刘宝志．步进电机的精确控制方法研究［D］．济南：山东大学，2010.
[81] 曾志伟．基于 CAN 总线的汽车发动机电子节气门控制技术研究［D］．长沙：湖南大学，2006.
[82] 唐伟．直角坐标式排牙机器人路径规划与控制［D］．哈尔滨：哈尔滨理工大学，2014.
[83] 臧福海．高速自动倒角机研制［D］．合肥：合肥工业大学，2012.
[84] 赵世强．轮式移动机器人运动控制系统研究与设计［D］．西安：西安电子科技大学，2009.
[85] 谭新元．试谈步进电机的性能及其应用［J］．现代企业文化，2008（2）：141－142.

[86] 谷雷. 基于步进电机的驱动系统及驱动接口的选择 [J]. 电子世界, 2014 (12): 522 - 523.
[87] 任兴旺. 电脑绣花机若干关键问题的研究 [D]. 南京: 南京理工大学, 2009.
[88] 孙成印. 浅谈步进电机技术 [J]. 科技致富向导, 2012 (17): 280 - 280.
[89] 顾娜. 基于步进电机的自适应机翼驱动系统设计 [D]. 南京: 南京航空航天大学, 2009.
[90] 潘健, 刘梦薇. 步进电机控制策略研究 [J]. 现代电子技术, 2009, 32 (15): 143 - 145.
[91] Xu Dianguo, Wang Panhai, Shi Jingzhuo. Integrated Position Sensor - based Self - tuning PI Speed Controller for Hybrid Stepping Motor Drive [A]. IPEMC, 2004.
[92] 严平, 陶正苏, 赵忠华. 基于改进单纯形法寻优的步进电动机 PID 控制系统 [J]. 微特电机, 2008, 36 (8): 49 - 51.
[93] Marino R, Peresada S, Tomei P. Nonlinear Adaptive Control of Permanent Magnet Stepper Motor [J]. IEEE, 1996.
[94] 胡俊达, 胡慧, 黄望军. 基于 PIC 单片机步进电机自适应控制技术的应用研究 [J]. 电机电器技术, 2004 (6): 22 - 23.
[95] Chen Weidong, Yung K L. Robust Adaptive Control Scheme for Improving Low - Speed Profile Tracking Performance of Hybrid Stepping Motor Servo Drive [J]. Transaction of Nanjing University of Aeronautics & Astronautics, 2007, 24 (1).
[96] 翟旭升, 谢寿生, 蔡开龙, 等. 基于自适应模糊 PID 控制的恒压供气系统 [J]. 液压与气动, 2008 (2): 21 - 23.
[97] SzaszC, MarschalkoR, TrifaV, etal. Data Acquisition and Signal Processing in Vector Control of PM Hybrid Stepping Motor [A]. IPMEC, 1998.
[98] 史敬灼, 王宗培, 徐殿国, 等. 二相混合式步进电动机矢量控制伺服系统 [J]. 电机与控制学报, 2000, 4 (3): 135 - 139, 147.
[99] Betin F, Pinchon D, Capolino G A. Fuzzy Logic Applied to Speed Control of a Stepping Motor Drive [J]. IEEE Trans. On Industrial Electronics, 2000, 47 (3): 610 - 622.
[100] 沈正海, 何明一. 基于神经网络的步进电机细分电流最佳设计 [J]. 微电机, 2005, 38 (3): 20 - 22.
[101] 刘领涛. 基于 PLC 金相试样抛光机控制系统的研究与设计 [D]. 保定:

河北农业大学，2011.
[102] 于晓红．伺服电机日常维护与保养［J］．时代农机，2015，42（11）：25－26.
[103] 刘宏涛，张文亭．伺服电动机构造及发展［J］．自动化应用，2010（4）：43－44.
[104] 樊飞．全自动数控平缝机控制系统的研究［D］．武汉：华中农业大学，2013.
[105] 霍敬轩，马小康，张爱萍．视觉伺服系统［J］．科技创新与应用，2017（8）：70－70.
[106] 熊瑶．电机伺服驱动技术的开发系统研究［D］．上海：东华大学，2016.
[107] 李敖．基于单轴陀螺仪和伺服电机的交通绘制机器人在生产生活中的应用［J］．未来英才，2017（16）.
[108] 陈引生．月壤采样机械臂设计及动态特性研究［D］．哈尔滨：哈尔滨工业大学，2009.
[109] 刘中华．新型精密行星传动精度实验测试与分析研究［D］．重庆：重庆大学，2012.
[110] 毋秋弘．伺服电机在注塑机行业的应用分析［C］．全国电技术节能学术年会．2013.
[111] 张兴莲．基于 DSP＋CPLD 的数字化交流伺服的研究［D］．西安：长安大学，2007.
[112] 李攀攀．车载伺服系统的三维虚拟仿真技术研究［D］．南京：南京理工大学，2014.
[113] 庞攸力．基于 DSP 技术的激光通信地面转台电控系统的研究［D］．长春：长春理工大学，2008.
[114] 杨鹏．钢管轧制机控制系统的设计［D］．西安：西安电子科技大学，2009.
[115] 于收海．永磁交流伺服电动机永磁体涡流损耗计算及其设计［D］．沈阳：沈阳工业大学，2007.
[116] 任宝栋．基于 DSP 的工业缝纫机伺服控制系统研究与设计［D］．阜新：辽宁工程技术大学，2006.
[117] 李晓艳．伺服电机功能及作用［J］．中华少年：研究青少年教育，2012（18）：349－349.
[118] 刘兵义，王亚娟．步进电机和交流伺服电机性能比较［J］．军民两用技术与产品，2015（22）.

[119] 顾小强. 基于 PLC 的自动摆饼机控制系统的设计及实现 [D]. 沈阳: 东北大学, 2009.
[120] 汪玉基. 基于 PLC 自动点胶机控制系统的研究与实现 [D]. 沈阳: 东北大学, 2011.
[121] 徐洁. 靶丸自动定位控制系统 [D]. 上海: 上海大学, 2002.
[122] 王洪涛. 一种三并联万向工作台的研究 [D]. 沈阳: 东北大学, 2008.
[123] 徐霞棋. 基于 DSP 的多轴运动控制系统设计 [D]. 上海: 上海交通大学, 2007.
[124] 肖永清. 谈工业控制电气伺服驱动技术及其发展 [J]. 机床电器, 2012, 39 (5).
[125] 张校菲. 嵌入式绣花机控制器若干关键技术的研究 [D]. 合肥: 合肥工业大学, 2010.
[126] 王勇. 步进电机和伺服电机的比较 [J]. 中小企业管理与科技 (上旬刊), 2010 (12): 311 - 312.
[127] 蔡睿妍. 基于 Arduino 的舵机控制系统设计 [J]. 电脑知识与技术, 2012, 08 (15): 3719 - 3721.
[128] 佚名. DIYer 修炼: 舵机知识扫盲 [EB/OL]. https: //www. guokr. com/article/5292/. 2011 - 01 - 17.
[129] 李嘉秀. 基于 arduino 平台的足球机器人在 RCJ 中的应用 [J]. 物联网技术, 2015 (3): 97 - 100.
[130] 程太明. 复合式无人飞行器试验平台设计与测试 [D]. 南京: 南京航空航天大学, 2015.
[131] 彭永强. Robocup 人型足球机器人视觉系统设计与研究 [D]. 重庆: 重庆大学. 2009.
[132] 林志远, 王忠策. 机器人舵机控制器设计 [J]. 产业与科技论坛, 2014 (11): 52 - 53.
[133] 赵卫涛. 蛇形仿生机器人运动控制研究 [D]. 北京: 北京信息科技大学, 2014.
[134] 宇晓梅. 四轮代步智能小车平台的设计开发 [D]. 青岛: 中国海洋大学, 2013.
[135] 韩庆瑶, 洪草根, 朱晓光, 等. 基于 AVR 单片机的多舵机控制系统设计及仿真 [J]. 计算机测量与控制, 2011, 19 (2).
[136] 韩玉龙. 基于 AVR 的体操机器人设计与实现 [D]. 南京: 南京师范大学, 2016.
[137] 宇晓梅. 四轮代步智能小车平台的设计开发 [D]. 青岛: 中国海洋大

学，2013.
[138] 佚名. 舵机常见问题原理分析及解决办法 [EB/OL]. https：//blog. csdn. net/fang_chuan/article/details/51557069. 2016.
[139] 陈兴. 基于 Zedboard 平台人脸跟踪系统的设计实现 [D]. 西安：西安电子科技大学，2015.
[140] 时玮. 利用单片机 PWM 信号进行舵机控制 [J]. 今日电子，2005 (10).
[141] 佚名. STM32 之使用 PWM 控制多路舵机 [EB/OL]. https://blog. csdn. net/weixin_37127273/article/details/80492288. 2018.
[142] 何昱. 基于无刷电机的航模系统的研究 [D]. 武汉：武汉理工大学，2008.
[143] 李曙东. 双足步行机器人控制系统研究 [D]. 武汉：华中科技大学，2008.
[144] 佚名. 舵机控制经验谈 [EB/OL]. https：//blog. csdn. net/weixin_38061718/article/details/79694981. 2018.
[145] 王红娟. 矿山三维建模关键技术及应用研究 [D]. 青岛：山东科技大学，2013.
[146] 陈明建. 任奕林，文友先，李旭荣. 计算机三维实体造型在工程设计中的应用 [J]. 农机化研究，2005 (4).
[147] 李恒. SolidWorks 2013 中文版基础 [M]. 北京：清华大学出版社，2013.
[148] 丁毓峰，盛频云. 用 VisualC ++ 6.0 开发 SolidWorks 三维标准件库 [J]. 计算机工程，2000 (7)：52 - 54.
[149] 许茏. 基于 SOLIDWORKS 典型机构仿真与机械产品 CAD/CAM/CAE 技术研究 [D]. 镇江：江苏大学，2012.
[150] 汪海志. 三维 CAD 系统 SolidWorks 及其使用 [J]. 湖北工业大学学报，2002 (2)：35 - 37.
[151] 孙翰英. 《数控加工原理》CAI 课件中仿真模块的开发 [D]. 沈阳：东北大学，2003.
[152] 罗劲松. 浅谈工业设计中的 3D CAD [J]. 科技广场，2008 (5)：18 - 20.
[153] 佚名. SolidWorks 技术论坛及深入了解. 机械设计论坛. 2011 - 02 - 09.
[154] 上官林建. SolidWorks 三维建模及实例教程 [M]. 北京：北京大学出版社，2009.
[155] 张鹏. 基于 SolidWorks 的机床夹具零部件库的建立 [D]. 济南：山东大

学，2006.
[156] 黄文钊．光学真延时－光纤延时线阵列的制备［D］．南京：东南大学，2014.
[157] 胡华强，彭维，刘祎玮，等．基于手绘草图的三维 CAD 系统［J］．计算机工程与应用，2004，40（18）.
[158] 刘喜俊，裴红．SolidWorks 特征造型中草图的规划与设计［J］．现代制造技术与装备，2011（3）：69－71.
[159] 陈军．新型亚克力材料的应用［J］．室内设计与装修，2007（10）：110－115.
[160] 杨慧全．基于亚克力材料的产品设计研究［J］．机械设计，2014（2）：127－128.
[161] 白德安，菅汉文，刘世君．亚克力板的发展状况［J］．化工科技市场，2002，25（6）：19－20.
[162] 刘雨桥．基于包容性设计理论的室外用公共吸烟亭设计［D］．大连：大连理工大学，2015.
[163] 覃林毅，罗莎莎．广告吸塑字制作工艺流程［J］．建筑工程技术与设计，2013（1）.
[164] 高汝楠，陈泽宇．木材含碳率的测定与碳素储存数据库研究［J］．生物技术世界，2014（7）：50－50.
[165] 杨化宇．模板的类型及其工程应用特点［J］．建筑工程技术与设计，2016（7）.
[166] 王亚明．胶合板的加工工艺［J］．黑龙江生态工程职业学院学报，2014（4）：32－32.
[167] 丁炳寅．胶合板工业发展简史［J］．中国人造板，2013（11）：21－27.
[168] 黄迎波．人言视域下的动物语言探究［J］．宜春学院学报，2016，38（4）：90－93.
[169] 孙一寒，汤尧．浅谈工具的选型［C］．河南省汽车工程科技学术研讨会．2015.
[170] 张琳．基于手机平台的电化学即时检测方法研究［D］．南京：东南大学，2016.
[171] 周鹏飞，胡金龙，季鹏，等．数控激光切割机光路补偿措施的探讨［J］．锻压装备与制造技术，2009，44（5）：50－53.
[172] 武亚鹏，侯建伟．三维光纤激光切割机器人的介绍及应用［C］．中国机械工程学会焊接学会第十八次全国焊接学术会议．
[173] 李晓芬．激光切割机高速数据传输及控制算法研究［D］．天津：天津理

工大学，2009.
[174] 王继鑫．现代激光切割技术工艺研究 [J]. 大科技，2016 (11).
[175] 姜峰．激光切割机的发展及其关键技术 [J]. 机械工程师，2000 (6)：35－36.
[176] 张宝玉．3D 打印技术发展历史、前景展望及相关思考 [C]. 上海市老科学技术工作者协会学术年会．2014.
[177] 刘欣灵．3D 打印机及其工作原理 [J]. 网络与信息，2012，26 (2)：30－30.
[178] 孙娜，栾瑞雪．3D 打印对工业设计发展的影响 [J]. 品牌（下半月），2015 (8)：154－154.
[179] 纵观全球，国防制造新动态 [J]. 国防制造技术，2014 (1)：10－13.
[180] 张阳春，张志清．3D 打印技术的发展与在医疗器械中的应用 [J]. 中国医疗器械信息，2015 (8)：1－6.
[181] 李不言，杨丽．3D 打印技术 [J]. 印刷质量与标准化，2013 (5)：8－11.
[182] 苏也惠．3D 打印技术在三维模型设计中的应用 [J]. 现代交际，2015 (12)：96－96.
[183] 梁国栋．浅谈游标卡尺的使用 [J]. 赤子，2014 (1)：277－277.
[184] 唐肇川．卡尺的来龙去脉 [J]. 中国计量，2005 (7)：46－48.
[185] 孙瑜，王保学．螺旋千分尺工作原理及使用方法 [J]. 企业标准化，2008 (15).
[186] 冯鹏，荆利莉．游标卡尺和螺旋测微器的正确使用 [J]. 中学物理，2016，34 (7)：61－62.
[187] 王慧．中学生电学实验能力现状及影响因素研究 [D]. 苏州：苏州大学，2010.
[188] 张静．溶胶－凝胶法制备锂离子电池中正极材料——微纳米级 LiCoO2 晶体的研究 [D]. 2010.
[189] 张京飞．新型二维碳基纳米片复合材料的可控合成及储锂/钠性能研究 [D]. 南京：南京师范大学，2016.
[190] 吴其胜．新能源材料 [M]. 上海：华东理工大学出版社，2017.
[191] 王惠．硅碳复合纳米材料与二氧化硅纳米材料的制备及其储锂性能研究 [D]. 南京：南京师范大学，2015.
[192] 江欢．锂离子电池石墨负极及石墨与硅混合负极的应用研究 [D]. 天津：天津大学，2015.
[193] 张松慧．手机锂电池的特性及其充电方法 [J]. 内江科技，2007，28

(7)：111－111.
[194] 桓佳君．LiFePO4/FeN 正极材料的制备及其电化学性能研究 [D]．苏州：苏州大学，2012.
[195] 刘玉平．硅/碳复合纳米材料的制备、表征及其储锂性能研究 [D]．湘潭：湘潭大学，2014.
[196] 陈旭．锂离子电池组均衡智能管理系统研究 [D]．桂林：桂林电子科技大学，2013.
[197] 曹金亮，张春光，陈修强，等．锂聚合物电池的发展、应用及前景 [J]．电源技术，2014，38 (1)：168－169.
[198] 仲明伟．自行车机器人的嵌入式控制系统设计 [D]．北京：北京邮电大学，2010.
[199] 陶新红．水文仪器设备电源系统的管理维护 [J]．河南水利与南水北调，2017.
[200] 肖立新，郭炳焜，李新海．聚合物锂离子电池 [J]．电池，2003，33 (2)：40－40.
[201] 李国玉．智能压力传感器的设计 [D]．天津：河北工业大学，2004.
[202] 蔡志．传感器技术在常规测绘领域中的应用方向初探 [J]．科技创新与应用，2015 (24)：71－71.
[203] 谢宁，毕俊熹，娄小平，等．融合多传感信息的仿人机器人姿态解算 [J]．电子科技，2015 (1)：150－154.
[204] 万良金．基于多传感器信息融合的机器人姿态测量技术研究 [D]．北京：北京交通大学，2015.
[205] 张天．仿生液压四足机器人多传感器检测与信息融合技术研究 [D]．北京：北京理工大学，2015.
[206] 王火亮．基于超声波传感器的智能吸尘机器人导航系统的研究 [D]．杭州：浙江大学，2002.
[207] 张志中．基于智能控制的机电一体化技术的应用与研究 [D]．武汉：华中科技大学，2003.
[208] 张亮，韩晓萌．浅谈智能化电气设备对智能电网的重要性 [J]．城市建设理论研究：电子版，2013 (16).
[209] 蒋丽华．浅析传感器技术作用和应用现状及发展前景 [J]．中国信息化，2013 (12).
[210] 陈丹．基于 ZigBee 技术的森林温湿度监测系统的研制 [D]．沈阳：东北大学，2008.
[211] 赵兵，杨基峰，孙书林，等．基于 LabVIEW 的传感器静态特性标定系

统 [J]. 仪表技术与传感器，2011 (6).
[212] 蒋丽萍. 基于 WSN 的远程医疗系统的设计与实现 [D]. 南京：东南大学，2012.
[213] 冯玲. 核动力设备状态监测系统的研究 [D]. 衡阳：南华大学，2009.
[214] 周凯，杨素君，张迎春. 汽车油箱检漏系统的研制 [J]. 微计算机信息，2006，22 (26)：248 -250.
[215] 孙廷耀. 关于如何选用称重传感器的几点建议 [J]. 计量技术，2001 (1).
[216] 刘晓辉，鲁墨森. 铜 - 康铜热电偶的热镀锡膜工艺和测温特性分析 [J]. 计量与测试技术，2009，36 (11)：3 -5.
[217] 吴英皇. 检测自动化在食品饮料行业的应用 [J]. 建筑工程技术与设计，2015 (36).
[218] 范红. CMOS 图像传感器在数码相机中的应用技术研究 [D]. 长春：长春理工大学，2002.
[219] 朱秀明. 高动态范围图像的合成及可视化研究 [D]. 杭州：浙江大学，2008.
[220] 罗晓辉. 数码相机词典 (上) [J]. 家庭电子，2002 (2)：1 -1.
[221] 雷春雷. 搅拌摩擦焊的焊缝跟踪系统研究 [D]. 沈阳：沈阳理工大学，2016.
[222] 李亚鹏. 特殊管道弯曲度高精度测量系统中的关键技术 [D]. 西安：西安电子科技大学，2012.
[223] 秦超. 基于机器视觉的滚针轴承漏针检测系统研究 [D]. 洛阳：河南科技大学，2014.
[224] 刘阳. 基于机器视觉的产品尺寸检测技术研究 [D]. 沈阳：东北大学，2007.
[225] 基于模糊神经网络的移动机器人避障研究 [D]. 沈阳：东北大学，2010.
[226] 宋亚杰. 基于机器视觉的作物水分无损检测及评判模型研究 [D]. 重庆：西南大学，2008.
[227] 张晓新. 智能移动机器人控制技术研究 [D]. 天津：河北工业大学. 2007.
[228] 徐艳. 机器视觉系统研究 [D]. 保定：河北大学，2007.
[229] 孙晋. 基于视频图像的激光调阻系统应用研究 [D]. 武汉：华中科技大学，2008.
[230] 刘昕. 一种简易高识别率的信号灯识别算法 [J]. 微处理机，2013，34

(6)：58 – 59.

[231] 卢胜伟．基于图像处理的目标识别跟踪研究 [D]．长春：长春理工大学，2008.

[232] 刘军．数码相机后背图像采集系统的研制 [D]．哈尔滨：哈尔滨工业大学，2007.

[233] 赵津，朱三超．基于 Arduino 单片机的智能避障小车设计 [J]．自动化与仪表，2013，28 (5)：1 – 4.

[234] 赍可存．钢丝绳电动葫芦性能测试系统的研究与开发 [D]．南京：东南大学，2005.

[235] 王红云，姚志敏，王竹林，等．超声波测距系统设计 [J]．仪表技术，2010 (11)：47 – 49.

[236] 唐波，朱琼玲．基于 51 单片机超声波测距器设计 [J]．矿业安全与环保，2009. 36 (S1)：68 – 70.

[237] 孙青．基于嵌入式控制系统的自动导引小车设计与实现 [D]．南京：南京理工大学，2010.

[238] 田桂平．激光测距微弱信号检测方法研究 [D]．宜昌：三峡大学，2005.

[239] 周连杰．温度触觉传感技术研究 [D]．南京：东南大学，2011.

[240] 魏小坤．基于触觉传感器的电子游戏与用户身体体验研究 [D]．哈尔滨：哈尔滨工业大学．

[241] 刘平．基于力敏导电橡胶的柔性触觉传感器静态特性和动态特性研究 [D]．合肥：合肥工业大学．

[242] 林宝照，欧玉峰．基于仿生学研究的感觉传感器介绍 [J]．企业技术开发（下半月），2010，29 (12).

[243] 张亮，魏元，等．多形态崩塌智能监测系统在北京突发地质灾害监测预警工程中的应用 [J]．城市地质，2015 (s1)：122 – 126.

[244] 冯刘中．基于多传感器信息融合的移动机器人导航定位技术研究 [D]．成都：西南交通大学，2011.

[245] 刘嘉．移动机器人底层运动控制系统的设计 [D]．杭州：浙江大学，2007.

[246] 张辉，黄祥斌，韩宝玲，等．共轴双桨球形飞行器的控制系统设计 [J]．单片机与嵌入式系统应用，2015，15 (12)：74 – 77.

[247] 佚名．语音 IC [DB/OL]．http：//www. baike. com/gwiki/% E8% AF% AD% E9% 9F% B3IC. 2017.

[248] 张旻．数据挖掘中的若干新方法及其应用研究 [D]．合肥：安徽大

学，2004.
[249] 鲍方旭．数字音频格式以及在广播中的应用［J］．民营科技，2011 (8)：27－27.
[250] 贾效工．多媒体格式研究［J］．现代教育技术，2003，13（1）：63－65.
[251] 张健．基于 DSP 的嵌入式语音识别系统的研究与设计［D］．长春：长春工业大学，2006.
[252] 刘雨燃．语音识别技术的探究［J］．中国科技纵横，2016（24）.
[253] 郭峰．汉语语音验证码技术及应用［D］．杭州：浙江大学，2010.
[254] 时晓东．孤立词语音识别系统设计研究［D］．杭州：浙江大学，2006.
[255] 彭靓．基于 HMM 和人工神经网络相结合的语音识别研究［D］．南昌：南昌航空大学，2013
[256] 张珍．智能机器人语音识别技术［J］．现代电子技术，2011，34（12）：57－60.
[257] 王鹏．基于软 PLC 的烟草拆包机器人运动控制系统设计［D］．北京工业大学，2007.
[258] 刘娜．基于 Proteus 和 Keil 的单片机实验室建设［J］．常州信息职业技术学院学报，2016，15（1）：24－28.
[259] 程添．基于物联网点验钞机控制系统设计［D］．杭州：浙江大学，2014.
[260] 胡磊．基于 ARM 的非视线范围内道路交通监测与预警系统设计［D］．重庆：重庆大学，2013.
[261] 成丹．电梯无线应急通信系统软件开发［D］．西安：西安科技大学，2013.
[262] 肖传恩，舒利平．基于 Keil 的实验仿真板在现代交通设备设计中的应用［J］．企业技术开发：学术版，2008，27（4）：22－24.
[263] 潘璐璐．基于 STC12 系列单片机的智能温湿度控制系统的设计与实现［D］．济南：山东大学，2014.
[264] 马忠梅．单片机的 C 语言应用程序设计［M］．第 3 版．北京：北京航空航天大学出版社，2003.
[265] 谭浩强．C 程序设计［M］．第四版．北京：清华大学出版社，2010.
[266] 杨春．初学 C 语言程序设计的基本方法和技巧［J］．人力资源管理，2010（1）：90－91.
[267] 陈必发，吴耀权．浅谈机电一体化的现状及发展前景［J］．电子制作，2013（9）：257－257.

[268] 佚名. 机器人控制系统的基本单元与机器人控制系统的特点分析 [EB/OL]. http://www.sohu.com/a/242833204_100145103. 2018.

[269] 李广弟. 单片机基础 [M]. 北京：北京航空航天大学出版社，1994.

[270] 应明仁. 单片机原理与应用 [M]. 广州：华南理工大学出版社，2005.

[271] 孙戴魏. 浅议单片机原理及其信号干扰处理措施 [J]. 企业导报，2012 (3)：290-291.

[272] 王慧聪. 压力式明渠流量在线自动检测系统 [D]. 太原：太原理工大学，2015.

[273] 张雄伟. DSP 芯片的原理与开发应用 [M]. 北京：电子工业出版社，2003.

[274] 张雄伟. DSP 集成开发与应用实例 [M]. 北京：电子工业出版社，2002.

[275] 宋玥. 基于 DSP6713 的多轴运动控制器的设计 [D]. 广州：广东工业大学，2009.

[276] 美国德州仪器公司. DSP 外设驱动程序的开发 [J]. 电子设计应用，2003 (7).

[277] 张行，雷勇. 开发 DSP 硬件驱动程序的一种方法 [J]. 现代电子技术，2007，30 (11).

[278] 李卫华. 视频数字信号处理芯片 XY-VDSP 的 C 编译器开发 [D]. 西安：西安电子科技大学，2003.

[279] 杨航. 基于 ARM 的嵌入式软硬件系统设计与实现 [J]. 求知导刊，2015，第 9 期：60-60.

[280] 范书瑞. ARM 处理器与 C 语言开发应用 [M]. 北京：北京航空航天大学出版社，2014.

[281] 史文博. 一种单兵目标侦察定位终端的设计 [D]. 南京：南京理工大学，2013.